BIBLIOTHÈQUE DES PROFESSIONS
COMMERCIALES, INDUSTRIELLES ET AGRICOLES

GUIDE
DE

L'OUVRIER MÉCANICIEN

PAR

J.-A. ORTOLAN
Mécanicien en chef de la flotte.
AVEC LA COLLABORATION
DE

MM. BONNEFOY, COCHEZ, DINÉE, GIBERT, GUIPONT, JUHEL
Anciens élèves des Écoles d'arts et métiers.

★★

MÉCANIQUE DE L'ATELIER
TRANSMISSIONS DES MOUVEMENTS. — MACHINES A AIR
POMPES. — MACHINES HYDRAULIQUES.
AVEC **26** PLANCHES

3ᵉ édition revue et notablement augmentée

Arts
et métiers.

Série G
n° 25.

chaque volume se vend séparément
PARIS
J. HETZEL ET Cⁱᵉ, ÉDITEURS
18, RUE JACOB, 18

GUIDE

DE

L'OUVRIER MÉCANICIEN

———

**

MÉCANIQUE DE L'ATELIER

TRANSMISSIONS DES MOUVEMENTS. — MACHINES A AIR. — POMPES.
MACHINES HYDRAULIQUES.

———

Avec 26 planches

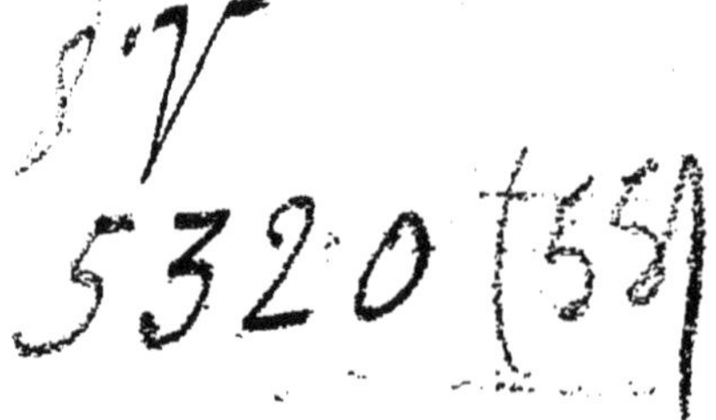

GUIDE DE L'OUVRIER MÉCANICIEN

EN 3 VOLUMES ACCOMPAGNÉS DE TABLEAUX ET PLANCHES

Chaque volume forme un tout complet.

★ **Mécanique élémentaire,** précédée de l'Arithmétique et de la Géométrie pratiques. 1 volume accompagné de 11 planches.

★★ **Mécanique de l'Atelier.** — Transmissions des mouvements. — Machines à air. — Pompes. — Machines hydrauliques. 1 volume accompagné de 25 planches.

★★★ **Principes et pratiques de la machine à vapeur.** — Formation et utilisation de la vapeur. — Combustibles industriels. — Moteurs à vapeur. 1 volume accompagné de 25 planches.

Chaque volume forme un tout complet et se vend séparément.

OUVRAGES DU MÊME AUTEUR

Traité élémentaire des Machines à vapeur marines pour l'examen des capitaines au long cours.
Traité élémentaire des Machines à vapeur marines pour l'examen des maîtres au cabotage.
Code de l'Acheteur et du Vendeur d'appareils à vapeur.
Cours de Machines à vapeur professé à l'École navale.
Cours de Machines à vapeur pour les examens des mécaniciens.
Guide pratique du dessin linéaire.
Les Moteurs à vapeur à l'Exposition universelle de 1867.
Le Mémorial du mécanicien d'usine et de navigation.
Mémoire sur les huiles d'éclairage et les huiles végétales employées à graisser les mouvements.
Mémoire sur les huiles minérales employées à lubrifier les mouvements des machines.
Notice sur le graissage dans la vapeur et les graisseurs automoteurs.

Paris. — Imp. E. Capiomont et Cie, rue des Poitevins

BIBLIOTHÈQUE DES PROFESSIONS
COMMERCIALES, INDUSTRIELLES ET AGRICOLES

GUIDE

DE

L'OUVRIER MÉCANICIEN

PAR

J. A. ORTOLAN

Mécanicien en chef de la flotte.

AVEC LA COLLABORATION

de MM. BONNEFOY, COCHEZ, DINÉE, GIBERT, GUIPONT, JUHEL

Anciens élèves des Écoles d'arts et métiers

★★

MÉCANIQUE DE L'ATELIER

TRANSMISSIONS DES MOUVEMENTS. — MACHINES A AIR.
POMPES. — MACHINES HYDRAULIQUES.

Avec 26 planches

3e ÉDITION REVUE ET NOTABLEMENT AUGMENTÉE

Arts
et métiers.

Série G
n° 25.

Chaque volume se vend séparément.

PARIS

J. HETZEL ET Cie, ÉDITEURS

18, RUE JACOB 18

GUIDE PRATIQUE

DE

L'OUVRIER MÉCANICIEN

MÉCANIQUE DE L'ATELIER

TROISIÈME PARTIE

TRANSMISSIONS ET TRANSFORMATIONS DES MOUVEMENTS

Par A. GIBERT

323. *Définition des mouvements.* — Voir au premier volume du § 256 au § 262 les premières notions sur le temps, la vitesse, le mouvement au point de vue de la mécanique; ce qui suit est un complément à ces notions préliminaires de mécanique appliquée.

Mouvement uniforme : le corps mobile (on dit le mobile par abréviation) parcourt des espaces égaux en des temps égaux.

Mouvement varié, irrégulier : Le mobile parcourt des espaces tantôt plus grands tantôt plus petits pendant des temps égaux,

Mouvement uniformément varié : accélération ou diminution régulière dans une même limite de temps.

Mouvement circulaire continu : Celui d'une roue qui continue à tourner dans le même sens.

Mouvement circulaire alternatif : Celui d'une roue ou d'une sphère qui tourne tantôt de droite à gauche et tantôt de gauche à droite ou contrairement.

Mouvement droit ou rectiligne : Vertical ou horizontal continu ou de va-et-vient.

Mouvement oscillant : Celui d'un balancier, d'un pendule.

Mouvement intermittent : Celui qui cesse et qui reprend après des temps d'arrêts réguliers.

323 bis. *Définition des engrenages.* —Dans le cas où il s'agit de transmettre le mouvement circulaire d'un arbre en mouvement de même espèce à un autre arbre placé à petite distance, à 2 mètres au plus, on emploie des roues dentées dites roues d'engrenages. Voir pages 306 et suivantes les tables de construction des roues d'engrenages.

La condition qu'on cherche à remplir est que la puissance appliquée à l'une des roues et la résistance appliquée à l'autre conservent constamment les mêmes valeurs et se fassent constamment équilibre.

On cherche également à diminuer le plus possible le frottement des dents qui *engrènent* les unes dans les autres, et dans ce but, on détermine leur forme, leur distance et leur hauteur suivant l'intensité de la force qu'elles ont à transmettre et suivant la vitesse de leur mouvement. Dans quelques cas particuliers, la transmission du mouvement à lieu par le seul *frottement des surfaces des deux roues en contact qui sont lisses;* exemple, les turbines essoreuses des sucreries. Ce moyen qui donne le moins de perte de travail n'est applicable que s'il s'agit de transmettre une force peu grande; ce qui conduit à conclure que plus les dents des roues seront petites, moins la perte de travail sera grande à condition, bien entendu, que la résistance de chacune des dents soit capable de transmettre ou de recevoir la force prévue pour réaliser le travail final.

Lorsque deux roues sont en prise d'engrenage, la plus grande est dite la *roue* et la plus petite le *pignon;* elles peuvent se commander alternativement. La *Ligne des centres* est celle qui joint le centre de la roue à celui du pignon; soit la ligne 0, 0' Pl. 12, fig. 2.

Les *dents* G et Z sont les parties saillantes qui, placées à la circonférence des roues se communiquent le mouvement par la pression de l'une contre l'autre en considérant les dents d'une roue qui sont en contact avec les dents de l'autre roue.

Les *circonférences primitives* des deux roues sont celles sur lesquelles les *parties courbes* des dents des deux roues sont en saillie, soient oA et o'A, les *rayons primitifs* des deux circonférences primitives, fig. 2, Pl. 12.

Les *rayons vrais* de la *roue* et du *pignon* sont ceux qui vont du centre de la roue et du pignon à l'extrémité de leurs dents.

Dans les pignons qui ont un petit nombre de dents, le rayon vrai doit être plus grand que le rayon primitif, mais dans les pignons qui ont un grand nombre de dents les rayons peuvent être égaux. Dans tous les cas, le rayon vrai de la roue doit être plus grand que le rayon primitif.

Le *creux* de l'engrenage se dit de l'intervalle d'une dent à l'autre.

L'*épaisseur des dents* se prend à la circonférence primitive.

La *largeur des dents* est leur dimension dans le sens de l'axe de rotation. L'épaisseur et la largeur des dents sont calculés d'après la force à transmettre.

La *face*, c'est la partie de la dent qui est en dehors du cercle primitif.

Le *flanc*, c'est la partie qui est en dedans du cercle primitif.

Le *pas de l'engrenage* est donné par la somme de l'épaisseur de la dent et du creux. Le pas doit être le même sur chacune des roues qui engrènent, puisque les vitesses des circonférences primitives doivent être égales.

La *jante de la roue* est formée par la couronne sur laquelle les dents sont taillées.

Les *bras de la roue* sont constitués par les rayons d'une

épaisseur et d'une largeur déterminées suivant les efforts à transmettre; ils lient la jante au *moyeu* de la roue. La roue est fixée sur le moyeu de l'arbre qu'elle doit conduire.

L'engrenage droit, ou par roues droites est celui que l'on établit pour transmettre le mouvement d'un arbre horizontal ou vertical à un autre arbre qui lui est parallèle.

L'engrenage conique ou avec des *roues d'angle* (fig. 10 pl. 14) composé d'un pignon P de forme tronconique, d'une roue E de même forme, est employé pour transmettre le mouvement d'un arbre dont l'axe CB est vertical à un autre arbre dont l'axe oB est horizontal ou vice versa.

Pour établir les roues d'engrenages trois données sont nécessaires : 1° distance des axes; 2° nombre de tours de chacune des roues; 3° efforts à transmettre. De ces trois données on déduit : 1° les rayons des roues; 2° le nombre de dents; 3° le pas de la denture; 4° l'épaisseur, la hauteur et la largeur des dents; 5° l'épaisseur de la jante, le nombre et la section des bras; 6° enfin, le tracé géométrique qui détermine la forme de l'outil qui peut tailler les dents.

324. *Rayons des roues.* — Désignons par D la distance des axes, R le rayon de la roue qui fait N tours dans un temps donné ; R' le rayon du pignon dont le nombre de tours dans le même temps sera représenté par N'. On aura R : R' :: N : N', d'où R + R' : R' :: N + N' : N' et comme R + R' = D, on aura D : R' :: N + N' : N' ou $R' = \dfrac{D \times N'}{N \times N'}$, ... (n° 1) c'est-à-dire : Le rayon du pignon est égal à la distance des axes multipliée par le nombre de tours du pignon et divisée par la somme des tours de la roue et du pignon dans un temps donné. Il est évident que R = D — R'.

325. *Nombre des dents des roues.* — Le nombre de dents doit satisfaire à deux conditions : 1° qu'il y en ait un assez grand nombre pour que deux d'entre elles soient toujours en prise avec l'autre roue; 2° qu'elles aient assez d'épaisseur pour résister à l'effort à transmettre. La première condition sera remplie dans tous les cas où l'on prendra le rapport de $\frac{R'}{R} = \frac{d'}{d}$. ($d'$ et d représentant le nombre des dents et étant des nombres entiers).

On fait le nombre de dents d de la roue, plus grand que $10 \cdot \left(1 + \frac{d'}{d}\right)$, en remarquant que $\frac{d'}{d}$ doit être plus petit que l'unité.

Pas de l'engrenage. — En divisant la circonférence de la roue, exprimée par $2\pi R$, par le nombre de dents de cette roue, on obtient le pas p qui comprend un plein et un creux :

$$p = \frac{2\pi R}{d} \cdot \ \ldots \qquad \text{(n° 2)}$$

326. *Épaisseur des dents.* — L'épaisseur E des dents sur la circonférence primitive est donnée par le pas divisé par 2,1 afin de laisser un peu de jeu, ce qui donne $E = \frac{2\pi R}{d \times 2,1}$ et par suite le creux a pour largeur sur la même circonférence primitive $p - \frac{p}{2,1}$. — Dans la pratique, on fait concorder le nombre de dents de manière à obtenir pour E les valeurs suivantes, en désignant par P l'effort en kilogrammes à transmettre à la circonférence de la roue :

$$E = \begin{cases} 0,105 \ \sqrt{P} \text{ pour la fonte ;} \\ 0,131 \ \sqrt{P} \text{ pour le bronze ou le cuivre ;} \\ 0,138 \ \sqrt{P} \text{ pour le sorbier ou le charme.} \end{cases} \qquad \text{(n° 3)}$$

En augmentant ou en diminuant le nombre de dents d, il est facile d'arriver à

$$E = \frac{2\pi R}{d \times 2,1} = 0,105\sqrt{P} \cdot$$

On fait la largeur de la dent quatre fois égale à l'épaisseur quand la vitesse à la circonférence n'excède pas $1^{m},50$ par seconde et pour les vitesses supérieures on lui donne cinq fois l'épaisseur afin de compenser l'usure.

La hauteur de la dent, ou sa saillie sur la jante, est donnée pratiquement par l'épaisseur $E \times 1,2$ pour les grands efforts, et $E \times 1,50$ pour les petits efforts.

327. *Épaisseur de la jante, nombre et section des bras.*—La largeur de la jante est la même que celle des dents, à moins que l'on ne veuille augmenter la résistance des dents en les emboîtant dans la jante. Quant à l'épaisseur de celle-ci, on la fait égale à la hauteur de la dent ou aux deux tiers de cette hauteur s'il existe une nervure intérieurement à la jante.

Le nombre des bras varie avec le diamètre de la roue; les indications du tableau suivant peuvent être suivies dans presque tous les cas :

Diamètre de $1^{mt},25$ et au-dessous 4 bras.
d°　　de　1,25 à　　2,50　　6 bras.
d°　　de　2,50 à　　5,00　　8 bras.
d°　　de　5,00 à　　7,00　10 bras.

Le bras peut être considéré comme un solide encastré par l'une de ses extrémités, et la formule $P \cdot L = \dfrac{R \cdot b \cdot h^2}{6}$ $(n° 4)$ donnera ses principales dimensions près du moyeu. Dans cette formule,

P, est l'effort tangentiel à la roue et qui n'agit que sur un bras ;

L, la longueur du bras à partir du moyeu ;

b, l'épaisseur non compris la nervure qui varie de 1/4 à 1/5 de h ;

h, la hauteur du bras h' près de la jante égal à 2/3 de h ;

$R = 7.000.000$, ce qui suppose que les autres bras compensent l'effort de vibration.

328. *Tracé des dents* (*fig.* 2, *pl.* **12**). — Les centres o et o' des roues étant donnés, ainsi que les circonférences primitives oA et o'A, par le point A, mener une ligne MN qui fasse avec oo' un angle de 75° (§ 195); élever en A une perpendiculaire PQ sur MN et prendre AP == AQ, grandeur quelconque, mais plus petite que Ao' rayon de la petite roue ; joindre le centre o aux points P et Q ; ces lignes rencontrent MN en G et D ; par ces points, avec o' pour centre, décrire deux circonférences qui sont les centres de courbure des dents de la roue o'. Les courbures seront tracées au moyen de deux arcs de cercle. Les rayons de ces arcs seront obtenus, en portant du point A la moitié du pas, jusqu'au point S, et en portant l'épaisseur des pleins de S en R, qui est donnée par le pas divisé par 2,1 ; continuer les divisions sur la circonférence primitive. Le rayon de courbure des faces sera GS, et celui des flancs DI. Ces arcs de cercle sont raccordés à la circonférence oF, ce qui donne plus d'assiette à la base de la dent. L'arc de cercle des faces et celui des flancs doivent se raccorder sur une droite qui joint leurs centres; il suffira de décrire du point o' une circonférence tangente à cette droite pour avoir les lieux de raccordement des flancs avec les faces.

Les dents de la roue o seront obtenues de la même manière : Joindre le centre o aux points P et Q, on trouve ainsi sur MN les points Y et Z, et avec les rayons Zo et Yo, on décrit les circonférences qui sont les lieux des centres de courbure des dents de la roue o ; en prenant pour rayon ZI, on aura la courbure des faces ; YS sera le rayon de la courbe des flancs.

Il est facile de voir qu'aux points de contact S et I, les courbures ont pour normale commune MN, condition que doivent toujours remplir deux courbes qui se conduisent.

329. *Outillage pour l'exécution d'un engrenage.* — Les engrenages sont faits, le plus communément, en fonte de fer ou de bronze, et le modèle en bois est construit aux dimensions du mètre agrandi pour compenser le retrait. Le bois employé doit être très-sec afin qu'il ne se déforme pas en séchant ou en étant chauffé accidentellement ; la jante demande des précautions particulières pour éviter la déformation et faciliter la taille des dents. Pour éviter les déformations, on aura soin d'ajuster les morceaux de bois qui composent la jante, de manière qu'un premier cercle soit recouvert par un second et que les surfaces de jonction soient croisées d'un cercle à l'autre. Le bois qui devra recevoir l'entaille sera ajusté par parties égales au pas de la roue, et le fil du bois placé dans le sens de la génératrice de la roue.

Les dents sont taillées sur les modèles en bois au moyen d'une machine à diviser. La roue est solidement fixée sur un axe vertical que commande un plateau divisé, et l'outil reçoit le mouvement d'un moteur quelconque. Ayant choisi la division de la circonférence qui est nécessaire, on fait mordre l'outil sur la jante qui dégage ainsi les vides et laisse les dents en saillie. Pour tailler les roues en bois, on se sert d'un outil ayant la forme des creux, implanté perpendiculairement à un axe animé d'une très-grande vitesse. Les roues en métal se taillent avec un outil ayant un mouvement vertical et agissant comme dans les machines à buriner.

A défaut de machine à diviser proprement dite, un simple tour à chariot muni d'un plateau divisé, peut servir à tailler les engrenages.

La roue, étant disposée sur les pointes des poupées et étant commandée par un toc, recevra un mouvement à la main, mouvement dont les arrêts correspondront aux divisions du plateau ; une fraise montée sur le chariot et recevant un mouvement très-rapide du moteur, entaillera alors la roue en avançant parallèlement à l'axe du tour au moyen de la vis destinée à conduire le chariot.

330. *Engrenage intérieur (fig. 12, pl. **14**).* — On est quelquefois obligé pour transmettre le mouvement circulaire d'un arbre à un autre, de faire rouler l'extérieur d'un cylindre dans l'intérieur d'un autre cylindre d'un plus grand diamètre et d'employer l'engrenage dit engrenage intérieur ; les dents de la grande roue sont taillées au moyen d'un outil à mouvement vertical, et ce n'est généralement qu'après cette opération que la couronne portant les dents est solidement fixée aux autres parties.

L'établissement de l'engrenage intérieur ainsi que son tracé se font d'après les principes donnés au sujet de l'engrenage extérieur (§ 328) : joindre le centre O de la roue aux points T et Q de la ligne TQ menée perpendiculairement à MN qui fait avec OA un angle de 75°; on aura ainsi y et z par lesquels on fera passer des circonférences qui seront les lieux des centres de courbure des dents de la roue. Portant sur la circonférence de la roue une distance AR égale au pas et Ag égale à l'épaisseur de la dent, on aura yV pour rayon de courbure des faces et zR pour rayon de courbure des flancs; en joignant O' aux points T et Q, on obtiendra les points I et D par lesquels on fera passer des circonférences du centre O'; en portant sur la circouférence primitive AO' les épaisseurs et les creux des dents, le rayon DK décrira la courbure des faces et le rayon IL décrira l'arc des flancs.

331. *Communication du mouvement circulaire au moyen d'organes flexibles (fig. 4 et 5, pl.* **13***).* — Les intermédiaires flexibles sont fréquemment employés pour transmettre le mouvement circulaire continu, là où l'emploi d'engrenages serait trop encombrant et trop coûteux. Ils se composent d'une corde ou d'une lanière sans fin en cuir ; la corde s'engage dans des gorges à section triangulaire ménagées sur le contour des poulies, les lanières passent sur des cylindres légèrement bombés dans le sens de la génératrice. Les unes et les autres doivent avoir une tension suffisante pour que le glissement n'ait pas lieu sans une transmission normale de l'effort à transmettre. On augmente leur adhérence sur la surface des poulies ou des tambours en les saupoudrant de résine ou en les surchargeant d'un poids comme l'indique la *fig. 4.*

332. Dans les cas où il est nécessaire de faire changer à volonté la vitesse de l'arbre qui, en dernier lieu, transmet le mouvement à la machine travaillante ou à l'outil, on emploie des poulies de différents diamètres fixées sur le même arbre ou venues de fonte d'une seule pièce (*fig.* 6). Pour que la même courroie puisse servir dans chacun des changements de vitesse, il faut que la somme des diamètres des poulies placées en face l'une de l'autre soit la même pour chaque gradation. Si diamètre de A $+$ diamètre de B $= 30$, il faut que diamètre de C $+$ diamètre de D $= 30$, et ainsi de suite... On appliquera la formule des n°s 5 et 6 (§ 335) pour déterminer le diamètre de chacune des poulies extrêmes d'un tambour tronc-conique.

Le passage de la courroie d'une poulie sur une autre ne peut se faire graduellement, l'arrêt momentané de l'arbre qui reçoit le mouvement en est une conséquence. Cet inconvénient est évité en employant l'installation représentée *fig.* 8. Considérons une ligne AB (*fig.* 7) dont la longueur soit la somme des rayons de deux cylindres de hauteur BC; construisant le rectangle ABCD et traçant dans ce rectangle une courbe PQR, on pourrait la prendre pour limite de deux rouleaux (*fig.* 8) qui auraient, suivant la verticale, des rayons dont la somme serait constante; si sur ces deux rouleaux on place une courroie croisée, il sera facile de la faire marcher parallèlement à elle-même au moyen d'une tige M, et par conséquent de faire varier le mouvement d'une manière continue.

333. Lorsqu'il s'agit de transmettre le mouvement à une grande distance, à 200 ou 300 mètres, par exemple, on emploie des cordes en fil de fer, s'enroulant sur des poulies de grand diamètre afin que l'élasticité naturelle du fil de fer ne soit pas dépassée, et qu'il n'y ait pas rupture. Quand la distance est très-grande, on soutient la corde au moyen de rouleaux convenablement disposés. Voir ci-après le tableau relatif aux largeurs à donner aux courroies.

334. *Chaînes à la Vaucanson* (*fig.* 3, *pl.* **13**). — Lorsqu'on transmet d'un axe à l'autre de grands efforts et que la vitesse doit être ou lente ou modérée, on fait usage de chaînes dites à la Vaucanson. Cet appareil se compose d'une chaîne sans fin formée de petits cylindres C, C, ou broches, reliés entre eux par des plaques de fer p, p, p, rivées sur les cylindres, mais pouvant tourner librement et de manière à former une chaîne articulée. Les plaques de fer emboîtent successivement les côtés de deux roues en fonte munies de dents A ; les dents pénètrent successivement dans l'espace libre laissé entre deux broches consécutives de la chaîne, et le mouvement de celle-ci pris sur une roue est transmis à l'autre roue. Les flancs des dents de la roue sont formés d'une demi-circonférence ayant pour diamètre le diamètre du cylindre qui s'y emboîte, multiplié par 1,1, ce qui donne un jeu suffisant ; les flancs sont tracés au moyen d'un arc de cercle dont le rayon dépasse un peu le diamètre de la circonférence qui a servi à tracer les plans. Il est bien entendu que le centre de l'arc de cercle des faces doit se trouver sur une perpendiculaire au point A sur la circonférence primitive, pour que le raccordement des arcs de cercle soit parfait.

335. *Calcul de la vitesse d'une roue conduite.* — Deux roues dentées engrenant l'une avec l'autre, tournent en sens contraire l'une de l'autre. Si elles ont le même nombre de dents, ce qui entraîne forcément le même diamètre, elles tournent avec la même vitesse ; si ce nombre est différent, le nombre de tours faits par la petite roue dans un même temps est dans le rapport inverse du nombre de ses dents à celui de la grande roue (§ 56). Soit une roue qui a 100 dents et qui engrène avec une autre qui en a 25 ; celle-ci ayant $\frac{100}{25} = 4$ fois *moins* de dents, fera 4 fois *plus* de tours que la première dans le même temps.

Les mêmes faits, quant au nombre de révolutions, se produisent sur deux roues ou deux tambours mis en communication par des cordes ou des courroies (§ 331). La direction du mouvement sera dans le même sens sur chaque roue, si la courroie de transmission est croisée entre les deux roues ; elle sera de sens contraire, si la courroie est directe.

En représentant par

D, le nombre de dents d'une première roue, ou son diamètre ;

N, le nombre de révolutions par minute qu'elle fait ;

d, le nombre de dents ou le diamètre d'une deuxième roue qui engrène avec la première ;

n, le nombre de révolutions qu'elle fait en tournant pendant le même temps que la première ;

on a, pour la pratique, les relations suivantes :

$$D = \frac{d \cdot n}{N} \ldots (n° 5) ; d = \frac{D \cdot N}{n} \ldots (n° 6),$$

$$N = \frac{d \cdot n}{D} \ldots (n° 7); n = \frac{D \cdot N}{d} \ldots (n° 8).$$

EXEMPLES. Une roue de diamètre D $= 2^{mt}$, fait un nombre de tours N $=$ 80 par minute ; quel diamètre d faudra-t-il donner à une autre roue conduite, pour que dans le même temps elle fasse un nombre de tours $n =$ 160 ?

Appliquant la formule n° 6, il vient.

$$d = \frac{2 \times 80}{160} = 1^{mt}.$$

Une roue porte un nombre de dents $d =$ 180 ; elle fait par minute un nombre de révolutions $n =$ 800 ; quel nombre de dents D faut-il donner à une autre roue qui sera conduite par la première, si l'on veut lui faire donner, dans le même temps, un nombre de révolutions N $=$ 240 ?

Appliquant la formule n° 5, il vient :

$$D = \frac{180 \times 800}{240} = 600.$$

Combien de tours n par minute fera une roue qui a d dents $=$ 180, étant conduite par une roue qui a un nombre de dents D $=$ 600 et qui fait par minute N révolutions $=$ 240 ?

Appliquant la formule n° 8, il vient :

$$n = \frac{600 \times 240}{180} = 800.$$

Quel diamètre d faut-il donner à une roue, pour qu'elle fasse un nombre de tours $n = 20$, pendant que la roue qui la conduit et qui a un diamètre $D = 1^{mt},80$ fait un tour, ou $N = 1$.

La mise en nombres de la formule n° 6, donne :

$$d = \frac{1 \times 1,80}{20} = 0^{mt},09.$$

336. *Calcul de la vitesse d'une roue menée par un système de plusieurs roues conjuguées.* — Dans un système de plusieurs roues de grandeurs différentes, si elles engrènent directement ensemble, la vitesse relative des deux dernières est exactement la même que celle qui existerait s'il n'y avait pas de roues intermédiaires : ainsi, si la roue menante a 2^{mt} de diamètre, et la dernière, $0^{mt},50$, celle-ci fera un nombre de tours n fois plus grand que celui de la première, exprimé par $\frac{2}{0,50} = 4$, et ce quels que soient les grandeurs et le nombre des roues intermédiaires.

Dans le cas où la transmission du mouvement, qui doit se faire par des roues dentées ou par des tambours et des courroies, doit donner une très-grande différence dans le nombre de tours entre la roue menante et la roue menée, et qu'il est impossible de placer une seule paire de roues d'un diamètre convenable, on combine un système de plusieurs roues et de plusieurs pignons conduisant chacun une roue intermédiaire ; la figure 5, planche 19, en donne un exemple. Pour trouver le nombre de tours N que fera le dernier pignon d, lorsque la roue menante A aura fait un tour, on écrit, en se reportant aux annotations de la figure 5,

$$N = \frac{A \times B \times C \times D}{a \times \quad c \times d},$$

et, mettant en nombres

$$\frac{36 \times 56 \times 48 \times 24}{12 \times 7 \times 8 \times 6} = 576 \text{ tours.}$$

La règle est donc de multiplier entre eux le nombre de dents ou le diamètre de chacune des roues menées, y compris celle d'où part le mouvement, et de diviser ce produit par le produit de la multiplication du nombre de dents ou du diamètre de tous les pignons conducteurs, y compris le dernier.

Pour déterminer le nombre de dents de chacune des roues, afin que la dernière roue fasse un nombre de tours déterminé, lorsque la première fait un tour, on décompose d'abord en autant de facteurs qu'on veut avoir de roues, le nombre qui exprime combien la dernière doit faire de tours par rapport à la première; soit 3 roues, dont la dernière fera 400 tours, pour 1 tour de la première, on pourra choisir entre ces facteurs :

$$50 \times 4 \times 2 = 400, \text{ ou } 40 \times 5 \times 2 = 400,$$
$$\text{ou } 16 \times 5 \times 5 = 400.$$

Soit la dernière combinaison ; on se donne ensuite arbitrairement le nombre de dents de chacun des pignons, et on établit le nombre de dents des roues d'après le calcul suivant :

1er pignon, 8 dents. 1re roue $16 \times 8 = 128$ dents.
2e pignon, 6 dents. 2e roue $5 \times 6 = 30$ dents.
3e pignon, 4 dents. 3e roue $5 \times 4 = 20$ dents.

Cette 3e roue fera 400 tours, pendant que la 1re roue de 128 dents fera 1 tour. La vérification de l'opération pourra être faite en employant la méthode ci-avant :

$$\text{Roues}\ldots\ldots \frac{128 \times 30 \times 20}{8 \times 6 \times 4} = 400 \text{ tours.}$$
$$\text{Pignons}\ldots$$

Dans le cas où la transmission de mouvement devrait avoir lieu au moyen de tambours et de poulies, les nombres exprimant les diamètres remplaceraient ceux exprimant, dans l'exemple ci-dessus, le nombre de dents des engrenages.

337. *Axes dans le prolongement l'un de l'autre et susceptibles de dévier* (*fig.* 9, *pl.* **13**). — Il arrive très-souvent que l'action d'un moteur est transmise au récepteur par une longue suite d'arbres soutenus par des paliers sujets à s'affaisser ; il s'ensuit alors qu'il y a tiraillement sur les coussinets, portage à faux et par conséquent échauffement des articulations et perte de travail. On obvie à ces inconvénients en fractionnant les arbres en portions de 10 à 12 mètres, et en les soutenant par des paliers dont le nombre est en rapport avec la longueur et le diamètre des arbres ; mais le problème ne serait pas entièrement résolu, si l'action de déviation d'un arbre se reportait sur l'autre ; c'est ce que l'on évite en les joignant de la manière suivante :

1° A et B sont deux manivelles ou tourteaux clavetés sur les bouts d'arbres ; S est une soie en fer avec emmanchement conique maintenue fixe par l'écrou E, l'autre bout affecte la forme d'une olive avec deux sections planes parallèles à l'axe ; cette partie est engagée librement dans le deuxième tourteau A et lui communique le mouvement du premier arbre, en s'appuyant par la partie plane sur des touches en bronze maintenues par des vis sur le tourteau A. De cette façon, un dénivellement même sensible ne fatigue pas inutilement les coussinets.

2° La figure 15, *pl.* **15**, représente deux manivelles doubles placées sur des arbres dans le prolongement l'un de l'autre. Elles portent des soies A et B terminées par un bouton sphérique ; les soies sont jointes entre elles, et d'un arbre à l'autre, par des bielles F, dont les coussinets sont de même forme que les boutons des soies. Le serrage des coussinets des bielles qui sont très-courtes, se fait par une clavette commune F figurée sur le dessin. Il est évident que ce mouvement à rotule permet la déviation de l'un des arbres sans qu'il y ait entraînement de l'autre.

338. Le joint dit à *la Cardan* (*fig.* 14, *pl.* **15**) a pour but, comme les deux installations décrites plus haut, d'isoler de la déviation les deux arbres qu'il relie. L'extrémité de chaque arbre porte une fourche en fer forgé C et D, et l'extrémité des fourches porte des soies en fer K qui s'emmanchent à frottement doux dans un bloc central D'D' garni de dés en bronze à l'intérieur. Les soies sont fixées dans les fourches au moyen de vis v taraudées mi-partie dans la fourche et mi-partie dans la soie; le bloc central doit avoir moins de largeur que l'écartement de la fourche; on évite ses battements en plaçant, entre les deux pièces, des rondelles R en caoutchouc.

339. *Axes perpendiculaires se rencontrant. Roues d'angle.* — Lorsque les axes sont perpendiculaires et situés dans un même plan, la communication du mouvement se fait au moyen de roues à angle ou engrenage conique. Dans ces sortes d'engrenages, les dents, au lieu d'être placées sur le contour d'un cylindre, sont placées sur les surfaces latérales de deux troncs de cône ; il s'ensuit naturellement qu'elles ne peuvent avoir la même épaisseur dans toute leur étendue, chacune d'elles formant un tronc de pyramide à bases curvilignes.

Les différents éléments de construction des engrenages coniques sont trouvés en employant la même méthode que pour l'engrenage de flanc (§ 328) ; la seule différence porte sur la forme de la dent, et le tracé de cette partie se borne à trouver la conicité des roues et les bases des troncs de pyramide formant les dents.

Étant donnés les axes AB et BC (*fig.* 10, *pl.* **14**), et connaissant le nombre de tours de chacune des deux roues en un temps donné, diviser l'angle ABC formé par les deux axes en deux parties proportionnelles aux nombres de tours des roues (§ 61). Porter le rayon moyen de la roue, de B en D, et celui du pignon, de B en E; mener DF et EF perpendiculaires aux axes: ces lignes doivent se rencontrer nécessairement en F; porter du point F des longueurs FM et FN égales à la demi-largeur des dents, et mener AMC et ONP perpendiculaires à MB. Les points M et N, tournant autour des axes AB et BC, décriront des circonférences, qui, rabattues sur le plan horizontal, seront les circonférences MV et MK pour les grandes bases, et

NQ et NS pour les petites bases. Sur ces circonférences primitives ainsi rabattues, on fera toutes les constructions décrites précédemment pour l'engrenage de flanc (§ 328), en se rappelant que les dents ayant la forme pyramidale, la même opération doit être répétée deux fois, l'une pour la détermination de la petite base, et l'autre pour la détermination de la grande base.

340. *Dents des engrenages coniques.* — La taille des dents des engrenages coniques offre des difficultés qu'on ne rencontre pas dans les engrenages cylindriques ; en effet, dans ceux-ci, l'outil ayant la forme de l'espace vide compris entre deux dents, enlève la matière en une ou plusieurs passes, mais sur les engrenages coniques, le vide entre deux dents va en se rétrécissant ; il n'est donc pas possible, avec un seul outil, d'enlever la matière nécessaire pour laisser les dents en saillie.

Le moyen qui donne un résultat satisfaisant est le suivant : on taille l'outil suivant la forme rectangulaire dont la base est égale au fond du creux L ; la roue étant placée sur une machine à diviser, l'outil en mouvement a une course parallèle au fond des creux RT, et trace à chaque division une rainure qui aura la profondeur voulue sans avoir la largeur nécessaire dans toutes ses parties : c'est ce qui restera à faire au moyen du burin et de la lime ; à cet effet, l'on fera deux calibres en tôle sur les modèles des dents des grands rayons et sur celles des petits rayons, et l'on fera concorder, avec ces calibres, les extrémités des dents ; il ne restera plus ensuite qu'à enlever l'excédant de matière sur le milieu de la dent. Cette opération, assez facile à exécuter sur les modèles en bois, devient très-longue et partant très-coûteuse sur les roues en métal. Aussi les roues d'angle sont-elles fondues avec un soin tel qu'il ne soit pas nécessaire de les reprendre avec les outils coupants.

Si au lieu d'avoir deux axes AB et BC formant entre eux un angle droit, l'angle était quelconque, le tracé des engrenages serait analogue à celui qui vient d'être donné.

(Voir ci-après, le tableau donnant les diamètres des roues d'engrenage en fonction du nombre de dents, page 306.)

341. *Axes dans des plans différents (fig. 11, pl. 14).* — Pour transmettre le mouvement circulaire entre deux axes non situés dans le même plan, le moyen le plus simple d'arriver à la solution est de faire passer un plan par chacun des axes donnés; l'intersection de ces deux plans sera nécessairement dans chacun des plans des deux axes donnés, et l'on se servira de cette intersection comme axe intermédiaire pour porter une roue dentée conique qui s'engrènera avec les roues placées sur les deux axes donnés. Les intermédiaires flexibles sont d'une grande utilité pour transporter le mouvement circulaire d'un axe à un autre, situés tous deux d'une manière quelconque dans l'espace. Soient A et B (*fig.* 11) deux axes non situés dans le même plan et surmontés de poulies dont les plans se coupent suivant la droite MN. En deux points P et Q de cette droite, et convenablement choisis, on attache deux *poulies-guides* à émérillon, c'est-à-dire tournant sur leur point d'attache; une corde sans fin qui embrassera une partie de la poulie A, passera sur chacune des petites poulies *r* et *q*, et s'enroulera ensuite sur la poulie B.

On voit que le mouvement pourra être donné dans les deux sens; il suffira pour cela de croiser les brins. Le but des poulies *r* et *q* est de maintenir les brins dans les plans des poulies A et B. Le changement de plan se faisant sur les gorges des petites poulies, la flexibilité de la corde s'y prête facilement.

342. *Axes à angle droit ne se rencontrant pas. — Vis sans fin (fig. 13, pl. 15).* — Si l'on fait mouvoir un boulon dans son écrou et que l'on maintienne l'écrou fixe en tournant la vis, celle-ci avancera à chaque tour d'une quantité égale au pas. Si, au contraire, c'est la vis qui est fixe et l'écrou qui tourne, ce sera celui-ci qui avancera d'un pas pour chaque tour. Soit une vis supportée par deux paliers qui ne lui permettent pas le mouvement dans le sens de son axe, mais laissent libre le mouvement rotatif, il est évident qu'un point d'une roue rencontré par le filet de la vis, serait déplacé pour un tour de celle-ci d'une quantité égale au pas.

Ceci étant bien compris, il sera facile d'établir la relation de vitesse entre la roue et la vis. Chaque tour de la vis devant faire avancer la roue d'une quantité égale au pas de la vis, il est évident qu'autant de fois celui-ci sera contenu dans la circonférence de la roue, autant de fois la vis fera de tours pour un tour de la roue.

Soit maintenant proposé de déterminer les éléments d'une pareille machine : le diamètre de la vis n'entrant pas en ligne de compte, il suffira de donner à la tige assez de résistance pour supporter l'effort de torsion auquel elle sera assujettie. Le calcul de la résistance se fera pour les tourillons seulement, et la partie milieu sera augmentée d'un dixième environ, plus l'épaisseur ou saillie du filet de la vis. Pour les vis sans fin en fer, qui sont les plus employées, on a la relation suivante :

$$d^3 = \mathrm{K} \cdot \frac{\mathrm{A}}{n},$$

dans laquelle d est le diamètre en centimètres, K coefficient égal à 1,50, A travail transmis exprimé en kilogrammètres, n nombre de tours que la vis fait dans une minute. Donc

$$d = \sqrt[3]{\mathrm{K} \cdot \frac{\mathrm{A}}{n}}. \qquad (\text{n}^\circ\ 9)$$

Les dimensions de la roue et de ses dents sont données en appliquant les mêmes règles que pour l'engrenage de flanc (§ 328). La construction se fait de la manière suivante :

Le pas de la vis, l'épaisseur des dents et les vides qu'elles laisseront entre elles étant connus, supposons un plan vertical indiqué sur la figure 13 par des hachures et coupant la roue et la vis ; soient OC le rayon primitif de la roue ; menons la droite AB tangente à la circonférence OC, et, pour terminer le cylindre primitif de la vis, menons DE parallèle à AB. Opérons maintenant, dans ce plan de coupe, la division des dents et cherchons leur forme ; pour cela menons, par le point C, une droite MN faisant, avec OC, un angle de 75° ; au point C menons PQ perpendiculaire à MN, et prenons OP = OQ, mais plus petit que OC. En joignant le centre O aux points P et Q, on obtiendra les points K et L par lesquels on fera passer des circonférences du point O qui donneront les centres des courbures des flancs et des faces de la roue. Portant de C en I la largeur des vides, le rayon KI décrira l'arc de cercle des flancs, et de C en Y il en donnera l'épaisseur; le rayon LY décrira l'arc des faces de la roue.

Pour le tracé des filets dans le plan de coupe, nous opérerons d'une façon analogue, en admettant que le centre de la circonférence qui passe par les points A, C, B, a son centre à l'infini; abaissons donc, des points P et Q, des perpendiculaires à AB qui rencontrent MN aux points S et R; par ces points, menons des droites parallèles à AB, et nous aurons ainsi des droites qui seront les centres de courbure des flancs et des faces des dents.

Dans le plan de coupe, portons sur AB les divisions correspondantes aux pleins et aux creux des dents, SI sera le rayon des faces et RY celui des flancs.

L'opération que nous venons de décrire donnera la forme de l'outil propre à former les filets et à tailler la roue. La vis sera taillée sur un tour à fileter ordinaire. Les dents de la roue seront taillées au moyen d'un outil monté sur un arbre ayant un mouvement rotatif et qui devra avancer à chaque passe, dans le sens de son axe, d'une quantité égale au pas.

Le reste de la figure 13 n'a d'utilité que pour dresser un dessin du système, dont le tracé se fait ainsi : rabattre les deux cylindres de la vis suivant les circonférences VX et VZ ; diviser celles-ci ou seulement leur moitié en parties égales, projeter les points 1, 2, 3.....8 sur les deux cylindres; diviser la moitié du pas sur chacun de ces cylindres en un même nombre de parties que les demi-circonférences, et mener les perpendiculaires par les points de division ; les intersections de ces perpendiculaires avec les horizontales des points correspondants, donneront les points suffisants pour construire la projection verticale des courbes en hélice.

Il est évident que les dents de la roue ne peuvent être perpendiculaires au plan même de la roue ; leur inclinaison sera obtenue en développant la circonférence primitive du cylindre en HG, et en portant le pas sur la perpendiculaire GJ. L'inclinaison des dents avec le plan de la roue sera marquée par l'inclinaison de HJ sur GJ.

Ordinairement, les dents de la roue sont tronquées suivant des plans V*u* et VF qui passent par l'axe de la vis, les dents sont ainsi moins susceptibles d'être cassées sous l'effort exercé par la vis.

Les projections des dents sont obtenues en portant *u*F et *u'*F' en J*f* et J'*u*, et en rabattant les points J et *u* sur GJ.

Dans ce système de transmission de mouvement, c'est toujours la vis qui conduit et la roue qui est conduite ; la faible inclinaison des dents de celle-ci fait voir qu'il serait très-difficile, sinon impossible de lui faire communiquer le mouvement à la vis.

Transformation du mouvement circulaire en mouvement rectiligne alternatif.

(Voir également les exemples § 371.)

343. *Crémaillère (fig. 1, pl. 12)*. — La crémaillère est une barre rigide, droite, en métal et munie de dents où viennent engrener les dents d'un pignon. Les conditions de vitesse dans cet appareil sont que, à chaque tour du pignon, la crémaillère doit avancer d'une quantité égale à la circonférence primitive de l'engrenage du pignon. La détermination de l'épaisseur, ainsi que des autres éléments des dents, est identique à ce qui se fait pour les engrenages de flanc (§ 328).

Soit OC la circonférence primitive de la roue ; par le point C mener la tangente AB et porter sur cette droite, à partir du point C, les pleins et les creux des dents ; porter également les pleins et les creux sur la circonférence OC. Limiter la saillie des dents en lui donnant une fois et demie l'épaisseur, et tracer la courbure des dents au moyen de deux arcs de cercle, comme il a été fait précédemment (§ 328), c'est-à-dire, par le point C, mener MN faisant avec OC un angle de 75°. Élever PQ perpendiculaire à MN et prendre CP = CQ, mais plus petit que OC. Des points P et Q, abaisser des perpendiculaires sur AB qui rencontrent MN aux points R et S. Le rayon de courbure des faces et des flancs sera RF et SG. Joindre le centre O aux points P et Q, et déterminer ainsi les points D et E, et le rayon de courbure des flancs DF ; EG est celui des faces. Pour avoir les courbures des dents de la crémaillère, il faut mener, par les points R et S, deux parallèles à AB, et par D et E, deux circonférences ayant pour centre le point O.

Le mouvement imprimé à la roue doit être nécessairement alternatif, en raison de la longueur limitée de la crémaillère, et celle-ci doit être assujettie, par des guides, à se mouvoir tangentiellement à la roue.

La réciproque de ce mouvement est possible ; si la crémaillère est animée d'un mouvement rectiligne alternatif chacune de ses dents viendra heurter les dents de la roue, et celle-ci recevra un mouvement rotatif alternatif.

344. *Tour.* — Un des moyens les plus simples employés pour transformer le mouvement circulaire en mouvement rectiligne, est l'emploi du tour qui se compose d'un cylindre *ab* (*fig.* 16, *pl.* **16**) monté sur tourillons et qui reçoit son mouvement d'un moteur quelconque agissant sur la roue *d*.

La corde s'enroule sur le cylindre en supportant un poids à son extrémité inférieure. Le rapport des vitesses de la roue *d* et du poids *p* s'établit ainsi, en désignant par *r* le rayon du cylindre et par R celui de la roue ; pendant une révolution entière, un point de la roue parcourt $2\pi R$, et le poids *p′* monte d'une quantité égale à $2\pi R$. Pendant cette même révolution, un point du cylindre parcourt $2\pi r$ et le poids *p* monte d'une quantité représentée par ce dernier produit ; en appelant V la vitesse de la roue et *v* celle du cylindre ou ce qui est la même chose la vitesse des poids *p′* et *p*, l'un descendant, l'autre montant, on aura :

$$\frac{V}{v} = \frac{2\pi R}{2\pi r} = \frac{R}{r}.$$

Les vitesses sont donc en raison directe des rayons des roues, et d'après les principes exposés au § 294 l'intensité des forces agissant en p' et p est en raison inverse de ces mêmes rayons.

345. *Bielle (fig.* 17, *pl.* **16**). — La bielle est une tige rigide et inflexible, ordinairement en fer, portant à chacune de ses extrémités un tourillon. Prenons un axe o tournant sur lui-même et entraînant, dans son mouvement, la manivelle ob; soit a un point que des guides forcent à se mouvoir dans le sens de la droite xy. L'axe de la bielle sera ab qui joint le point a au point b. Le mouvement venant du point o, le point b sera forcé de parcourir tous les points de la circonférence ob, et comme ab est inextensible et que le point a est forcé de suivre xy, il s'ensuit que le point a marchera successivement de x vers y et de y vers x, et l'amplitude de son mouvement sera la ligne xy égale au diamètre de la circonférence ob.

Voyons maintenant quelles seront les vitesses des deux extrémités a et b de la bielle. Le point b ayant un mouvement uniforme, parcourra des arcs égaux dans des temps égaux; il n'en sera pas de même du point a qui, devant s'arrêter à chaque extrémité de son parcours, aura son maximum de vitesse au point a, et passera du point a aux points x et y, par des gradations de vitesses qui descendront jusqu'à zéro.

De plus, si le point b se meut toujours d'un mouvement uniforme, il s'ensuivra que le point a, marquant la demi-course du pied de bielle, fera obtenir $ab = ao$, et l'arc bnf plus grand que l'arc bmf; par conséquent, le temps employé à parcourir la ligne ax sera plus long que celui employé à parcourir la ligne ay.

Si maintenant nous supposons que ce soit le point a qui conduise la bielle et qui se transporte en a', le point b, invariablement lié à l'axe o, décrira une circonférence autour de ce point. Examinons ce qui se passe par rapport à l'effort transmis par cette pièce. Il est évident que l'effort transmis par la bielle sera à son maximum lorsqu'elle sera perpendiculaire à la manivelle, c'est-à-dire vers la demi-course, car si nous supposons le point b arrivé en b', l'effort qui tend à mouvoir ce point se décomposera en deux, dont $b'a'$ sera la résultante; l'un $b'k$ tangent à la circonférence sera l'effort utile, et l'autre $b'p$ l'effort inutile ou le frottement du coussinet sur le tourillon.

Le maximum de la force utile sera évidemment produit au moment où l'angle sera le plus grand possible, c'est-à-dire lorsque la manivelle et la bielle seront perpendiculaires; tandis que $b'k$ sera nulle, lorsque ces deux pièces auront leurs axes dans le même plan, c'est-à-dire lorsque le point b sera aux points n et m appelés, pour cette raison, *points morts* et qui ne peuvent être dépassés par l'action de l'effort exercé au point a. Les points morts sont franchis à l'aide d'un *volant* fixé sur l'arbre.

346. *Construction de la bielle.* — La bielle supporte alternativement des efforts de traction et de compression; les métaux résistant moins à l'effort de compression qu'à l'autre, il suffira de la construire pour résister à ce dernier effort. La longueur d'une bielle doit être le plus grande possible, mais on comprend que l'augmentation de cette dimension entraîne celle de l'épaisseur. Aussi se contente-t-on de lui donner une longueur de cinq à six fois le rayon de la manivelle; au-dessous de cette proportion, l'angle de frottement augmente, et, par suite, celui-ci devient plus grand au détriment du travail utile (§ 322).

La forme de la bielle n'est pas indifférente, on la fait ordinairement ronde et renflée vers le milieu pour lui donner plus de résistance. Pour une longueur de cinq à six fois le rayon de manivelle, la section du corps d'une bielle en fer fondu doit supporter, au maximum, par chaque centimètre carré de surface, 28 kilogrammes au milieu, et 35 kilogrammes à chaque extrémité, et la bielle en fer forgé de 50 à 60 kilogrammes au milieu, et de 90 à 100 kilogrammes aux extrémités.

345. *Volant.* L'action de la bielle sur la manivelle n'est pas régulière, un volant placé sur l'arbre de la manivelle est nécessaire pour faire dépasser les points morts (§ 345).

Suivant la manière d'agir de la bielle sur la manivelle, on dit que celle-ci est à simple effet ou à double effet : la manivelle est à simple effet lorsque la poussée sur le bouton b, a lieu pendant le parcours de l'arc mbn, et que le reste de la circonférence est parcouru en vertu de la vitesse acquise (*fig.* 17). La manivelle est à double effet, lorsque l'action directe de la bielle sur le bouton de manivelle s'exerce pendant toute la durée de la révolution de cette dernière.

Pour une manivelle à simple effet, le poids P de la couronne du volant est :

$$P = \frac{24324n}{m \cdot V^2} \cdot K \; ; \cdots \qquad (n^o \; 10)$$

n, travail transmis en kilogrammètres ;
m, nombre de tours du volant par minute ;
V, vitesse moyenne de la jante du volant ;
K, coefficient de régularité = 5,60 en moyenne.
Pour une manivelle double on prend :

$$P = \frac{46,45\,n}{mV^2} \cdot K \; , \cdots \qquad (n^o \; 11)$$

$$V = K.\sqrt{\frac{46,45n}{mP}} \cdots \qquad (n^o \; 12)$$

On voit par ces formules, qu'en augmentant le rayon du volant, on augmente la vitesse de la jante, et que le poids du volant diminue ; mais l'expérience a démontré qu'il n'était pas prudent de dépasser une vitesse de 30 mètres par seconde.

348. *Excentrique (fig.* 18, *pl.* **16).** — On appelle ainsi un plateau circulaire a tournant autour d'un centre c qui n'est pas le sien, et entouré d'un cercle en deux parties df relié à une bielle m. L'excentrique est fréquemment employé pour transformer un mouvement circulaire continu en rectiligne alternatif ; son jeu est le même que celui de la manivelle à laquelle on le substitue parce qu'il faudrait couper l'arbre pour y placer une manivelle. Le travail de la manivelle est plus économique, car l'excentrique, comme la bielle, donne un frottement en rapport direct avec le développement de la circonférence du tourillon de la manivelle; et un excentrique peut être considéré comme une manivelle dont le diamètre du bouton est celui du plateau, et par conséquent beaucoup plus grand que le diamètre de l'arbre où il est fixé.

L'excentrique n'est jamais employé pour transformer le mouvement rectiligne-en circulaire ; ce que nous avons dit précédemment le démontre surabondamment. On appelle *rayon d'excentricité* la distance du centre *c* de l'arbre au centre *a* du plateau ; il a exactement là même longueur que celle d'une manivelle dont il peut remplacer l'emploi. L'excentrique ne doit être employé que pour transmettre de petits efforts ; ordinairement il sert à donner le mouvement aux tiroirs des machines à vapeur.

Si un même excentrique doit, dans ce cas, commander la marche en avant et la marche en arrière de la machine, il faut qu'il soit mobile sur l'arbre, et alors il est nécessaire de le munir d'un contre-poids, afin que le poids du plateau n'entraîne pas le système en passant dans certaines positions. Le plateau est en deux parties pour permettre de le placer sur l'arbre.

Lorsqu'un seul excentrique est employé dans une machine à vapeur pour communiquer le mouvement de l'arbre de couche aux tiroirs, et que cette machine doit pouvoir marcher dans les deux sens, il est évident qu'un calage fixe ne répond pas à cette obligation ; dans ce cas, l'excentrique est mobile sur l'arbre pendant le parcours d'un certain arc (*fig.* 21, *pl.* **16**), et l'arbre porte un buttoir *ab* qui vient heurter un toc *c* faisant partie de l'excentrique.

Soit proposé de déterminer la longueur du buttoir *ab* pour qu'en heurtant chacune des extrémités du toc *c* l'excentrique soit calé alternativement pour la marche en avant et pour la marche en arrière : On met le piston exactement à bout de course et le tiroir à la position qu'il doit occuper pour admettre la vapeur (ouvert de l'avance à l'introduction) ensuite on fait tourner l'excentrique à la main dans le sens de la marche en avant, jusqu'à enclancher le pied de bielle avec la tige ou l'arbre du tiroir. Au point a, extrémité du toc de l'excentrique, on marque un trait sur l'arbre. On fait ensuite tourner l'excentrique en arrière à la main jusqu'à ce que sa bielle vienne s'enclancher de nouveau ; l'autre extrémité du toc donnera alors le point b. Donc, le buttoir aura pour longueur arb, et l'excentrique pourra se mouvoir dans l'espace libre afb pour passer d'une marche de la machine à l'autre.

On conçoit que toutes les fois que le buttoir vient rencontrer le toc il y a choc, on ne peut donc employer ce système de changement de marche que pour les arbres qui ne dépassent pas vingt-cinq tours à la minute, au delà il est prudent d'employer deux excentriques que l'on enclanche alternativement avec le tiroir.

349. *Coulisse circulaire (fig.* 19, *pl.* **16**). — Un système des plus ingénieux pour le changement de marche d'une machine est la coulisse dite de *Stephenson* ou coulisse circulaire. ad et bc sont les axes de deux bielles d'excentriques calés sur l'arbre o pour obtenir la marche avant et la marche arrière. cd est un arc fendu dans lequel glisse l'extrémité p de la tige du tiroir. Au moyen d'un système quelconque de leviers t, on peut à volonté baisser ou relever l'arc, et par conséquent mettre l'une ou l'autre des bielles en communication avec le tiroir pour obtenir la marche voulue, ou encore mettre le secteur en position moyenne pour arrêter la marche du tiroir.

350. *Construction pratique de la coulisse de Stephenson.* — Les différents points de la coulisse déterminent un certain déplacement de la tige du tiroir dont des exemples sont donnés dans une planche de l'atlas et au sujet de la machine à vapeur traitée spécialement dans la Ve partie.

Dans les ateliers de construction, on emploie le moyen pratique représenté figure 20, pl. **16**, pour déterminer la forme et la longueur de la coulisse ; ok est un plateau circulaire pouvant tourner sur un axe o. On trace sur ce plateau les deux rayons des excentriques dont l'un est affecté à la marche avant et l'autre à la marche arrière, de sorte que les rayons rb et oa peuvent être considérés comme des manivelles où viennent s'articuler les deux bielles bd et ac figurées au moyen de lattes en bois ayant même longueur que les bielles réelles. Un secteur en bois mn, décrit du centre o figure la coulisse et se rattache par le point r aux leviers de suspension établis en vraie grandeur. On fait également en bois une coupe sommaire du tiroir et de ses orifices, ainsi que de sa tige (*fig.* 22) que l'on relie au secteur au point f. Ces modèles étant établis, on donne un mouvement circulaire au plateau ok et l'on cherche les meilleures positions à donner aux points d'attache d et c des bielles avec le secteur. Après quelques tâtonnements, il est facile de réaliser les combinaisons suivantes : Si l'on suppose le piston à bout de course, le tiroir devra marcher de tout le recouvrement, plus l'avance, c'est-à-dire il faudra qu'en baissant le point r, le point d vienne en f, pour que l'arête i du tiroir (*fig.* 22) soit repoussée en j; et si l'on remarque que le tiroir était à moitié course, on verra que pour passer d'une marche à l'autre, il faudra que le parcours de la tige du tiroir dans la coulisse fasse mouvoir celui-ci de deux fois le recouvrement, plus l'avance.

Il est évident que la tige du tiroir aura toujours un mouvement, même lorsqu'elle se rattachera au milieu du secteur, et cela par la raison que les rayons oa et ob ne sont pas directement opposés l'un à l'autre, mais l'amplitude de ce mouvement ne sera pas suffisante pour découvrir les orifices et par conséquent la machine restera au repos, la vapeur ne pénétrant pas dans le cylindre.

351. *Des cames* (*fig.* 23, *pl.* **16**). — Les cames sont fréquemment employées pour transformer le mouvement circulaire continu en mouvement rectiligne alternatif, et même en mouvement circulaire alternatif. Nous ne citerons que quelques exemples relatifs aux organes de détente de la vapeur et aux martinets ou marteaux-pilons.

Lorsque la fermeture de l'introduction de la vapeur dans un cylindre se fait au moyen d'une soupape ou d'un papillon, l faut que pour un tour de l'arbre de couche correspondent deux fermetures de l'obturateur. Ce mouvement s'obtien d'une manière fort simple : *abcd* est un chariot embrassan l'arbre de la machine et traversé par un axe *m* portant un galet *o* qui s'appuie sur des cames excentrées et clavetées sur l'arbre de couche. Lorsque les parties saillantes de ces dernières viennent appuyer sur le galet, elles le soulèvent et soulèvent en même temps le chariot auquel est lié par une, bielle l'obturateur qui produit la détente; lorsque le galet roule sur les déclivités des cames, le poids de l'appareil suffit pour faire retomber tout le système et opérer la fermeture de l'obturateur. Par un axe *k* portant une fourchette à vis sur cet axe et embrassant le galet, on peut faire passer celui-ci sur l'une quelconque des cames, et ainsi on obtient des fermetures à divers points de la course du piston.

352. *Construction d'une came de détente (fig. 24, pl. **16**). —* La distribution de la vapeur se faisant d'une manière fixe par le tiroir, l'organe de détente variable n'a pour but que d'opérer la fermeture de l'obturateur avant la fermeture du tiroir, et de l'ouvrir un peu avant, ou en même temps que le tiroir ouvre lui-même pour admettre la vapeur dans le cylindre. Soient *ab* une longueur proportionnelle à la course du piston; *ac* la circonférence développée de l'arbre et divisée en un nombre quelconque de parties égales : entourons l'arbre de la machine d'une bande de papier divisée comme *ac*, et arrêtons l'appareil aux points de division 0, 1, 2, 3, etc.; marquons ces points sur une règle parallèle à la tige du piston. En portant sur la ligne *ab* perpendiculaire à *ac* les ongueurs obtenues (ou des quantités proportionnelles, on obtiendra facilement la courbe *amnopc* qui donnera la relation entre la marche du piston et le déplacement angulaire de la manivelle. Supposons maintenant que le tiroir ferme aux 0,65 de sa course à moitié distance entre le point 6 et le point 7 (au point *k*) et que nous voulions obtenir des fermetures aux points 6, 5, 4, 3, 2, ce qui donnera 4 cames : pour les points 3, 4, 5 et 6 mener des horizontales qui rencontrent la courbe aux points 3_1, 4_1, 5_1, 6_1 de ces points, abaisser des perpendiculaires sur ac; les points 3_2, 4_2, 5_2, 6_2 donneront les limites, sur la circonférence de l'arbre, où doivent se terminer les cames. Pendant que le tiroir est fermé, il est indifférent que la détente soit ouverte, en conséquence, on pourra placer la naissance de la came au point 7 en la faisant s'élever en pente douce, tandis qu'aux points de fermeture 3, 4, 5, 6 la chute sera brusque pour produire l'obturation immédiate.

353. *Martinets (fig. 25, pl. 17).* — Le martinet est un lourd marteau en fer A emmanché d'une solive en bois oscillant sur un axe B; son mouvement est circulaire alternatif, et c'est par sa chute libre sur l'enclume qu'il frappe fortement le fer placé sous son action. Le mouvement est donné par un axe C sur lequel est fixée une roue portant des dents qui viennent peser sur l'extrémité D du manche du marteau. Chaque dent produisant la levée du marteau, et la chute ayant lieu pendant l'intervalle du passage d'une dent à l'autre, il faut que la vitesse de rotation autour de l'axe C soit combinée de façon que la chute du marteau soit terminée avant qu'une nouvelle dent vienne se mettre en prise.

La courbure ainsi que la face des dents dérivent du tracé des engrenages. Il est avantageux d'employer l'épicycloïde (*fig.* 119); pour la tracer (*fig.* 26), on fera rouler sur le cercle primitif cD le cercle DB, et la courbe sera obtenue telle que l'indique la figure. Diviser la circonférence primitive cD en un certain nombre de parties égales 1, 2, 3...; mener les rayons c1, c2, c3, et décrire la circonférence cB que les rayons rencontrent aux points B′, B″, B‴..., aux points B′, B′, B″... avec BD pour rayon, décrire des circonférences qui indiqueront le roulement de la circonférence DB sur la circonférence cD; porter ensuite sur ces circonférences, à partir du point de contact 1, 2, 3, 4... des divisions faites sur la circonférence cD joindre les points extrêmes ainsi obtenus par une courbe qui n'est autre chose qu'une *épicycloïde* convenant parfaitement à la courbure des dents.

Le martinet à cames agit avec choc, ce qui est toujours défectueux pour la bonne utilisation du travail du moteur; aussi le système suivant (*fig.* 27), composé d'un excentrique, lui est-il préféré. Le marteau oscille autour de l'axe A, un axe B, placé en dessous du manche, porte une fraction de cercle excentré, qui pendant sa rotation autour du point B soulève le point D d'une quantité égale à la différence des rayons DO et EO.

354. *Pilon* (*fig.* 28, *pl.* **17**). — Le pilon est composé d'un fort madrier en bois encastré dans des guides A et B qui l'assujettissent à suivre une direction verticale rectiligne. L'extrémité est armée d'une masse de fer servant de mouton. Sur un axe horizontal est fixée une roue portant des dents qui viennent soulever tout l'appareil au moyen du taquet D. Le tracé de la courbe est le même que celui d'une crémaillère, c'est-à-dire une développante de cercle que l'on obtient comme il est indiqué figure 29. L'espace laissé entre chaque dent doit être assez grand pour permettre la chute sans choc.

355. Pour tracer la développante de cercle il faut diviser la circonférence oM en un certain nombre de parties égales 1, 2, 3, 4... Mener par les points de division des tangentes à la circonférence oM ; porter sur la tangente du point 1, une division de la circonférence *om;* sur la tangente 2, porter deux divisions, et ainsi de suite; en réunissant les points extrêmes on aura la courbe appelée développante de ce cercle.

Pour éviter les chocs, on pourra aussi employer la fraction d'excentrique représentée figure 27.

356. *Vis* (*fig.* 30 *pl.* **17**). — Le mouvement circulaire continu peut être transformé en mouvement rectiligne au moyen de la vis. Supposons un cylindre AB animé d'un mouvement uniforme de rotation, sur le contour duquel s'élève aussi d'un mouvement uniforme un point P, ce point décrira une courbe appelée hélice. Si nous supposons maintenant le point P un outil qui creuse un sillon sur tout le contour du cylindre, on aura formé une vis. La même opération effectuée dans l'intérieur d'un cylindre creux de diamètre convenable donnera l'*écrou*, et ces deux pièces pourront engager les saillies de l'une dans les creux de l'autre; si maintenant l'écrou reste fixe et qu'un mouvement de rotation soit donné à la vis, un obstacle placé à l'extrémité de celle-ci décrira un mouvement rectiligne et avancera pour chaque tour d'une quantité égale au pas de la vis. Le pas de la vis est mesuré par la hauteur d'un plein et d'un *creux*, pris sur une des génératrices du cylindre.

357. *Construction de la vis.* — La construction des vis et des écrous à l'aide des filières à tarauder et des tarauds, ou à l'aide de machines, est tellement familière aux ouvriers qu'on peut se dispenser d'en parler ici ; mais dans le cas où pour une dimension de boulon ou pour un pas donné, l'ouvrier n'aurait pas à sa disposition des coussinets convenables, il pourra se servir du moyen suivant :

Soit (*fig.* 31, *pl.* **17**) ABCD la projection verticale d'un cylindre qui doit être taraudé ; développer le cylindre, c'est-à-dire l'entourer d'une feuille de papier qui le recouvre exactement et qui, étant déroulée, donnera pour développement de la surface cylindrique le rectangle A'B'B"A". Le pas de la vis à construire étant donné, on porte cette quantité sur A'B' et A"B" autant de fois qu'elle y est contenue. Ainsi seront formés dans l'exemple qui nous occupe 7 petits rectangles ; joindre le point 0 au point 1', le point 1 au point 2'... on aura les diagonales de ces petits rectangles ; or, ces diagonales marquent les sommets d'un filet triangulaire lorsque la feuille de papier est enroulée sur le cylindre, et si l'on a eu soin de développer de même le cylindre du fond des filets MNOP en répétant la construction précédente, on pourra en collant la feuille de papier sur le cylindre à fileter, suivre avec le burin ou tout autre outil les lignes RJ, TU qui s'effaceront à mesure que le travail s'accomplira; mais les lignes marquant les sommets des filets resteront et serviront de repère pour la direction et la profondeur du filet. L'opération à faire pour une vis à filets carrés serait analogue à celle pour un filet triangulaire. Il ne reste plus, après le premier travail, qu'à donner de la régularité au filet, opération qui se fait sur le tour à l'aide d'un peigne que l'on taille d'après le dessin obtenu (*fig.* 31).

358. *Vis à droite et vis à gauche.*— Une vis A est dite à droite lorsque son filet va en montant de gauche à droite, son axe étant considéré dans la position verticale (*fig.* 14 *bis, pl.* **5**) ; elle est dite à gauche, lorsque le filet va en montant de droite à gauche B.

Si un arbre A (*fig.* 13 *bis, pl.* **15**) portant une vis à droite D et une vis à gauche G, est mis en mouvement de rotation par une manivelle *m* ou par tout autre moyen, les écrous 1 et 2 dont le pied glisse dans une rainure *rr*, afin qu'ils ne soient pas entraînés à tourner avec l'arbre, marcheront en sens contraire l'un de l'autre, c'est-à-dire s'éloigneront ou se rapprocheront l'un de l'autre suivant que l'arbre A tournera dans un sens ou dans le sens opposé. Par ce moyen, on peut obtenir la transmission d'un mouvement circulaire continu en un mouvement rectiligne de direction opposée, sur deux mobiles. Il est quelquefois employé pour les obturateurs de détente dans les machines à vapeur.

La confection d'une vis à droite ou à gauche exige des coussinets coupants ayant le filet dans la direction voulue. Dans le cas où ces outils manquent à l'ouvrier, il peut se tirer d'embarras en employant le moyen indiqué ci-dessous :

A (*fig.* 2 du texte), bloc de fer ajusté dans une filière comme un coussinet ordinaire.

B, pièce en acier portant des dents *b* faites à la lime. Elles doivent avoir une profondeur égale à celle du filet à obtenir et un écartement égal à son pas.

C, pièce en fer terminée par une partie filetée munie d'un écrou, ayant pour but de fixer le peigne B qui la traverse lorsque l'inclinaison des dents de ce peigne dans un sens ou dans l'autre, suivant qu'on veut faire une vis à droite ou une vis à gauche, a l'inclinaison en rapport avec la hauteur du pas que l'on veut obtenir.

D. demi-coussinet en métal doux (étain ou plomb et étain,

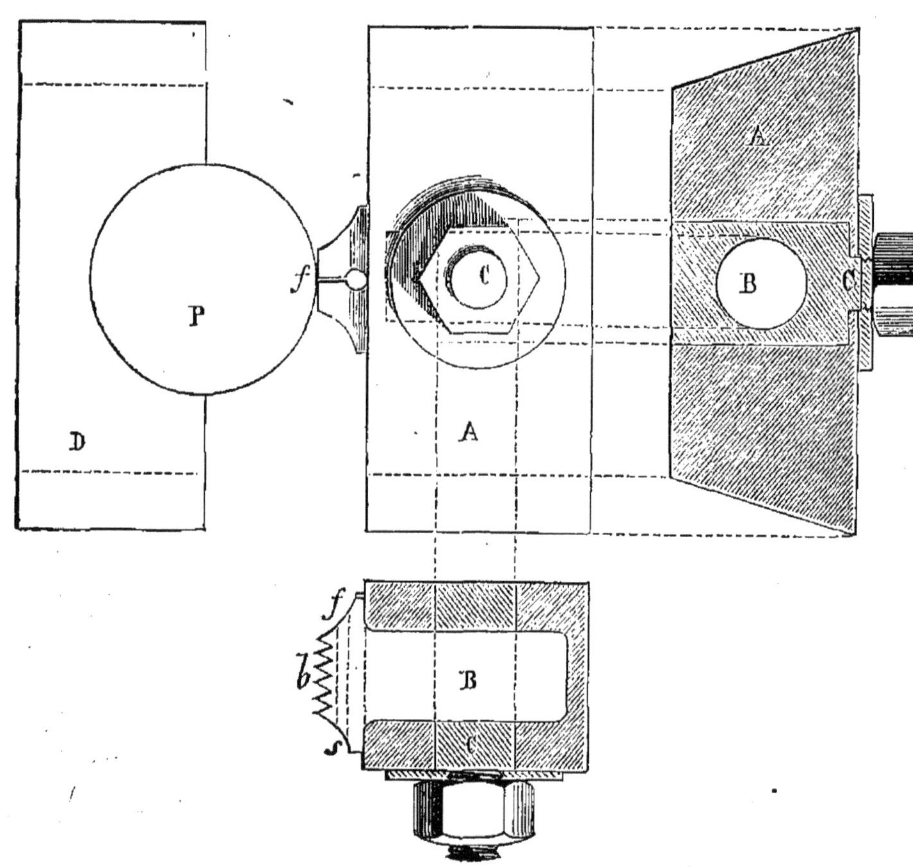

Fig. 2.

ou bois demi-dur) placé dans la filière, du côté de la pièce **P** à tarauder ; il est opposé au peigne.

f, fente pratiquée dans l'axe du peigne et perpendiculaire aux dents ; elle sert à rendre le peigne coupant et permet le dégagement du métal détaché.

Avant de tarauder la pièce avec cet outil on en règle l'inclinaison sur un cylindre de bois ou de fer de même diamètre que celui de la pièce ou du taraud à faire.

Transformation du mouvement rectiligne alternatif en mouvement circulaire alternatif ou continu.

(Voir également les exemples § 370.)

359. Dans l'utilisation de la vapeur d'eau comme force motrice, le mouvement est donné à un piston qui se meut dans le sens de la longueur du cylindre, avec un mouvement rectiligne alternatif; ce mouvement est transmis au dehors au moyen d'une tige reliée à une bielle qui transforme le mouvement rectiligne alternatif en mouvement circulaire continu. Tous les essais faits jusqu'à présent pour obtenir immédiatement par la vapeur un mouvement rotatif continu, n'ont donné que des résultats très-médiocres dus principalement au défaut d'ajustage des organes. Aussi ne nous occuperons-nous que de la machine à piston à mouvement rectiligne, pour montrer quels sont les moyens qu'on peut employer pour convertir ce mouvement rectiligne alternatif en circulaire continu.

Dans les machines à vapeur, la transformation du mouvement rectiligne du piston en mouvement circulaire continu de l'arbre moteur se fait de deux manières : la première est dite à connexion directe et la seconde à connexion indirecte.

360. *Machines à connexion directe (fig.* 32, *pl.* **12**). — P, est un piston muni d'une tige passant dans une boîte à étoupe ménagée dans le couvercle ; l'extrémité S de la tige porte une traverse guidée par des rainures appartenant aux bâtis de la machine; SM est la bielle façonnée à *fourche* au point S, et simple au point M. Ce dernier point appartient à la manivelle et doit être animé d'un mouvement circulaire continu. Ce que nous avons dit de la bielle (§ 345) est applicable dans tous les cas où elle est employée.

361. Quand on ne dispose que d'un espace restreint et qu'on veut avoir une longueur de bielle convenable afin d'éviter les grandes obliquités (§ 346), le piston est armé de deux tiges (*fig.* 33) dont le plan des axes est incliné à 45°, ces tiges passent l'une en dessus et l'autre en dessous de l'arbre, et vont joindre la traverse S guidée dans des glissières. La bielle SM est dite alors bielle en retour.

362. Dans le cas d'un espace limité, on peut supprimer la tige du piston (*fig.* 35) ou du moins employer une tige creuse dite fourreau. Le piston est venu de fonte avec le cylindre s', et le cylindre s a été rapporté. A l'endroit du passage de ces cylindres creux dans les couvercles du grand cylindre, il y a des boîtes à étoupe; la bielle a son point d'attache sur un tourillon boulonné sur le piston au point k. Dans cette espèce de machine, l'emploi de deux fourreaux ne semble pas, de prime abord, être bien justifié; cependant, il faut se rappeler que l'effort transmis à la bielle tend à faire incliner le piston dans le cylindre, et qu'un point d'appui en arrière lui est de toute nécessité pour qu'il soit guidé d'une façon convenable. En second lieu, la pression agit dans ces machines sur un piston en forme de couronne; si l'on supprime un des fourreaux, la pression agissant alors sur des surfaces inégales, il en résultera un travail intermittent dans la machine et des chocs qu'il faut toujours éviter.

363. La bielle, qui est obligatoirement employée dans le trois systèmes précédents, est supprimée dans le système dit à cylindre oscillant (*fig.* 36). AB est un cylindre supporté sur deux tourillons creux C, l'un sert à l'introduction de la vapeur et l'autre à l'évacuation; le piston P est muni d'une tige CS articulée sur la manivelle SO; le piston dans son mouvement de va-et-vient entraîne la tige et par suite la manivelle et son arbre O, mais c'est à condition que le cylindre puisse prendre en tournant sur ses tourillons diverses inclinaisons, ce qui occasionne un travail de flexion sur la tige : pour cette raison elle doit être un peu plus forte dans ces machines que dans les autres. La boîte à étoupe recevant aussi un plus grand frottement devra avoir des dimensions **plus** grandes que dans l s cas ordinaires

364. *Connexion indirecte.* — Les premières machines à vapeur étaient exclusivement affectées au travail d'épuisement des mines, le mouvement du piston se transmettait à l'aide d'un balancier; plus tard, lorsque les machines eurent à actionner des arbres dans le sens d'un mouvement rotatif, on se servit de la même disposition en ajoutant à l'extrémité du balancier opposée au cylindre une bielle articulée avec une manivelle fixée sur un arbre (*fig.* 34, *pl.* **17**). Le piston P et sa tige PI ayant un mouvement rectiligne, ne pouvaient être liés directement à l'extrémité A du balancier animé d'un mouvement de rotation autour du point fixe *o*; on plaça un intermédiaire qui est la bielle I; mais ici, si l'on n'avait pas guidé le point I, il aurait été transporté tantôt à droite tantôt à gauche, ce qui aurait fatigué la tige et rendu impossible l'entretien étanche du presse-étoupe. En guidant le point I dans des glissières, le problème serait en partie résolu, mais on perdrait par le frottement une quantité notable de force. Watt a résolu la difficulté au moyen d'un parallélogramme articulé dont trois angles A, B et C sont assujettis à décrire des arcs de cercle, de sorte que le quatrième angle I décrit sensiblement une ligne droite. Cette ligne, en effet, n'est pas tout à fait droite, elle a la forme d'un 8 très-allongé, par la raison que si le point I décrivait une ligne droite, le point C ne décrirait pas un arc de cercle.

365. *Parallélogramme.* — Le fonctionnement du parallélogramme de Watt est facile à comprendre, la figure 34 le donne en position moyenne, et aux deux positions extrêmes, en pointillé. L'établissement d'un parallélogramme exige quelques précautions pour que la courbe décrite par le point S se rapproche le plus possible de la ligne droite: 1° la direction de la ligne PS' de la tige du piston doit diviser en deux la flèche de l'arc de cercle décrit par l'extrémité A du balancier; 2° la corde A'A″ qui est à peu près égale à la course du piston ne doit pas excéder de beaucoup la moitié ou les deux tiers du demi-balancier AO; 3° l'horizontale AO doit partager en deux parties égales l'angle décrit par le balancier; 4° la longueur de la bielle IA est déterminée par la distance du point A″ (position extrême haute du bout du balancier) au point I de la tige placée sur l'horizontale AO; 5° la longueur du bras KC est arbitraire, elle dépendra de la longueur donnée au côté AB du parallélogramme.

366. *Tracé géométrique du parallélogramme (fig. 34, pl. 17).* — Etant donné le balancier AD, en prendre la moitié au point O et décrire du centre du balancier les arcs A′AA″ et D′DD″; au point A élever une perpendiculaire à AO et porter du point A des longueurs AS et AS′ égales à la demi-course du piston; mener les horizontales SA″ et S′I; on aura ainsi les positions extrêmes du balancier et l'on joindra les points A′ et A″ au centre O; en prolongeant ces lignes on aura l'arc D′DD″ décrit par l'autre extrémité du balancier. Joignant le point A au point A″, on aura la flèche AV de l'arc décrit par l'extrémité du balancier ; par le milieu de cette flèche, passe l'axe de la tige du piston qui sera assujettie à suivre sensiblement une verticale. Construisons maintenant le parallélogramme dans les trois positions du balancier qui sont déterminées par les opérations précédentes : la bielle qui joint la tige du piston au balancier, prise suivant la quatrième condition énoncée plus haut, sera VA″ pour la position haute, AI position moyenne et A′I′ position basse. Soit B le point d'attache du parallélogramme sur le balancier, et R′ et R″ les positions extrêmes du même point : par les points B, B′, B″, mener des parallèles aux bielles AI, A′V, A″V, et pour compléter le parallélogramme mener par les points I, I′, V des parallèles aux positions AO, A′O, A″O du balancier. Les trois parallélogrammes ainsi obtenus auront leurs côtés égaux chacun à chacun, car ce sont les mêmes pièces qui prennent des positions différentes; mais les angles auront changé de valeur et les sommets C, C′, C″, seront conduits par une barre rigide CK dont le point de rotation K sera facile à trouver. Pour cela on n'aura qu'à chercher le centre de la circonférence passant par les trois points C, C′, C″ (§ 131). Il est à remarquer : 1° que l'axe de la bride KI et du bras de parallélogramme IC, doivent se trouver dans le même plan horizontal ; 2° que le point I n'est pas le seul dans cet appareil qui décrive une ligne droite, le point R sur la bielle B″C″ (lieu de rencontre de cette bielle dans sa position basse avec le balancier AO, dans la position inférieure AO), décrit aussi une ligne droite, et l'on profite habituellement de la propriété de ce point pour y suspendre la tige de la pompe à air.

Pour terminer le mouvement géométrique du mécanisme, prendre le milieu de la flèche DF et mener la verticale F*g* sur laquelle devra se trouver l'axe de l'arbre, la longueur de la grande bielle sera D*g*.

Si l'on transporte la tige IP du piston en R (*fig.* 37, *pl.* **18**), point que nous avons dit se mouvoir en ligne droite, on pourra avoir un guide plus simple qui, dérivant du parallélogramme ABCI, ne sera plus composé que de la bielle BC et du bras KC. On obtiendra ce guide en opérant comme précédemment, et en supposant au balancier une longueur AO et l'axe du cylindre situé en IP.

Dans l'exemple donné par la figure 38, AB est une tige de piston qui doit conserver un mouvement suivant la verticale, et A*o* un demi-balancier articulé au point A et mobile en *o*. Le bras *cf* est articulée en *c*, au tiers de AO, et tourne autour du point *f*; il s'ensuit que, lorsque le point A occupe la position *f*, le point *c* est en *c'*, et le point *o* a reculé d'une quantité *oo'*; il reviendra à la position *o*, lorsque le balancier aura pris la direction de *oc″*A′. En ménageant une coulisse de *o* en *o'*, dans laquelle glissera l'axe du balancier, on aura assuré le mouvement rectiligne de la tige du piston. Dans la pratique, on préfère employer un support *o*K oscillant autour du point K ; le point *o* décrit alors un arc de cercle de *o* en *o'*, et le point A ne décrit plus une ligne droite, mais la différence est tellement petite, qu'on la néglige dans la plupart des cas.

367. *Construction du balancier* (*fig.* 39, *pl.* **18**). — La construction du balancier se déduit de celle du solide d'égale résistance. On appelle ainsi une pièce de métal ou de bois qui, étant encastrée par l'une de ses extrémités, supporte à l'autre un poids donné. Il est évident que le poids que supporte la pièce tend à rompre celle-ci, avec une force d'autant plus grande que l'on s'approche du point d'encastrement; c'est pour cette raison que la matière doit être répartie, de telle sorte que la pièce encastrée offre la même résistance à la rupture sur tous les points de sa longueur. On arrive à ce résultat en donnant au corps une épaisseur uniforme dans toute sa longueur, et en limitant la hauteur par une parabole que l'on construit de la manière suivante : soient AB la longueur du solide et CD sa hauteur, diviser BC en un certain nombre de parties égales 1, 2, 3, 4..., et AB en un même nombre de parties 1', 2', 3'... Joindre le point D aux points 1', 2', 3', 4'..., en prolongeant au delà de AB et par les points 1, 2, 3, 4..., mener des parallèles à AB, qui, par leur rencontre avec les lignes précédemment décrites, donneront les points 1″, 2″, 3″, 4″... de la parabole. Une construction analogue déterminera une courbe égale en dessous de AB.

Pour calculer l'effort que peut supporter un pareil solide, on emploie la formule

$$P \times L = \frac{K \times b \times h}{6} , \text{n}^\circ\ 13$$

dans laquelle :

P exprime le poids en kilogrammes à supporter à l'extrémité du solide ;

L, longueur du solide ;

b, base horizontale du rectangle à l'encastrement ;

h, hauteur verticale du rectangle à l'encastrement.

On fait ordinairement, dans les pièces de fonte,

$$b = \frac{1}{8} h ;$$

K, coefficient de résistance à la flexion que l'on prend égale à :

600,000 pour le bois ;

6,000,000 pour le fer forgé ;

7,500,000 pour la fonte grise.

La forme du solide d'égale résistance convient parfaitement aux balanciers, seulement le milieu M et l'extrémité E (*fig.* 40) sont augmentés en épaisseur pour compenser la force enlevée par l'axe d'oscillation et le boulon de suspension de la bielle. Des nervures de consolidation doivent être laissées sur un balancier en fonte. Suivant le cas, on donne aux extrémités la forme E ou celle E'.

A. G.

EXEMPLES SOMMAIRES DE TRANSMISSION ET DE TRANSFORMATION DE MOUVEMENT.

368. Les planches **20, 21, 22** et **23**, contiennent 124 figures dans lesquelles la direction du mouvement est indiquée par le sens des flèches, et les points de départ et de transformation définitive du mouvement sont indiqués par les chiffres qui affectent ces flèches. Dans le plus grand nombre des exemples donnés, on pourra prendre le point de départ pour le point d'arrivée, *et vice versa*. C'est uniquement dans le but d'exercer l'intelligence à la lecture et à la combinaison des mécanismes, que ces figures ont été tracées et expliquées. Elles n'ont pas les proportions relatives qu'il faudrait donner à leurs parties composantes.

369. *Mouvement rectiligne continu ou alternatif, transmis en rectiligne ou continu alternatif.*

Pl. **20**, *fig.* 41. Par la fixation convenable des deux poulies *ab*, on change le mouvement rectiligne qui a lieu suivant la droite *a*1 en un autre mouvement rectiligne quelconque suivant la droite *b*2, qui n'est pas située dans le même plan que la première.

Fig. 42. Les règles *ab* se mouvront toujours parallèlement l'une à l'autre, si on donne au bouton *c* un mouvement rectiligne dans un sens quelconque. En poussant par exemple ce bouton suivant la bielle 1, les flèches *d,d* se rapprocheront l'une de l'autre, leur extrémité à droite glissant dans la rainure *ee*; elles entraîneront alors les règles à se rapprocher.

Fig. 42 *bis.* En tenant fixe la règle *a* et en poussant la règle *b* suivant la flèche 1, la règle *b* marchera en avant et parallèlement à la première, suivant la flèche 2 et la flèche 3.

Fig. 43. Variété du système (*fig.* 42). Les règles *ab* se déplacent parallèlement à elles-mêmes sans que l'une dépasse l'autre, dans le sens horizontal si, tenant fixe la pièce *c*, on les pousse également.

Fig. 44. La corde passant sur une poulie fixe *a*, porte à l'une de ses extrémités le poids *b* à soulever, et à l'autre extrémité le seau *c*, qui, lorsqu'il est rempli d'eau, descend en faisant remonter la charge *b* ; arrivé en bas, le seau se vide seul par un système quelconque de soupape, et le contre-poids *d*, resté à l'autre extrémité de la corde, suffit pour faire remonter le vase. La chute d'eau *e* est interrompue à volonté.

Fig. 45. Installation employée dans les métiers à tisser pour guider le chariot *a*. Celui-ci porte deux poulies *bc*, autour desquelles viennent s'enrouler deux cordes *dd*, *ff*, formant chacune un Z en passant d'une poulie à l'autre. Ces cordes sont rigidement fixées et tendues dans la direction à faire suivre au chariot ; elles ne lui donnent pas le mouvement, mais elles le guident avec une très-grande exactitude, à laquelle on ne pourrait atteindre en le faisant marcher sur un chemin de fer.

370. *Mouvement rectiligne continu ou alternatif transmis en circulaire continu ou alternatif.*

Pl. **21**, *fig.* 71. Le courant d'eau rectiligne en *a*, venant frapper les ailes *b* fixées sur l'arbre *c*, et s'échappant par l'extrémité de ces ailes, détermine le mouvement circulaire continu. Système dit *roue à cuiller*.

Fig. 72. La chute d'eau *a* tombant sur les palettes courbes de la roue *b*, fait tourner cette dernière.

Fig. 73. La roue à augets *a* transmet le mouvement à **la** vis d'Archimède *b* par l'intermédiaire de roues d'angle *c*.

Fig. 74. Le courant d'eau *a* tombe dans la colonne creuse *b* et la remplit ; l'eau, en s'échappant par les conduits *c*, agit sur ces conduits par réaction et fait ainsi tourner l'arbre *b* en sens contraire de la direction de la sortie. Cette installation porte le nom de *tourniquet hydraulique*.

Fig. 75. Le courant d'eau *a* vient frapper les palettes droites *b* fixées sur la roue, et comme le liquide ne peut pas s'échapper par les côtés des palettes qui sont emboîtées latéralement dans un canal ou coursier, il presse sur elles et fait ainsi tourner la roue. Ce système de moteur hydraulique porte le nom de *roue de côté* (voir le chapitre, *Hydraulique, machines motrices*). Les palettes sont quelquefois courbes, la roue tourne alors avec moins de choc.

Pl. **22**, *fig*. 81. Le courant d'eau venant par *a* frappe les pales ou cloisons verticales fixées dans le cylindre *b*, et celui-ci tourne alors avec l'arbre *c* sur lequel il est fixé (système turbine).

Fig. 84. Le courant d'eau venant de *a*, tombe dans une auge oscillante *b*, qui est divisée en deux parties égales par la cloison transversale *c* ; lorsque le côté *d* est chargé suffisamment, l'auge s'incline à gauche, le liquide s'écoule, et pendant ce temps le côté *e* se remplit ; l'oscillation se fait ensuite du côté *e* qui se vide à son tour, et ainsi de suite : les tourillons *f* de l'auge reçoivent donc un mouvement circulaire alternatif et intermittent, qui peut être transmis à une manivelle, etc.

Fig. 85. Le mouvement rectiligne alternatif imprimé avec la main à l'archet flexible *a*, se transforme en circulaire continu sur la bobine *b*, par l'intermédiaire de la corde qui fait un tour sur cette bobine. C'est avec cet outil dit arçon *à foret*, qu'on perce de petits trous dans le métal ; pour cela, un foret est fixé au centre de la bobine et l'extrémité opposée à sa pointe coupante vient s'appuyer sur un plastron de fer placé sur la poitrine de l'ouvrier.

Fig. 86. La traverse *a* peut monter et descendre le long de la tige b; la corde, fixée aux extrémités de la traverse, passe dans le trou situé à l'extrémité de la tige, et chacune de ses parties s'enroule autour de cette tige si on fait tourner la traverse. L'enroulement étant fait le plus possible, si on place la pointe métallique coupante c sur une partie à percer et qu'on pousse la traverse à descendre le long de la tige b, la corde se déroulera en faisant tourner la tige et s'enroulera dans le sens contraire en faisant de nouveau élever la traverse. La continuité du mouvement rectiligne alternatif donné à a, déterminera un mouvement circulaire alternatif de l'arbre b. Le plateau d remplit l'office de volant (§ 347). Sous de grandes dimensions, cet instrument, qui porte le nom de *drille* ou de *trépan*, est employé à forer les terrains et les pierres calcaires.

Fig. 88. La latte a étant animée d'un mouvement de va-et-vient, fait osciller la pièce à coulisse b, autour de l'axe fixe c. La *fig.* 46 de la *pl.* **20** est disposée de la même manière pour la transmission du mouvement circulaire alternatif en rectiligne alternatif.

371. *Mouvement circulaire continu* ou *alternatif* en *rectiligne continu* ou *alternatif*.

Pl. **20**, *fig.* 46. La pièce à rainure a oscille autour d'un boulon fixe, en b; elle pousse la pièce B par la branche d qui porte un bouton fixe c, à marcher horizontalement, maintenue par les deux guides fixes e,e. La direction 1 détermine la direction 2 ; le contraire peut avoir lieu. Dans tous les cas, le chemin parcouru est très-petit.

Fig. 47. Une roue a porte une couronne dont les bords sont découpés en spirale et forment des dents ou saillies de forme convenable ; sur une des dents vient s'appuyer la pièce glissante c maintenue entre deux guides et poussée contre la roue par le ressort d. En tournant la roue par la manivelle b, la pièce c prend un mouvement rectiligne alternatif, parce qu'elle est repoussée vers le ressort quand, en tournant, la roue fait monter le bout de la pièce sur une dent et que le ressort pousse ce même bout contre la roue lorsque la dent est passée. L'étendue du mouvement est donnée par la hauteur d'une des dents, mesurée à partir du creux. Dans la figure, la direction de la manivelle suivant la flèche 1 détermine le mouvement de la pièce c suivant la flèche 2.

Fig. 48. Sur une roue a qui peut tourner dans des sens opposés, est fixée ou taillée en saillie une came b dont le contour, limité par des courbes de différentes formes, détermine l'élévation ou la descente de la pièce c ; celle-ci est en contact avec le contour de la came, et comme elle est maintenue dans deux guides fixes d,d, elle monte ou descend suivant que la partie de la came qui passe sous elle a l'une ou l'autre de ces directions. (Voir § 351.)

Fig. 49. Un châssis aa peut glisser horizontalement guidé entre des galets b,b; un second châssis c, denté à l'intérieur, peut glisser verticalement dans le premier : si, par exemple, le pignon d tourne dans le sens de la flèche 1, les deux châssis sont poussés dans le sens de la flèche 2, et lorsque le pignon engrénera avec les dents 3, le châssis c sera sollicité à descendre (flèche 4); alors, les dents de la crémaillère du haut seront en prise avec la partie supérieure du pignon, et les deux châssis marcheront dans la direction contraire à la précédente, c'est-à-dire suivant la flèche 5. Par cette installation, on arrive donc à transformer le mouvement circulaire continu du pignon d, en rectiligne alternatif et horizontal sur le châssis a et en rectiligne alternatif et vertical sur le châssis c.

Fig. 50. Sur un plateau a, mobile autour d'un axe fixe qui le traverse, sont retenus et guidés des bras b,b disposés en rayon et pouvant marcher vers le centre de la roue ou vers sa circonférence. A chacune de leurs extrémités et sur la longueur, est ménagée une rainure longitudinale c, dans laquelle passe un bouton fixé au plateau (ce bouton les guide dans le sens du déplacement convergent et divergent); une spire métallique rigide dd est fixée sur l'arbre autour duquel le plateau peut tourner; elle pénètre en saillie dans ce dernier et elle

3.

entre dans des rainures circulaires ménagées au-dessous des bras *b*,*b*. Si on donne au plateau un mouvement circulaire alternatif d'une amplitude déterminée, les rayons, en obéissant à la direction de la spirale qu'ils parcourent dans une certaine étendue, se rapprocheront et s'éloigneront alternativement du centre ; ainsi, le mouvement du plateau se faisant dans le sens de la flèche 1, les rayons marcheront vers la circonférence (flèche 2).

Fig. 51. Un bloc de métal ou *mouton a*, en fonte de fer, est hissé au moyen du cabestan *b* et par l'intermédiaire d'une corde qui passe dans les poulies *c, d* ; la dernière poulie *d* est placée de manière à changer la direction de la corde venant verticalement de *c* (voir *fig.* 41). Le mouton étant suffisamment soulevé, on désempare le linguet articulé *e* qui retient la corde autour du cabestan, celle-ci se déroule alors, tirée par le mouton qui tombe sur un pieu à enfoncer, ou sur une masse de fonte *f*, à briser.

Fig. 52. Installation analogue à celle représentée *fig.* 49.

Fig. 53. En tournant le plateau *a* au moyen de la manivelle *b*, la pièce *cd*, mobile autour de l'axe fixe *d*, oscille autour de cet axe, et l'arc denté qui la termine donne un mouvement de va-et-vient à la crémaillère *e* guidée dans des mortaises en *f,f* ; en même temps, la traverse *g*, dans la coulisse de laquelle marche un bouton fixé sur *cd*, se meut de haut en bas guidée par les montants *g'*,*g'*. Un contre-poids *h* monte ou descend suivant le sens de l'inclinaison de la pièce *cd*. Les flèches et les chiffres marquent sur la figure, par leur gradation, le point de départ et les suites des différents mouvements.

Fig. 54. En tournant la manivelle *a*, la bielle *b* articulée sur le plateau *c* et sur le chariot *d* guidé dans une coulisse, donne à ce dernier un mouvement rectiligne alternatif.

Fig. 55. Exemple d'un mouvement rectiligne alternatif donné par un excentrique voir (§ 348). Le chariot *b* fixé sur l'arbre *a* tourne à frottement doux dans le collier *c* ; le déplacement du rayon d'excentricité dans ce collier détermine un mouvement rectiligne alternatif sur la bielle *h*, par l'intermédiaire de la bielle d'excentrique *d* et des bras de levier *f* et *g*.

Fig. 57. La manivelle *a* fait tourner le petit plateau mobile autour d'un axe fixé sur la traverse *cc*, les bras *d*, *d* appartenant au plateau viennent rencontrer tour à tour les taquets *e*,*e* appartenant au cadre, et celui-ci est alors poussé alternativement de bas en haut et de haut en bas, guidé par la traverse fixe *cc*.

Fig. 58. Sur un arbre *a*, mis en mouvement à l'aide de la manivelle *b*, est fixé obliquement un plateau *c* portant sur la surface extérieure une gorge circulaire; dans la gorge vient passer un réa, dont l'axe de rotation est fixé sur une pièce *d* mobile dans le support *e* ; cette pièce reçoit un mouvement rectiligne alternatif, dont l'étendue dépend du degré d'obliquité du plateau *c* sur l'arbre *a*.

Fig. 59. Cette figure représente succinctement l'ensemble du mécanisme qui a pour but de régulariser le mouvement de la machine à vapeur en faisant ouvrir plus ou moins la soupape d'admission de vapeur *f*, suivant que ce mouvement tend à se ralentir ou à s'accélérer par une cause quelconque. L'installation porte le nom de régulateur à *force centrifuge*. La corde sans fin *a*, mise en mouvement par une poulie fixée sur l'arbre de la machine, fait tourner le petit arbre *b*; celui-ci entraîne à tourner le mécanisme formé de la virole à gorge *e*, des bielles *c'* et des boules *d*, *d* ; ce mécanisme peut, en même temps qu'il tourne, monter et descendre le long de *b*. Si le mouvement de la machine tend à s'accélérer, l'arbre *b* tourne plus vite, et par suite les boules *d*, *d* s'écartent en vertu de la force centrifuge qui augmente avec la vitesse de rotation (§ 293) ; tout le système remonte alors le long de l'arbre et le levier *l* embrassant la virole *e* par la fourchette qui le termine, fait fermer davantage la soupape *f* : l'accélération du mouvement ne persiste donc pas. L'effet contraire se produit, si la vitesse de rotation de l'arbre *b* diminue.

Pl. **21**, *fig.* 60. Si un mouvement circulaire continu est donné à la roue *a*, la bielle *b* donnera un mouvement oscillant alternatif au levier *cd* articulé sur l'axe fixe *d*; la bielle *f* imprimera alors un mouvement circulaire alternatif à la roue *g*, qui, par l'intermédiaire de la corde *h* liée à une tige guidée *i*, donnera à celle-ci un mouvement rectiligne dans le sens de l'élévation. La charge, ou le piston fixé à la tige *i*, devra redescendre en vertu de son propre poids dont l'action sera modérée à volonté par le contre-poids *p*.

Fig. 61. Sur une roue *a*, tournant autour d'un axe immobile *b*, est fixée une lame creusée en gorge pour recevoir le bouton *f*, tenu sur le levier *ed*; celui-ci est articulé au point fixe *e*, et son extrémité décrit un arc de cercle pendant une révolution entière de la roue *a*; son mouvement est donc circulaire alternatif.

Fig. 62. Sur un cadre immobile *a* est fixée une grande roue à dentelure intérieure *b*; une petite roue dentée *c*, d'un diamètre moitié plus petit, engrène avec elle. La roue *c* tourne autour de l'axe fixe, à l'extrémité de la manivelle *d*, et la manivelle *d* peut tourner autour de l'axe fixe *o*, entraînée par la manivelle *g* mue à bras. — Après un tour entier de *g*, chacun des points de la circonférence primitive de *c* aura fait un chemin, dans le sens horizontal, égal au diamètre de la grande roue *a*. — Un mouvement circulaire continu et un mouvement rectiligne alternatif pourront donc être pris sur la roue *c*.

Fig. 63. L'articulation en *a* du levier supérieur *b*, est faite sur un axe fixé au support immobile *c*. Les roues *d, d* tournent sur des arbres fixes ou elles sont fixées sur les arbres qui alors doivent tourner. Le différentes directions de mouvement de ce mécanisme sont indiquées par les flèches.

Fig. 64. Le pignon *a*, tournant sur un arbre qui peut se déplacer de gauche à droite et de droite à gauche, vient engrener successivement avec l'une ou l'autre des crémaillère; du châssis *bb*; celui-ci a donc un mouvement rectiligne alternatif qui lui est donné par le pignon doué d'un mouvement circulaire continu et d'un mouvement rectiligne alternatif dans le sens horizontal. C'est par la roue *c* qu'est mû le pignon ou son arbre.

Fig. 65. La came *a*, tournant avec le plateau *b* sur lequel elle est fixée, vient passer sous le galet *c*; celui-ci, mobile autour de son axe fixé sur la pièce *d* guidée entre deux traverses *e, e,* monte en entraînant la pièce lorsque la direction de la courbe s'éloigne du centre *o*, et descend par l'action du poids du système *ed*, lorsque la direction de la courbe se rapproche du centre *a*. (Voir §§ 351 et 354.)

Fig. 67. Le mouvement circulaire continu, donné au cylindre par la manivelle, se transforme en mouvement rectiligne continu sur le poids attaché à la corde qui s'enroule sur le cylindre. (Système de treuil simple.)

Fig. 68. Le mouvement circulaire continu donné à la roue, dont les dents sont aiguës, est transmis en mouvement rectiligne à la chaîne formée de dents également aiguës et articulées chacune avec la précédente et la suivante. Ainsi la chaîne est flexible, et peut former une conduite sans fin en passant sur deux tambours *b, b*.

Fig. 69. Même système de transmission que dans le cas précédent. La chaîne est formée de maillons en fil de fer, entrelacés de manière à présenter des parties transversales par lesquelles les dents de la roue peuvent entraîner la chaîne.

Fig. 76. Le système est dit *treuil différentiel;* il est basé sur le même principe que la poulie différentielle (§ 300). La corde enroulée dans un sens sur le cylindre *a*, passe dans une poulie fixe *c*, prend la poulie mobile *d* à laquelle est suspendu le poids *e* à soulever, passe dans la deuxième poulie fixe *c'* et vient s'enrouler sur le petit cylindre *b* en sens contraire de l'enroulement sur le cylindre *a*. Si la corde était enroulée sur le cylindre *a* seulement et que le diamètre de celui-ci fût de 24 centimètres, le poids e monterait de $24 \times$ 3,1474 centimètres, pour chaque tour du cylindre ; tandis que dans le système ci-dessus, en supposant le diamètre du petit cylindre égal à 12 centimètres, le chemin parcouru par le poids pour un tour complet des deux cylindres, sera égal à $\frac{3,14 \times (24 - 12)}{2} = 18^{mt},5$. Ce chemin étant donc devenu quatre fois plus petit dans le même temps, la force employée pour le soulever sera *quatre fois moindre* (§ 294).

Fig. 77 et 78. La figure 77 représente une vis d'Archimède ne comprenant qu'une spire entière. Le pas est mesuré par la longueur de la ligne a. En tournant dans l'eau, étant placée à l'arrière du navire, elle fait avancer celui-ci d'une quantité égale à peu près au pas a pour chaque tour entier qu'elle fait. Le mouvement est donc transformé de circulaire continu en rectiligne continu.

Fig. 78. Hélice marine ou hélice propulsive appliquée à faire mouvoir un navire. — On comprend que 1/3 de la spire, soit la partie b de la figure 77. Cette partie est divisée en deux, trois, ou quatre fractions égales qui sont rangées autour du moyeu de manière à former les ailes a, b, c (*fig.* 78). (Voir la partie, *Machines à vapeur de navigation.*)

Fig. 79. Une roue à palette droite a, fixée sur une vis d'Archimède élévatoire (voir la partie *Machines hydrauliques élévatoires*), tourne sous l'action du courant de l'eau, et fait tourner la vis d'Archimède ; le liquide est ainsi transporté de c en d.

Pl. **22**, *fig.* 82. Le balancier aa engrène chacun de ses arcs dentés avec une crémaillère b faisant suite à des tiges de piston cd, dont une c, par exemple, est le piston moteur, et l'autre d celui d'une pompe à faire agir. La transmission par une crémaillère ne comporte qu'une petite vitesse dans le mouvement. Au lieu d'une crémaillère, on fait usage quelquefois d'une chaîne à la Vaucanson (§ 334) du côté du piston de la pompe ; dans ce cas, le piston doit descendre par son propre poids ou aidé par une charge placée sur le bras du balancier qui agit sur la chaîne.

Fig. 83. En faisant osciller le balancier *aa* autour de l'axe fixe *b* et suivant la direction de la flèche 1, par exemple, le crochet *d* monte en entraînant la pièce *c* par la dent de la crémaillère en prise avec lui; pendant ce même temps, le crochet *g* a baissé et est venu prendre une dent au-dessous de celle qu'il touchait précédemment. La coulisse guidée par le bouton qui passe dans la coulisse *f*, monte donc de la distance d'une dent à l'autre, à chaque oscillation du balancier ; les crochets *g* et *d* agissent alternativement.

Pl. **22,** *fig.* 87. Le pignon moteur *a*, en tournant dans le sens de la flèche 1, fait marcher le cadre *b* par la crémaillère dans le sens de la flèche 2, et fait marcher le pignon *c* dans le sens de la flèche 3. Ce dernier agit alors comme *a* pour déplacer le cadre dans le sens de la flèche 2. Arrivé à fin de course en haut, le cadre est ramené à fin de course en bas, par le changement du sens de la rotation du pignon moteur.

Fig. 89. Le plateau *a* tourne, et chaque fois qu'une de ses broches *b* vient soulever le levier coudé *cd* articulé en *e*, la branche *d* pousse la pièce *f* par des chevilles fixées sur cette pièce ; le levier retombe, dès que le doigt de la roue qui l'a soulevé a dépassé le rayon horizontal.

Fig. 97. Le plateau *a* porte une couronne dentée ; les dents ont, du côté des creux, une face droite, l'autre est inclinée afin de pouvoir être saisie par un linguet qui se trouve sous la bielle *c*, lorsque les bielles *cb* s'ouvrent; le linguet se ferme et glisse sur les dents, lorsque ces bielles se ferment ; la bielle *b* ne porte pas de linguet. Si maintenant on donne un mouvement de va-et-vient à la tige *f*, le losange articulé *bced*, s'ouvrira et se fermera alternativement, et le linguet *c* entraînera chaque fois la roue *a*, par une dent de la couronne, à marcher dans le sens de la flèche 2. Le mouvement rectiligne alternatif de *f*, sera donc transformé en circulaire intermittent sur *a*.

Fig. 98. La roue *a* fait tourner la roue *b* ; sur celle-ci est fixée une coulisse curviligne *c* qui entraîne le levier *dj* dont le bouton *d* se meut en oscillant dans cette coulisse. L'oscillation du bouton d'articulation *d* auquel sont articulés les bras *fd* et *de* se transmet à la manivelle *fg* ; à la manivelle, par l'intermédiaire d'une bielle ou d'un excentrique, etc., est lié l'outil *h* guidé dans une glissière. Cet outil reçoit donc un mouvement rectiligne alternatif, dont l'étendue est mesurée par la différence qui existe, entre la distance du centre de la roue *b* au point de la coulisse *c* le plus rapproché de ce centre, et la distance de ce même centre au point le plus éloigné de la coulisse.

Fig. 100. Une rainure elliptique est pratiquée sur le contour de la roue circulaire *b*, le tenon *c* de la pièce mobile *d* vient s'y engager : si on fait tourner la roue par la manivelle *a*, le tenon *c* et par suite la pièce *d* recevront un mouvement de va-et-vient horizontal. L'étendue de ce mouvement, pour un tour de la roue, sera égale au plus grand déplacement horizontal qu'aura subi le point du fond de la rainure le plus voisin du bord de la roue.

Pl. **23**, *fig*. 104. Système treuil (§ 306) additionné d'un balancier, propre à élever de lourds fardeaux à une petite hauteur. Par la corde *a* ou par une manivelle placée sur un des rayons de la roue *b*, on donne à celle-ci un mouvement circulaire dont l'étendue est limitée par la course du balancier transportant le point *f* au point *e*. Le tambour *c* fait osciller le balancier par la corde qui va de l'un à l'autre, et le poids *g* s'élève avec le côté *ef* du balancier. Le retour de l'oscillation est obtenu en agissant du côté de *ef*, au moyen de la corde qui s'y trouve attachée.

Fig. 105. Système treuil (§ 306) mis en mouvement par le balancier *ab* oscillant autour d'un axe fixe *c*. Le crochet *e* du balancier, entraîne la roue à tourner dans le sens de la flèche 3 en agissant sur une des dents ; un linguet *h* retient la roue contre l'action du poids soulevé *g* lorsque le balancier passe d'une dent à la suivante. Le mouvement oscillant alternatif du balancier est transformé en mouvement rectiligne intermittent sur le poids *g*.

Fig. 111. Système crémaillère (§ 344). Le mouvement se transmet suivant la direction des flèches. C'est la crémaillère, et non la roue, qui doit recevoir le mouvement pour le transmettre.

Fig. 123. Par le rapprochement des branches *a b*, les losanges *c d e* formés par les bielles articulées, changent l'ouverture des angles opposés, c'est-à-dire que les angles aigus des côtés de la figure deviennent obtus, et que ceux du milieu deviennent aigus ; le point *c* restant alors à la place qu'il occupe, les autres points, *d*, *e*, *f*, *g* se déplacent verticalement en ligne droite, et la pièce *c*, guidée dans un coulisseau, reçoit un mouvement rectiligne. L'écartement des branches *ab* produit le raccourcissement de la figure, et le rappel de la pièce *c'*.

Si on agit sur la pièce *c'*, au lieu d'agir sur les branches *ab*, celles-ci se rapprocheront ; un corps résistant placé entre elles sera saisi, et plus le corps présentera de résistance à l'élévation, plus fortement il sera serré par les branches dont les extrémités seront façonnées en bec de pince. C'est avec un instrument de ce système qu'on saisit au fond de l'eau les corps lourds à soulever lorsqu'on ne peut aller les amarrer assez solidement pour la réussite de l'opération.

372. *Mouvement circulaire continu ou alternatif transmis en circulaire continu ou alternatif.*

Pl. **21**, *fig.* 66. Ce mécanisme transforme le mouvement circulaire continu du pignon *e*, en circulaire alternatif sur la roue *a* et sur le pignon *g*. Ces deux dernières pièces tournent toujours dans un sens opposé l'une à l'autre : le pignon *e* engrène avec l'anneau coupé *cd* fixé sur un disque qui peut tourner autour du centre *b* ; il peut se déplacer dans la direction de *eb* en glissant par son axe le long d'une rainure *f* ; la rainure est pratiquée, et dans la pièce fixe placée sous le disque et sur le disque même ; lorsque l'anneau coupé aura tourné sous l'action du pignon *e*, jusqu'à ce que celui-ci engrène avec les dents de l'extrémité *d*, le pignon marchera dans la rainure *f* et viendra prendre les dents de l'intérieur de l'anneau coupé ; alors l'anneau et le disque tourneront en sens contraire du sens précédent, tandis que le pignon moteur n'aura pas changé la direction de son mouvement circulaire continu.

Pl. **21**, *fig.* 70. Système de roue élévatoire dit *tympan* employé dans les travaux d'irrigation. Dans un tambour en bois *a* et préférablement en tôle de fer, fermé sur les deux côtés sont disposées des cloisons en S ; les cloisons forment des chambres ouvertes du côté de la circonférence de la roue et percées dans le fond d'un orifice d'écoulement *b*. La roue mise en mouvement par un moyen quelconque, prend l'eau dans un canal *c* où aboutissent des tuyaux draineurs et la laisse échapper par les ouvertures *b*, dans un conduit d'écoulement qui prend naissance au centre de la roue. — On ajoute quelquefois au système des contre-poids *d* qui remplissent l'office d'un volant.

Fig. 80. Par la manivelle *a*, le cylindre *b* mis en mouvement fait tourner la roue *c* dans un sens, et la roue *d* dans le sens opposé ; ces deux effets sont produits parce que la corde *e* est croisée en allant du cylindre à la poulie, tandis que la corde *e'* est directe. Les roues dentées *c, d* tournent sur l'arbre fixe *f* qui sert de point d'appui à l'arbre vertical *g* ; celui-ci tourne sous l'action des deux roues d'angle.

Par les poulies *p, p'*, on obtiendrait des vitesses moindres de la roue *d* ; mais alors il faudrait ne faire agir à la fois sur *g* qu'une seule roue d'angle, *c* ou *d*, et pour cela employer un système de désembrayage de ces roues qui les ferait glisser à commandement sur l'arbre *f*, de manière à les écarter ou à les éloigner de *g*.

Pl. **22**, *fig.* 90. Avec le mécanisme représenté par cette figure, on peut obtenir différentes vitesses de la roue *b* pour la même vitesse de la roue *a*. A cet effet, la surface latérale de la roue *a* est taillée régulièrement sur toute sa hauteur, comme une roue d'angle ordinaire; sur la roue *b* sont percées des séries de trous ronds ou rectangulaires dans lesquels on peut faire entrer, et on peut retenir solidement des dents en bois ou en métal; chaque série est distribuée suivant la même circonférence, et représente ainsi une roue dentée dont le diamètre est évidemment celui de la circonférence qu'elle occupe sur la roue *b* (sur la figure il n'a été indiqué qu'un trou de chaque série). — Si maintenant on garnit de dents la série du bas, la roue *b* sera entraînée par la roue *a* avec la plus grande vitesse proportionnelle, puisque le plus grand diamètre de la première engrénera avec le plus petit de la seconde; si l'on dégarnit cette série de trous et qu'on garnisse la plus haute, le rapport des vitesses sera inverse au premier; les séries intermédiaires donneront des vitesses intermédiaires entre les deux extrêmes. Ce mécanisme porte le nom de *roue de Roëner*.

Fig. 91. Le mouvement circulaire continu donné à la manivelle *a* est transmis aux autres roues que comprend le système, dans la direction indiquée par les flèches.

Fig. 92. Dans le tambour creux *a*, est logé un ressort qui s'enroule sur lui-même lorsqu'on tourne ledit tambour, et qui agit ensuite à le faire tourner en se déroulant. La corde ou la chaînette *c*, préalablement enroulée en entier sur la roue *b* qui porte une gorge en spire, et ayant une de ses extrémités fixée sur le tambour *a* est entraînée par ce dernier; ainsi le tambour *b* tourne toujours avec la même vitesse, bien que l'énergie du ressort aille en diminuant, parce qu'au fur et à mesure de cette diminution, le diamètre sur lequel agit la corde devient plus petit. — Tel est, sommairement indiqué, le principe du mouvement dans les montres à chaînette (ancien système).

Pl. **22**, *fig.* 93. Avec ce mécanisme, la vitesse des deux axes a, b est la même, tant que les deux roues A et B sont en prise ; celle de la roue A devient plus grande dans le rapport inverse du rayon bd au rayon ac, c'est-à-dire lorsque le secteur d est engrené avec le pignon c. L'effet contraire au précédent se produit pendant tout le temps que le secteur af est en prise avec le pignon gb. Le mouvement circulaire continu et de vitesse uniforme donné à la roue A, se transforme donc en circulaire continu et de vitesse variable à la roue B : les deux vitesses sont égales, tant que A et B sont en prise par leur engrenage ; la vitesse de B devient plus petite quand c et d sont en prise, elle est plus grande quand f commande g. — Ce mécanisme fonctionne avec des chocs assez forts à chaque passage d'un engrenage à l'autre.

Fig. 94. Le cadre sur lequel est fixée la roue d, reçoit un mouvement circulaire intermittent, si l'on imprime à la manivelle a un mouvement circulaire continu ; le vilebrequin b fait alors monter et descendre la bielle c, qui, à chaque chute, pousse à tourner la roue d en agissant sur une des dents de cette roue.

Fig. 95. L'axe où est fixée la roue a étant doué d'un mouvement circulaire continu et de vitesse régulière, la roue b tournera en sens contraire, avec une vitesse variable dans le rapport inverse des rayons en prise. Ainsi, dans la position figurée, la roue b tourne avec la plus petite vitesse qu'elle peut avoir pour une vitesse donnée de la roue a, parce que le plus petit rayon de a agit sur le plus grand de b. Les roues elliptiques employées doivent avoir régulièrement la même forme, la même surface, et avoir leur centre de rotation rigoureusement situé au centre de figure.

Fig. 96. La roue a possède un mouvement de rotation autour de son axe fixe, et un mouvement de translation sur la pièce fixe *c* qui la supporte ; la roue elliptique *b* tourne autour de son axe fixe *d*, en même temps le ressort *f* rappelle constamment en contact la roue circulaire avec la roue elliptique ; les flèches indiquent le sens du mouvement des pièces. — Avec ce mécanisme, le mouvement circulaire continu et uniforme de *a* est transformé en elliptique continu, si c'est *b* qui tourne autour de son axe, et en mouvement circulaire continu, variable, si le mouvement vient de l'ellipse tournant avec son axe sur lequel elle est alors fixée. Le changement de vitesse de *a*, dans ce dernier cas, s'explique comme dans l'exemple précédent.

Fig. 99. Système de treuil. Le mouvement circulaire continu de la roue *b* lui est donné par la vis sans fin ; la roue est fixée sur l'arbre qui porte le cylindre enrouleur *c* (voir § 306).

Pl. **23**, *fig.* 101. La machine, sommairement indiquée ici, est destinée à mesurer les variations que subit l'effort exercé par un même poids, sur une roue qui tourne avec des vitesses différentes. — La roue *b* est mise en mouvement par une machine quelconque, et par l'intermédiaire de la courroie passant sur le tambour *a ;* un chariot *c*, dont on peut à volonté faire varier la charge, s'appuie sur la roue, il est retenu de manière à ne pas être entraîné dans le mouvement de cette dernière ; par la tringle *d* le chariot agit en vertu de son poids sur un ressort qui commande l'aiguille *a*. Si donc, cette aiguille reste immobile avec des vitesses différentes données à la roue *b*, et sous la même charge de *c*, on conclura que le frottement sur les axes d'une roue ne varie pas avec la vitesse, etc., etc.

Fig. 102. Mouvement oscillant du balancier transformé en mouvement circulaire intermittent de même direction sur la roue *c*. Si le côté *a* du balancier remonte, le linguet *d* agit sur la roue d'encliquetage *c* et la fait tourner ; pendant ce temps, le linguet *e* glisse sur les dents qui descendent de son côté, et il reste en prise avec une d'elles, quand le mouvement de levée imprimé au côté *a* est arrêté ; ainsi le poids soulevé **par** l'oscillation du balancier ne peut pas entraîner la roue *c* quand le linguet *d* descend pour se mettre de nouveau en prise.

Fig. 103. Mécanisme qui constitue l'*échappement libre* dans une montre marine ou de grande précision. La roue d'échappement *a* tend à tourner sous l'influence du ressort de la montre, et par l'intermédiaire d'une série de roues dentées; le balancier *b* qui porte le plateau *e* oscille sur un axe dans le sens de la flèche 2 et dans celui de la flèche 3; un ressort *h*, fixé en *i*, porte une saillie *j* contre laquelle viennent buter successivement les dents de la roue d'échappement; un second ressort *l*, très-flexible, est fixé dans le talon *m* qui appartient au premier ressort, il passe sous l'extrémité recourbée d'un crochet qui termine le ressort *h*, en sorte que *l* peut s'abaisser librement sous le crochet, tandis que s'il s'élève il entraîne le ressort *h*; alors le talon *j* quitte la dent de la roue, et celle-ci tourne jusqu'à ce que le talon revienne faire obstacle à la dent suivante, par l'effet de l'abaissement du ressort *h*. L'axe du balancier circulaire *b* porte un doigt *o* qui, oscillant avec le balancier, vient rencontrer à chaque oscillation le ressort *l*. Lorsque le mouvement a lieu dans le sens indiqué par la flèche 1, le doigt *o* abaisse le petit ressort en passant, mais comme celui-ci peut baisser librement dans le crochet *n*, le ressort *h* et la roue *a* restent immobiles; dans l'oscillation contraire (flèche 2) le doigt *o* soulève le ressort *h*, la dent arrêtée par la saillie *j* passe, mais le ressort, retombant aussitôt en vertu de son élasticité, arrête la dent suivante. Le mouvement oscillant du balancier *b* est entretenu par celui de la roue *a*, car toute dent, avant de venir buter contre la saillie *j*, touche le disque *e* par l'extrémité de la coupure en *u*, et donne une nouvelle impulsion au balancier.

Fig. 106. Installation disposée d'après le principe de la transmission d'un mouvement circulaire lent, en circulaire accéléré, et *vice versa*, par l'intermédiaire de roues et de pignons (§ 336). Un ressort est logé dans le tambour *a*, celui-ci est muni d'une roue d'encliquetage et d'un linguet *b* pour empêcher le déroulement immédiat dans le sens opposé à celui du montage ; le ressort fait tourner un pignon *d*, et par l'engrènement des roues et des pignons, comme l'indique la figure, le mouvement circulaire continu est donné à la roue *c*. La vitesse de cette dernière, par rapport à celle du pignon, est déterminée d'après le principe exposé au § 336.

Fig. 107. Transmission du mouvement circulaire continu et vertical des roues *a* et *b*, en mouvement de même nature, mais horizontal, sur l'arbre *c*. La couronne *d* porte sur une moitié seulement de sa circonférence des dents taillées en spirale ; les pignons *a* et *b* engrènent donc l'un après l'autre avec cette couronne et lui donnent un mouvement circulaire continu. Si la couronne était taillée sur toute sa circonférence, le mouvement d'un pignon serait contrarié par le mouvement de l'autre et le système resterait en repos.

Fig. 108. L'arbre *a* porte de *a* en *c* et de *b* en *d* une partie filetée ; le pas de la vis est le même sur les deux parties, elles ont pour écrou les traverses fixes *f, f*. La partie de l'arbre située entre *c* et *b* est aussi filetée, mais le pas y est plus petit que celui des extrémités ; cette vis passe dans un écrou *g*, qui peut glisser parallèlement à lui-même dans la rainure de la pièce fixe *h*, et par conséquent il ne peut pas tourner. Si maintenant, on fait faire un tour à l'arbre *a* en agissant sur la manivelle *i*, cet arbre marchera dans ses écrous fixes d'une quantité égale au pas de la vis des extrémités ; la pièce mobile *g* marchera verticalement dans le même sens que l'arbre, mais d'une quantité qui sera seulement égale à la *différence entre le pas de vis* des extrémités *ac*, *bd*, et celui de la partie intermédiaire *cb*.

Fig. 109. Les deux roues d'angle *a* et *b* tournant dans la même sens avec l'arbre qui reçoit son mouvement par la poulie *c* ne pourront pas continuer leur révolution si elles sont engrenées toutes les deux avec la roue *d*, c'est-à-dire que tout le système restera en repos; mais si les roues verticales agissent l'une après l'autre sur la roue horizontale, celle-ci tournera tantôt dans un sens, tantôt dans le sens opposé. Ce dernier résultat est ainsi obtenu : en faisant baisser la pédale *e* articulée en *f*, sa touche verticale *g* fera osciller le levier *h* retenu sur un axe fixe d'oscillation *n*, et l'extrémité de ce levier transportée alors de gauche à droite fera marcher le manchon d'embrayage *m* dans cette dernière direction; le manchon qui tourne avec l'arbre de la poulie *c* peut glisser horizontalement sur cet arbre, et il entraînera l'une ou l'autre des roues *a* et *b*, folles sur l'arbre, à tourner avec lui, suivant qu'il sera embrayé avec l'une ou avec l'autre. L'embrayage alternatif des roues *a* et *b* aura lieu en abaissant la pédale *e*, et en la relevant ensuite. La roue verticale non embrayée tournera folle sur l'arbre.

La direction des mouvements, lorsque la roue *a* est embrayée, a lieu comme l'indiquent les flèches.

Fig. 110. Une corde sans fin passe sur des poulies de différents diamètres placées à différentes distances les unes des autres, mais sur le même plan. Le départ du mouvement est sur la poulie centrale *a*; les directions des flèches indiquent le sens de rotation continue dans lequel se meut chacune des poulies.

Fig. 112. Transmission d'un mouvement circulaire continu ou alternatif du cylindre *a* aux poulies *b*, *c*, par l'intermédiaire d'organes flexibles.

Fig. 113. Système martinet (§ 353). Le mouvement circulaire continu de la roue *a* est transformé en mouvement circulaire alternatif, au marteau *c* qui oscille autour de l'axe *b*.

Fig. 114. Le mouvement circulaire continu donné au pignon *a* est transformé en rectiligne alternatif aux pièces *g*,*h*. La roue *d* n'a pour mission que de transmettre le mouvement de *b* en *e*. La came *c*, fixée sur la roue *b*, pousse la traverse *h* dont l'extrémité est toujours en contact avec la came par l'action des ressorts elliptiques fixes *o, o* ; ceux-ci ramènent donc la traverse vers la came pendant le passage de la partie rentrante de la courbe sur l'extrémité de la traverse, et la came pousse la traverse vers les ressorts, pendant le passage des parties saillantes. Un semblable effet se produit sur la pièce *g*, par la came *f* et les ressorts *q*.

Fig. 115. Système de tour pour tracer ou creuser des spires ou des vis sur un cylindre. L'outil coupant *a* est fixé sur le chariot qui forme l'écrou de la vis *b* ; celui-ci, maintenu dans une glissière, descend sans tourner en suivant la spire du cylindre *b*. Le cylindre *a* tourne en même temps sur un pivot *c* et l'outil *ag* creuse alors une vis dont le pas est égal à celui de la spire du cylindre *b* si les deux cylindres marchent avec la même vitesse. Si *a* marche plus vite que *b*, le pas de la vis tracée sera moins grand ; le contraire aura lieu si *b* marche plus vite que *a*. Au moyen de roues de transmission *d*, *e*, *f*, on peut établir telle différence de vitesse qu'on voudra entre *d* et *f*, en se rappelant que la roue intermédiaire *e* n'a aucune action sur les différences de vitesse entre la roue *d* et la roue *f* si elle engrène avec ces deux roues. (Voir § 335.)

Fig. 116. Disposition qui permet de rapprocher la roue *a* de la roue *b*, en conservant la roue intermédiaire *c*.

Fig. 117. Système de volant (§ 347) pour un mécanisme de petite puissance. La bielle *a*, que met en mouvement le mécanisme auquel le volant est appliqué, fait tourner la roue *b* ; celle-ci agit sur la vis sans fin qui porte le volant à boule *c*. La roue *b* peut être déplacée dans la coulisse *d* et y être fixée ensuite dans une position convenable.

Fig. 118. Tour horizontal à faire les vis de grand diamètre, analogue au tour *fig.* 115. Par la manivelle *m*, on donne en même temps le mouvement au cylindre à fileter *a* et à l'outil *b*. (Voir la description de la figure 115.)

Fig. 119. Instrument destiné à tracer sur le papier des

courbes dites *épicycloïdes* (§ 353) (1) ; il porte le nom de plume géométrique de *Suardi*. La roue *a* est fixée sur un axe monté sur les trois pieds *b, b, b* qui supportent l'instrument ; autour de ce même axe peut tourner la barre à coulisse *c*, qui porte deux roues dentées *d, e* ; les trois roues *a, d, e* engrènent ensemble. Si on fait mouvoir la barre *c* autour de l'axe de la roue *a*, la roue *e* tournera comme si elle roulait sur une circonférence ; un crayon conduit par un point de la roue *c* décrira alors une épicycloïde *xx* ; un autre crayon placé à l'extrémité d'une barre *gh* décrira une épicycloïde allongée dont la forme variera en raison des diamètres respectifs des roues *a, d, e*.

Fig. 120. Instrument, dit *Pantographe*, destiné à copier un dessin géométrique à une échelle réduite ou augmentée : deux règles *b, c* sont articulées en *a*, deux autres règles *d, e* le sont en *f*, et sur les deux premières elles forment les deux côtés d'un quadrilatère *adfe*. Tout le système tourne autour d'un pivot placé en *e*. Si on fait suivre au crayon fixé en *g* les lignes droites ou courbes d'une figure géométrique, un deuxième crayon placé en *b* tracera une figure exactement semblable, mais qui sera réduite ou augmentée à une échelle de dimension proportionnelle à la distance de *be* à *eg*. On peut faire glisser à volonté le calquoir *g* sur la règle *c*, et l'y fixer ensuite au point voulu.

Fig. 121. Un plateau portant une face oblique *a*, tourne sur un arbre *b*, et en raison de l'obliquité de cette face il donne un mouvement d'oscillation au balancier *c* dont l'extrémité porte une roulette qui appuie constamment sur *a*.

Fig. 122. Système basé sur la force centrifuge pour faire ermer complétement le registre d'une machine à vapeur au

____

(1) Une épicycloïde (exemple *xx*) est une courbe engendrée par un point d'une circonférence de cercle qui roule sans glisser sur une autre circonférence. Elle est employée quelquefois à tracer la forme des dents d'engrenage.

cas, ou, par suite de la rupture de l'arbre moteur, la vitesse du mouvement de la machine deviendrait subitement excessive. Par la poulie placée sur le petit arbre a, et par l'intermédiaire d'une corde, le mouvement emprunté à l'arbre moteur est transmis au système; un manchon à gorge b, fixé sur l'arbre c, tourne sans frottement autour de l'arbre a qu'il emboîte sur une petite longueur; par ce manchon, la roue h est poussée à désengrener de la roue d, lorsque le levier f est poussé par la came g qui monte d'autant plus que la vitesse transmise à la roue d est plus grande (effet de la force centrifuge qui, agissant sur les boules i,i, les fait monter, et avec elles le fourreau qui porte la came g); la roue h désengrenée de la roue d et poussée par le levier f vient agir sur la manivelle lm; cette manivelle, agissant alors sur un système de tringles ou de leviers, fait fermer complétement le registre de l'arrivée de la vapeur dans la machine, et le mouvement de celle-ci s'arrête après quelques tours faits en vertu de la force d'inertie (§ 268).

Fig. 124. Le mouvement oscillant donné alternativement aux leviers a et b, se transforme en circulaire intermittent sur la roue d. En abaissant la pédale a, on fait descendre sa bielle m; le linguet e qui y est tenu descend aussi en poussant la roue d'encliquetage d à tourner dans le sens de la flèche 1; pendant ce temps, la pédale b a été soulevée par la corde qui passant sur la poulie c va d'une pédale à l'autre, le linguet f est remonté avec la bielle n et est venu se mettre en prise avec une nouvelle dent de la roue; en abaissant la pédale b, on continuera à faire tourner la roue, et cette fois par le linguet f, tandis que le linguet e remontera pour se mettre de nouveau en prise avec une dent de la roue d'encliquetage.

TABLE

POUR DÉTERMINER LE RAYON r D'UNE ROUE DENTÉE, CONNAISSANT LE NOMBRE DE DENTS n ET LA LONGUEUR DU PAS p; ET RÉCIPROQUEMENT.

(Les dimensions exprimées en mètres.)

EXEMPLE. — Pour une roue de 30 dents $= n$ et d'un pas $p = 0^m,015$, le rayon $r = 0^m,015 \times 4,77707 = 0^m,0716$.

Pour une roue de 30 dents $= n$ et d'un rayon $r = 0^m,716$, le pas $p = \dfrac{r}{q} = \dfrac{0,0716}{4,77707} = 0,015$.

Pour le nombre de dents n	Le pas $p \times q$ correspondant à n, donne le rayon de la roue. (q)	Pour le nombre de dents n	Le pas $p \times q$ correspondant à n, donne le rayon de la roue. (q)	Pour le nombre de dents n	Le pas $p \times q$ correspondant à n, donne le rayon de la roue. (q)
5	0,79618	27	4,29936	49	7,80255
6	0,95541	28	4,45860	50	7,96178
7	1,11465	29	4,61783		
8	1,27389	30	4,77707	51	8,12102
9	1,43312			52	8,28025
10	1,59236	31	4,93631	53	8,43949
		32	5,09554	54	8,59873
11	1,75159	33	5,25178	55	8,75796
12	1,91083	34	5,41401	56	8,91720
13	2,07006	35	5,57325	57	9,07643
14	2,22930	36	5,73248	58	9,23567
15	2,38854	37	5,89172	59	9,39191
16	2,54777	38	6,05096	60	9,55414
17	2,70701	39	6,21019		
18	2,86624	40	6,36913	61	9,71338
19	3,02548			62	9,87261
20	3,18471	41	6,52866	63	10,09185
		42	6,68790	64	10,19108
21	3,34395	43	6,84713	65	10,35032
22	3,50318	44	7,00637	66	10,50955
23	3,66242	45	7,16561	67	10,66879
24	3,82165	46	7,32484	68	10,82802
25	3,98089	47	7,48408	69	10,98726
26	4,14013	48	7,64331	70	11,14650

Pour le nombre de dents n	Le pas $p \times q$ correspondant à n, donne le rayon de la roue. (q)	Pour le nombre de dents n	Le pas $p \times q$ correspondant à n, donne le rayon de la roue. (q)	Pour le nombre de dents n	Le pas $p \times q$ correspondant à n, donne le rayon de la roue. (q)
71	11,30573	100	15,92357	128	20,38217
72	11,46497			129	20,54140
73	11,62420	101	16,08280	130	20,70064
74	11,78344	102	16,24204		
75	11,94268	103	16,40127	131	20,85987
76	12,10191	104	16,56051	132	21,01911
77	12,26115	105	16,71975	133	21,17834
78	12,42038	106	16,87898	134	21,33758
79	12,57962	107	17,03822	135	21,49682
80	12,73885	108	17,19745	136	21,65605
		109	17,35669	137	21,81529
81	12,89809	110	17,51592	138	21,97452
82	13,05732			139	22,13376
83	13,21656	111	17,67516	140	22,29299
84	13,37580	112	17,83439		
85	13,53503	113	17,99363	141	22,45223
86	13,69427	114	18,15287	142	22,61147
87	13,85450	115	18,31210	143	22,77070
88	14,01274	116	18,47134	144	22,92994
89	14,17197	117	18,63057	145	23,08917
90	14,33121	118	18,78981	146	23,24841
		119	18,94901	147	23,40764
91	14,49045	120	19,10828	148	23,56688
92	14,64968			149	23,72612
93	14,80892	121	19,26752	150	23,88535
94	14,96815	122	19,42675		
95	15,12739	123	19,58599	151	24,04459
96	15,28663	124	19,74522	152	24,20382
97	15,44586	125	19,90446	153	24,36306
98	15,60510	126	20,06370	154	24,52229
99	15,76433	127	20,22293	155	24,68153

ÉPAISSEUR DES DENTS D'ENGRENAGE, SUIVANT LA FORCE A TRANSMETTRE ET LA VITESSE A LA CIRCONFÉRENCE DE LA ROUE

V, VITESSES PAR SECONDE, A LA CIRCONFÉRENCE												
F Force en chevaux effectifs à transmettre par la roue.	V = 0m,50		V = 1,m00		V = 1m,50		V = 2m,00		V = 2m,50		V = 3m,00	
	Nombre de kilogram. correspondant à F et à V	Épaisseur de la dent.	Nombre de kilogram. correspondant à F et à V	Épaisseur de la dent.	Nombre de kilogram. correspondant à F et à V	Épaisseur de la dent.	Nombre de kilogram. correspondant à F et à V	Épaisseur de la dent.	Nombre de kilogram. correspondant à F et à V	Épaisseur de la dent.	Nombre de kilogram. correspondant à F et à V	Épaisseur de la dent.
		millim.		millim.		millim.		millim.		millim.		millim.
1	150	12	75	8	50	7	37,5	6	30	»	25	»
2	300	17	150	12	100	10	75, »	9	60	8	50	7
3	450	21	225	15	150	12	112,5	11	90	10	75	9
4	600	24	300	17	200	14	150, »	12	120	11	100	10
5	750	27	375	19	250	15	187,5	14	150	12	125	11
6	900	30	450	21	300	17	225, »	15	180	13	150	12
7	1050	32	525	22	350	18	262,5	16	210	14	175	13
8	1200	34	600	24	400	20	300, »	17	240	15	200	14
9	1350	36	675	26	450	21	337,5	18	270	16	225	15
10	1500	38	750	27	500	22	375, »	19	300	17	250	16
12	1800	40	900	30	600	24	450, »	21	360	18	300	17
14	2100	45	1050	32	700	26	525, »	22	420	20	350	18
16	2400	49	1200	34	800	28	600, »	24	480	21	400	20
18	2700	51	1350	36	900	30	675, »	26	510	23	450	21
20	3000	54	1500	38	1000	31	750, »	27	600	24	500	22
25	3750	»	1875	43	1250	35	937,5	30	750	27	625	25
30	4500	»	2250	47	1500	38	1125, »	33	900	30	750	27
35	5250	»	2625	51	1750	41	1312,50	36	1050	32	875	29
40	6000	»	3000	54	2000	44	1500, »	38	1200	34	1000	31

DIAMÈTRE DES ARBRES DES ROUES D'ENGRENAGE ET DE TRANSMISSION

Force F en chevaux, transmise par l'arbre pour N tours par minute $= 100$							
Diamètre en millimètres	Fer	Acier	Fonte	Diamètre en millimètres	Fer	Acier	Fonte
	Chev.	Chevaux	Chev.		Chevaux	Chevaux	Chev.
32	2	3	1	115	90	145	55
38	4	6	2	130	125	200	75
50	8	13	5	150	215	345	130
64	16	25	9	180	340	548	205
75	27	44	16	200	510	820	305
90	53	70	25	230	730	1166	440
100	65	102	38	250	1000	1600	600

Dans le cas ou le nombre de tours N' par minute diffère de N = 100, la puissance F' qui peut être transmise avec sécurité est exprimée par :

$$F' = N \times \frac{n'}{100}.$$

Exemple. — Un arbre de 38 millimètres de diamètre qui fait $n = 100$ tours par minute est applicable avec sécurité à une machine de 4 chevaux, et si la machine doit faire 145 tours. Le même arbre sera applicable à une machine de F' force égale à :

$$N' = 4 \times \frac{145}{100} = 5 \text{ ch } 8 \text{ dixièmes.}$$

QUATRIÈME PARTIE

RÉSISTANCE DES MATÉRIAUX.

PAR M. COCHET.

373. *Considérations générales.* — Les ouvriers, dans certaines spécialités, telles que l'ajustage, la forge, la charpente, la bâtisse, etc., outre l'habileté qui consiste à faire vite et bien, développent encore, dans la pratique de leur métier, une certaine connaissance intuitive des dimensions à donner à l'objet qu'ils confectionnent.

Cette aptitude ne comprend pas seulement les pièces qu'ils ont déjà fabriquées, mais, par analogie, elle peut s'étendre à un grand nombre d'autres, et, en général, à tout ce qui doit être soumis à des efforts d'une appréciation journalière (les forces musculaires, par exemple) ou pouvant être comparable à des types connus. Mais lorsqu'il s'agit de forces qui, par leur intensité ou leur nature, cessent de frapper les sens ou plutôt d'éveiller le souvenir, ce coup d'œil donné par la pratique du métier devient insuffisant, l'incertitude apparaît ; les efforts dus à des poids considérables, la force de l'air en mouvement, celle qui est produite par une chute d'eau ou par la vapeur, agissent sur les corps solides avec trop d'intensité et d'une façon trop abstraite, pour permettre à l'ouvrier le plus expérimenté d'estimer, *à priori*, les dimensions des pièces ; sous peine de graves erreurs, c'est à l'étude de la résistance des matériaux qu'on doit alors avoir recours.

374. *Définition des résistances.* — Les forces agissent sur les corps solides et tendant à en opérer la déformation ou la rupture, sont considérées, suivant leur mode d'agir, sous cinq aspects différents.

Lorsque la force sollicite le corps suivant son axe, dans la direction de sa longueur ou plutôt de celle des fibres, et dans un sens extérieur on la nomme force de *traction* ; l'effort égal et contraire qu'oppose le solide, reçoit le nom de *résistance à la traction*. La force prend le nom de *force de compression*, lorsque le sens de l'effort est inverse à celui de la traction, toute autre chose restant la même ; la réaction du solide est appelée *résistance à la compression* ou *à l'écrasement*.

Lorsque la force sollicite le corps perpendiculairement à ses fibres, elle prend le nom de *force de flexion*.

Si elle agit de façon à tordre les fibres autour de l'axe du corps (comme dans l'arbre de couche d'une machine), elle est dite *force de torsion*.

On appelle *résistance au cisaillement* l'obstacle que deux tôles assemblées par des rivets présentent à la force qui tendrait à les désunir.

375. *Coefficients de résistance.* — Les forces qui viennent d'être désignées peuvent, en sollicitant un corps solide, agir sur lui de deux façons différentes : 1° en n'altérant sa forme et ses dimensions que d'une petite quantité, et d'une façon telle que, l'action de la force une fois suspendue, le corps reprenne exactement sa forme et ses dimensions premières ; dans ce cas, la résistance que le corps offre au déplacement moléculaire, s'appelle sa *résistance élastique*, et le nombre qui l'exprime *coefficient de résistance élastique* ou *de sécurité* ; 2° si la force opère totalement la séparation moléculaire du corps, l'obstacle que celui-ci a présenté à la séparation s'appelle *résistance à la rupture*, et le nombre qui l'exprime *coefficient de résistance à la rupture*.

Pour parvenir à la connaissance de ces coefficients pour tous les corps, on voit donc que trois séries d'expériences ont dû être pratiquées sur chacun d'eux :

1° Pour constater, dans la limite d'élasticité naturelle, les différents changements pour différentes charges ;

2° Pour établir la charge *maxima* qui n'altère pas l'élasticité et qui, conséquemment, en donne la limite: en d'autres termes, chercher la plus grande déformation que puisse subir un corps sous l'influence d'une force, sans qu'il cesse de pouvoir reprendre exactement ses dimensions primitives, si l'action de la force venait à être suspendue ;

3° Pour trouver la charge de rupture.

376. *Force de traction.* — Les expériences ont démontré en outre que, dans les limites où l'élasticité n'est pas altérée, la résistance qu'un corps prismatique offre à la traction est proportionnelle à la surface de sa section transversale S, et au rapport de l'allongement K d'une longueur L de ce prisme avec cette longueur L. Si l'on désigne par C la charge nécessaire pour produire un allongement d'un mètre sur un prisme ayant 1 mètre de côté et 1 mètre de base (hypothèse irréalisable), si on appelle P l'effort nécessaire pour produire l'allongement K, on a la formule :

$$P = C \times S \times \frac{K}{L}, \qquad (n° 1)$$

on donne à C le nom de *coefficient* ou *module d'élasticité*.

Lorsque $L = 1^m$ et $S = 1^{mm}$, $P = K.C$ et $C = \frac{P}{K}$.

C. est donc le rapport constant (dans la limite d'élasticité de l'effort P); qui tend à allonger le prisme avec l'allongement de ce prisme.

377. Voici, d'après M. Poncelet, les valeurs moyennes de C pour différents corps avec les valeurs correspondantes de P et de K, ainsi que les coefficients de rupture et de résistance avec une grande sécurité. On est dans l'habitude de prendre pour coefficient de sécurité le dixième de la charge de rupture pour les bois, et le tiers pour les métaux; mais pour les constructions durables et dans les appareils où des chocs peuvent se produire, on prend le quart, le cinquième et même le sixième de la charge de rupture.

FORCE DE TRACTION

VALEURS DU COEFFICIENT D'ÉLASTICITÉ C, DE L'ALLONGEMENT RELATIF À LA LIMITE D'ÉLASTICITÉ NATURELLE K, ET DE LA CHARGE CORRESPONDANTE P A CETTE LIMITE.

DÉSIGNATION DES CORPS.	VALEUR DE K.	CORRESPONDANTE.	VALEUR DE P POUR UNE SECTION de 1 mill. car.	VALEUR DE C POUR UNE SECTION de 1 mill. car.	COEFFICIENT DE RUPTURE par millimètr. carré.	COEFFICIENT DE SÉCURITÉ par millimètr. carré.
		m.	kilog.	kilog.	kilog.	kilog.
Chêne.............................	$\frac{1}{600}$	0,00167	2,000	1200	8,000	0,800
Sapin..............................	$\frac{1}{850}$	0,00117	2,170	1854	6 à 7	0,6 à 0,7
Pin.................................	$\frac{1}{470}$	0,00210	3,150	1500	»	»
Mélèze.............................	$\frac{1}{520}$	0,00192	1,730	900	»	»
Hêtre rouge........................	$\frac{1}{570}$	0,00175	1,630	930	6,990	0,699
Frêne..............................	$\frac{1}{885}$	0,00113	1,270	1120	12,000	1,200
Orme...............................	$\frac{1}{414}$	0,00242	2,350	970		
Fers doux passés à la filière, de petite dimension......................	$\frac{1}{1250}$	0,00080	14,750	18000		
Fers forgés ou étirés, en barres...... { Le plus fort, petit échantillon.....					60,000	10,000
Le plus faible, très-fort échantillon.					25,000	4,160
Moyen...........	$\frac{1}{1520}$	0,00066	12,205	20000	40,000	6,660
Fers du Berry. { Étirés.............				20869		
Recuits............				20784		
Fer ou tôle laminés........ { Tirés dans le sens du laminage....					41,000	7,000
Tirés dans le sens perpendiculaire au laminage...					36,000	6,000
Tôles fortes, corroyées dans les deux sens.............................					35,000	6,000
Fer ruban, très-doux...............					45,000	7,500
Fil de fer non recuit...... { De Laigle, de 0,23 de millim. de diamètre......					90,000	15,500
Le plus fort, de 0,5 à 1 millim. de diamètre......					80,000	13,330
Le plus faible, de 1 grand diamètr.					50,000	8,330
Moyen, de 1 à 3 millim. de diamètre.........					60,000	10,000
Fil de fer en faisceau ou câble.....					30,000	5,000
Chaînes en fer doux, à maillons oblongs.........................					24,000	4,000
Chaînes en fer doux étançonnées...					32,000	5,330

DÉSIGNATION DES CORPS.	VALEUR DE K CORRESPONDANTE.	VALEUR DE P POUR UNE SECTION de 1 mill. car.	VALEUR DE C POUR UNE SECTION de 1 mill. car.	COEFFICIENT - DE RUPTURE par millimètre carré.	COEFFICIENT DE SÉCURITÉ par millimètre carré.
	m.	kilog.	kilog.	kilog.	kilog.
Acier d'Allemagne, très-bonne qualité, recuit à l'huile.	$\frac{1}{835}$	0,00120	25,000	21000	»	»
Acier fondu, très-fin, trempé, recuit à l'huile.	$\frac{1}{4500}$	0,00222	66,000	30000		l'acier le meilleur. 15 le pl. mauv. 6,000
Acier fondu... Étiré				19549		
Acier fondu... Recuit				19561		
Acier anglais en fil... Étiré				18809		
Acier anglais en fil... Recuit				17278		
Acier ordinaire, recuit au blanc...				18045		
Fonte de fer à grains fins...	$\frac{1}{1200}$	0,00083	10,000	1200		
Fonte grise anglaise, de bonne qualité.	$\frac{1}{1400}$	0,00078	6,000	9096		
Fonte de fer la plus forte, coulée verticalement...					13,500	2,250
Fonte de fer la plus faible, coulée horizontalement...					12,500	2,080
Bronze de canons, moyennement..	$\frac{1}{1590}$	0,00063	2,000	3200	23,000	3,830
Laiton fondu...	$\frac{1}{1320}$	0,00076	4,800	6450	»	»
Cuivre rouge, laminé dans le sens de sa longueur...				12000	21,000	3,500
Cuivre rouge, de qualité supérieure.					26,000	4,330
Cuivre rouge battu...					25,000	4,170
Cuivre rouge fondu...					13,400	2,330
Cuivre jaune ou laiton, fin...					12,600	2,100
Cuivre rouge en fil non recuit, moyen de 1 à 2 millim. de diam.					50,000	8,330
Cuivre rouge le plus fort, de moins de 1 millim. de diamètre...					70,000	11,670
Cuivre rouge, le plus mauvais...					40,000	6,670
Laiton en fil non recuit.. Le plus fort, de moins de 1 mill. de diamètre....					85,000	14,160
Laiton en fil non recuit.. Moyen, de plus de 1 millim. de diamètre...					50,000	8,330
Laiton en fil recuit...	$\frac{1}{742}$	0,00135	15,000	10000		
Fil de platine écroui, non recuit, de 0,117 de millim. de diamètre.					116,000	19,330
Fil de platine recuit, d'après la mesure directe du diamètre...				15518	34,000	5,670
Étain fondu...				3200	3,000	0,500
Zinc fondu...				9600	6,000	1,000
Zinc laminé...					5,000	0,833
Plomb fondu...	$\frac{1}{477}$	0,00210	1,000	500	1,280	0,213
Fil de plomb de coupelle, étiré à froid de 1 millim. de diamètre..	$\frac{1}{1490}$	0,00067	0,400	600		

DÉSIGNATION DES CORPS.	VALEUR DE K CORRESPONDANTE.	VALEUR DE P POUR UNE SECTION de 1 mill. carré.	VALEUR DE C POUR UNE SECTION de 1 mill. carré.	COEFFICIENT DE RUPTURE par millimètre carré.	COEFFICIENT DE SÉCURITÉ par millimètre carré.
	m.	kilog.	kilog.	kilog.	kilog.
Plomb laminé......................				1,3500	0,225
Argent étiré......................			7358		
Argent recuit.....................			7140		
Or étiré..........................			8131		
Or recuit.........................			5585		
Aussières et grelins, chanvre de Strasbourg, de 13 à 14 millim. de diamètre......................				8,800	4,40
Aussières et grelins, chanvre de Lorraine, de 13 à 17 millim. de diamètre......................				6,500	3,250
Aussières et grelins, chanvre de Lorraine ou de Strasbourg, de 23 millim. de diamètre.........				6,000	3,000
Aussières et grelins, chanvre de Strasbourg, de 40 à 54 millim. de diamètre......................				5,500	2,750
Cordages goudronnés..............				4,400	2,200
Vieilles cordes de 23 millim......				4,200	2,100
Courroie en cuir noir.............					0,200

On remarquera que, pour les cordes, le coefficient de sécurité peut être moitié du coefficient de rupture; la rupture est précédée d'un allongement égal au sixième de la longueur primitive; cet allongement est réduit à un dixième quand l'effort n'est que la moitié de la charge *maxima*. La résistance d'une corde goudronnée n'est que les deux tiers ou les trois quarts d'une corde blanche pareille; la résistance d'une corde mouillée n'est que le tiers de la même corde sèche.

Afin de rendre l'usage du tableau des résistances à la traction plus facile, nous allons faire des applications pour la recherche des dimensions à donner à des pièces devant supporter des efforts connus.

Si nous appelons P la charge, S la surface et R le coefficient de sécurité, tous les problèmes relatifs à la traction pourront être résolus par les formules ci-après

II.   5.

$$S = \frac{P}{R}, \qquad\qquad (\text{n}^o\ 2)$$

$$P = S \times R \qquad\qquad (\text{n}^o\ 3)$$

Le quotient de la charge par le chiffre indiquant le coefficient de sécurité pour l'unité de superficie considérée, donnera évidemment le nombre d'unités de superficie nécessaire pour placer le corps dans les mêmes conditions lorsqu'il sera sous l'influence de la force P.

Donc, pour avoir l'aire de la section d'une pièce devant supporter une charge donnée, il faut diviser l'effort par le coefficient de résistance. Si l'on veut savoir quelle charge on pourrait faire supporter à un corps ayant des dimensions connues, il faut multiplier l'aire de la section transversale par le coefficient de résistance.

378. *Exemples de calcul pour les résistances à la traction.* — I. La tige d'une pompe élévatoire doit supporter un poids de 3,000^{kg}; on demande son diamètre en la faisant en bois de chêne faible, et celui qu'elle aurait si on la construisait en bronze.

Premier cas. En nous reportant à la table (page 241), nous voyons que, sans dépasser la limite d'élasticité, on peut prendre 0^{kg},60 pour le bois de chêne faible; donc si l'on divise l'effort 3 000^{kg} par 0,60, pour 1^{m2}, ou, pour avoir le résultat en mètres, par 600000, nous aurons un quotient qui indiquera en mètres carrés, la section de la tige en bois de chêne faible placée exactement dans les mêmes conditions que celles qui ont donné le coefficient de sécurité; or la surface de la section de la tige est égale à $\dfrac{\pi D^2}{4}$; (§ 225)

donc

$$\frac{\pi D^2}{4} = \frac{3\ 000}{600\ 000},$$

d'où

$$D^2 = \frac{12000}{3,14 \times 600000} = 0,0069,$$

$$D = \sqrt{0,0063} = 0^m,080,$$

$0^m,080$ est donc le diamètre cherché.

Deuxième cas. Il suffit, dans la formule n° **2**

$$S = \frac{P}{\text{coefficient de sécurité}},$$

de remplacer le coefficient du chêne faible par celui du bronze, et l'on a :

$$\frac{\pi D^2}{4} = \frac{3\ 000}{3\ 830\ 000},$$

d'où :
$$D = 0^{mt},03146.$$

Exemple II. Une bielle est sollicitée par un piston à vapeur la résistance est évaluée à 7 000^{kg}; quel doit être le diamètre des quatre boulons en fer qui relient la tête de bielle sur la traverse de la tige de piston ?

Nous avons :

$$\frac{\pi D^2}{4} = \frac{7\ 000^{kg}}{6\ 660\ 000\ \times\ 4},$$

d'où :

$$D = \sqrt{\frac{4\ \times\ 7\ 000}{6\ 660\ 000\ \times\ 4\ \times\ 3,14}} = 0^{mt},018.$$

Exemple III. Une chaîne étançonnée doit supporter une charge de 10 000^{kg}. Elle doit être en fer rond forgé. Quel sera le diamètre de ce fer ?

$$\frac{\pi D^2}{4} = \frac{10\ 000}{5\ 330\ 000},$$

d'où :
$$D = 0^{mt},047.$$

Exemple IV. Une balance pouvant peser jusqu'à 2500^{kg} es^t suspendue à l'extrémité d'un barreau de fer carré, quel es le côté du carré de ce barreau de fer supposé solidement en castré dans un plancher et choisi dans la première qualité ?

$$X^2 = \frac{2\,500}{10\,000\,000},$$

d'où :

$$X = \sqrt{\frac{25}{100\,000}} = 0^m,005,$$

EXEMPLE V. Quel poids peut-on mettre au bout d'un fil de laiton de 2 millimètres carrés pour le charger en toute sécurité?

$$\frac{\pi \cdot (0,002)^2}{4} = \frac{X}{8\,330\,000}.$$

Pour obtenir le résultat, on peut aussi poser :

$$\frac{\pi 2^2}{4} = \frac{X}{8,33}, \text{ et } X = 3,14 \times 8,33 = 26.$$

Le poids est donc 26^{kg}.

EXEMPLE VI. Quel est l'effort nécessaire pour rompre un faisceau de fils de fer ayant 5^{mlt2} de diamètre?

En nommant R le coefficient de rupture, la formule (n° 3) devient :

$$P = S \cdot R = 0^{mlt2},00001962 \times 30\,000\,000 = 588^{kg},600.$$

EXEMPLE VII. Soit à déterminer l'allongement k d'une barre carrée en cuivre rouge de 3^{cmt} de côté et d'une longueur de 5^{mt}, l'effort de traction étant de $2\,000^{kg}$.

Pour résoudre ce problème, on se sert de la formule :

$$P = C \cdot S \cdot \frac{k}{L};$$

cherchant dans le tableau page 242, la valeur de C, module d'élasticité du cuivre rouge, et tirant la valeur de k, on a :

$$k = \frac{P \cdot L}{C \cdot S},$$

et en remplaçant les lettres par leur valeur :

$$k = \frac{2\,000 \times 5}{12\,000 \times 900} = 0^{mt},00055$$

379. *Vis à bois.* — On trouve, dans la *Mécanique* de M. Jariez, quelques données que nous allons reproduire ici.

Les vis à bois de $0^{mt},050$ de longueur, $0^{mt},0056$ de diamètre en dehors des filets, $0^{mt},0028$ au noyau, engagées par 12 filets dans des planches de $0^{mt},027$ d'épaisseur, peuvent être chargées en toute sécurité :

Dans le sapin,	de	35^{kg},
— chêne,	de	68^{kg},
— frêne sec,	de	71^{kg},
— orme,	de	59^{kg}.

Effort de compression.

380. L'*effort de compréssion* ou la force de compression, agit dans la même direction que celle de traction, mais en sens inverse ; au lieu de produire l'allongement du prisme solide, elle en comprime les molécules, elle tend à les écraser.

Les règles pour déterminer la résistance à la compression sont les mêmes que pour l'effort de traction ; seulement dans la formule n° 3 :

$$S = \frac{P}{R},$$

on remplace R par les coefficients de sécurité de compression. Si l'on ne connaît que le coefficient de rupture, on en prend le dixième pour les bois et les matériaux, et le cinquième pour les métaux ; pour les constructions qui n'ont pas besoin de donner de grandes garanties de durée, on descend au quart et au tiers.

Pour le même corps, le coefficient de résistance varie avec le rapport de sa hauteur au côté de sa base, comme l'indique le tableau suivant relatif aux bois. Ce tableau est dû à Rondelet.

RAPPORT DE LA HAUTEUR au côté DE LA BASE.	1	12	24	36	48	60	72
Résistance..........	1	$\dfrac{5}{6}$	$\dfrac{1}{2}$	$\dfrac{1}{3}$	$\dfrac{1}{6}$	$\dfrac{1}{12}$	$\dfrac{1}{24}$

Avant le tableau des coefficients de compression, nous donnons plusieurs formules pour le calcul des colonnes en fonte, d'après M. Love.

381. *Colonnes en fonte.* — Colonnes dont la hauteur varie de 4 à 120 fois le diamètre :

$$P = \frac{R}{1,45 + 0,00337\left(\dfrac{l}{d}\right)^2}, \qquad (n^o\ 4)$$

dans laquelle :

P est la charge de rupture,

R, la résistance du pilier supposé très-court et prenant, par conséquent, le plus fort coefficient de rupture;

l et d, les dimensions du pilier en centimètres.

Pour les piliers dont la hauteur l varie de 5 à 30 fois le diamètre d, on a :

$$P = \frac{R}{0,68 + 0,01\left(\dfrac{l}{d}\right)}. \qquad (n^o\ 5)$$

Dans aucun cas, la charge permanente ne doit dépasser le cinquième de celle de rupture. En supposant la résistance *maxima* de la fonte égale 8 000^{kg} par centimètre carré, et en la faisant travailler au sixième de cette charge, on tire, des formules précédentes, le tableau suivant :

RAPPORT $\frac{l}{d}$.	< 5	10	20	30	40	50	60	70	80	90	100
Charge en kilog. par cmt. carr.	1333	746	476	297	195	169	98	74	58	46	38

Des expériences de M. E. Hodgkinson, il est résulté :

1° Que le rapport moyen de la résistance à la rupture par compression à la résistance à la rupture par traction, est de 6,595 ;

2° Que la résistance à la rupture d'un pilier est réduite au tiers, quand l'effort qu'il supporte est dirigé suivant la diagonale, et non suivant l'axe ;

3° Que la résistance des piliers longs est trois fois plus forte quand les extrémités sont plates et perpendiculaires à l'axe et à la direction de l'effort, que quand elles sont arrondies ;

4° Qu'un pilier long, de section uniforme, dont les extrémités sont solidement fixées par des disques, des bases ou de toute autre manière, présente la même résistance qu'un pilier de même section et d'une longueur moitié moindre, mais dont les extrémités seraient arrondies, même si l'effort était dirigé suivant l'axe.

5° Le renflement des colonnes sur leur milieu n'augmente leur résistance que d'un septième à un huitième.

382. *Colonnes en fer.* — Le même auteur donne les formules suivantes pour les colonnes en fer :

1° Pour des hauteurs comprises entre 5 et 30 fois le diamètre:

$$P = \frac{R}{0,85 + 0,04 \left(\frac{l}{d}\right)^2}. \qquad (n° 6)$$

Pour des hauteurs comprises entre 80 et 180 fois le diamètre •

$$P = \frac{R}{1,55 + 0,0005 \left(\frac{l}{d}\right)^2}. \qquad (n° 7)$$

En admettant que la résistance *maxima* du fer soit de 4 000^{kg}, en faisant travailler ce métal au cinquième de la résistance à la rupture, on a le tableau suivant :

RAPPORT $\dfrac{l}{d}$.	< 5	10	20	30	40	50	60	70	80	90	100
Charge en kilog. par cmt. carr.	800	500	457	400	340	285	239	200	168	143	122

TABLEAU DE LA RÉSISTANCE A LA FORCE DE COMPRESSION

La résistance est calculée pour une section de 1 millimètre carré.

DÉSIGNATION DES CORPS.	COEFFICIENTS DE SÉCURITÉ LORSQUE LE RAPPORT DES DIMENSIONS EST :				
	INFÉRIEUR A 12.	DE 12.	DE 24.	DE 48.	DE 60.
	k	k	k	k	k
Chêne fort..........	0,300	0,250	0,150	0,050	0,025
Chêne faible........	0,190	0,084	0,056	»	»
Sapin jaune ou rouge.	0,375	0,310	0,187	0,075	»
Sapin blanc........	0,097	0,082	0,049	»	»
Fer forgé..........	10,000	8,350	5,000	1,670	0,840
Fonte.............	20,000	16,700	10,000	3,330	1,670
Cuivre fondu........	8,230	»	»	»	»

383. Deux fortes tôles assemblées par des cornières et formant des cellules rectangulaires, s'écrasent sous des charges de 2 500^{kg} par centimètre carré. En les faisant travailler du cinquième au quart, on pourra les charger, comme pour la traction, de 600^{kg} par centimètre carré.

On peut aussi adopter ce chiffre pour les colonnes en fer.

Pour les bielles en fer forgé, la charge peut varier de 50 à 60^{kg} au milieu, et 90 à 100^{kg} aux extrémités.

Les arcs en fonte des ponts sont soumis moyennement à un effort de 257^{kg} par centimètre carré de section.

Le coefficient de sécurité de compression, par millimètre carré de section, est :

$$\text{Pour le cuivre battu, } 14^{\text{kg}},490,$$
$$\text{— le cuivre jaune, } 20^{\text{kg}},317,$$
$$\text{— l'étain fondu, } 2^{\text{kg}},174,$$
$$\text{— le plomb coulé, } 1^{\text{kg}},080.$$

Ces chiffres sont applicables seulement dans le cas où le rapport de la hauteur au côté de la base est inférieur à 12.

384. *Exemples de calcul sur la force de compression.* — EXEMPLE I. Quelle est la charge que peut supporter, en toute sécurité, une pièce de bois en chêne fort, dont la section est un carré ayant $0^{\text{mt}},50$ de côté et la hauteur 3^{mt}?

La formule n° 2 :

$$S = \frac{P}{C}$$

donne immédiatement :

$$0^{\text{mt2}},50 = \frac{x}{300\ 000}.$$

(Nous prenons 300 000, parce que nous avons la surface en mètres carrés.) D'où :

$$x = 0^{\text{mt2}},50 \times 300\ 000 = 150\ 000^{\text{kg}}.$$

EXEMPLE II. Un pilastre en bois de chêne fort, dont la section est un carré de $2^{\text{mt}},05$ de hauteur, doit supporter une charge de $50\ 000^{\text{kg}}$; quelle sera la longueur x du côté de sa section ?

$$x^2 = \frac{50\ 000}{300\ 000} = 0^{\text{mt2}},166\ ;$$

d'où :
$$x = 0^{\text{mt}},408.$$

EXEMPLE III. Quelle est la charge que peut supporter avec sécurité une colonne pleine en fonte, dont le diamètre est de 16^{cmt} et la longueur 48 fois ce diamètre. Le coefficient de la fonte, dans ce cas où le rapport des longueurs donne 48,

DÉSIGNATION DES CORPS.	COEFFICIENTS DE SÉCURITÉ.	DÉSIGNATION DES CORPS.	COEFFICIENTS DE SÉCURITÉ.
Porphyre........	247,000	Mortier en ciment de Vassy, avec moitié sable, 15 jours après le gâchage.....	15,500
Granit de Norman-die le plus dur.	70,700		
Grès très-dur....	87,000		
Grès tendre......	0,400		
Grès de Fontaine-bleau..........	89,500	Béton en mortier de chaux hy-draulique de 6 mois........	4,100
Marbre noir de Flandre.......	79,000		
Marbre blanc vei-né............	31,000	Maçonnerie âgée de 5 mois en pierre de taille.	20,000
Brique dure très-cuite.........	15,000	Maçonnerie en moellons bien gisants, de mor-tier médiocre-ment hydrauli-que..........	4,000
Brique rouge.....	6,000		
Brique mal cuite..	4,000		
Brique anglaise tendre........	1,800		
Brique bien cuite de Bourgogne..	15,000	Maçonnerie de voûte en moel-lons, infirme en bétons........	0,500
Plâtre au panier gâché très-serré, 30 heures après l'emploi......	5,200	Maçonnerie de voûte en moel-lons *pendants*..	1,000
Plâtre au panier gâché au lait de chaux........	7,300	Maçonnerie de voûte en moel-lons équarris bien posés.....	2,000
Mortier ordinaire en chaux et sa-ble...........	3,500	Maçonnerie de voûte en moel-lons appareillés en coupe......	3,000
Mortier en ciment ou tuileaux pi-lés...........	4,800	Maçonnerie de voûte en pierres de taille appa-reillées........	5,000
Mortier en grès pilé...........	2,900		
Mortier en pouzzo-lane de Naples ou de Rome...	7,600		

Nota. On a remarqué que les pierres soumises à l'écrasement résistent d'autant plus que leur section se rapproche davantage de la forme circu-laire. Ainsi, pour deux pierres de même hauteur ayant sections égales, mais l'une carré, l'autre circulaire, le rapport des résistances était comme 8 à 9. On a remarqué aussi que la résistance d'un cube étant 1, celle du cylindre inscrit est 0,80 quand il repose sur sa base, et 0,32 quand il repose sur une arête. Celle de la sphère inscrite est de 0,26.

est de $3^{kg},33$ ou de 333^{kg}, si l'on veut avoir des centimètres ; la formule

$$S = \frac{P}{C}$$

devient :

$$P = S \cdot C = \frac{3,14}{4} \times 16^2 \times 333 = 66\ 897^{kg},480.$$

EXEMPLE IV. Quel sera le diamètre d'une colonne en fonte 48 fois plus longue que ce diamètre, et devant supporter une charge de $66\ 897^{kg},480$?

On a :

$$\frac{\pi D^2}{4} = \frac{66\ 897,480}{3\ 330\ 000},$$

$$3330000 \times \pi D^2 = 4 \times 66\ 897,480.$$

$$D = \sqrt{\frac{4 \times 66\ 897,480}{3\ 330\ 000 \times 3,14}} = 0^{mt},160.$$

La rapidité avec laquelle les valeurs numériques des coefficients de résistance décroissent, lorsque le rapport entre la hauteur du solide et le côté de sa base augmente, montre le désavantage qu'il y a à se servir de colonnes massives dans certains cas. La résistance des colonnes creuses étant, dans les limites pratiques, proportionnelle à la surface pleine, quelque forme que celle-ci affecte, il y a une grande économie de poids à se servir de colonnes creuses, puisque leur diamètre extérieur étant plus grand, le rapport de dimensions qui détermine les coefficients devient plus petit.

Pour rendre cette différence bien sensible, supposons le cas où chaque genre de colonnes supportera alternativement la même compression :

EXEMPLE V. Une colonne de 5^{mt} de hauteur doit supporter une charge de $40\ 000^{kg}$. Quelles seraient ses dimensions si on la construisait massive ?

Il faut d'abord chercher quel est celui des rapports de la hauteur au diamètre de la base, qui est applicable ici. En prenant le rapport 24, dont $1\ 000^{kg}$ est le coefficient correspondant, la surface déterminée par le quotient $\dfrac{40\ 000^{kg}}{1\ 000^{kg}}$ donne 40^{cmt2} pour section de la colonne. Le diamètre est alors de $0^{mt},071$, et le rapport est 70, chiffre trop fort évidemment. Prenant le rapport 48, le coefficient correspondant devient 333^{kg},

et
$$\frac{4000}{333} = 120 \text{ ou } 12^{dcmt2},$$

dont le diamètre correspondant est de $0^{mt},123$. Le rapport avec la hauteur 41 montre que c'est celui qu'il faut prendre. Le diamètre cherché est donc $0^{mt},123$, et le poids de la colonne, en prenant 7 200 pour densité, est de 432^{kg}. (V. p. 133.)

Si l'on construisait la colonne creuse en doublant, par exemple, le diamètre extérieur, le rapport deviendrait 21 et le coefficient de résistance $1\ 000^{kg}$. Divisant $40\ 000^{kg}$ par $1\ 000^{kg}$, le quotient 40^{cmt2} sera la surface pleine résistante, et le poids de la colonne sera réduit à 144^{kg}. Pour avoir le diamètre D' de la section interne, et par suite l'épaisseur de la couronne de fonte, il faut d'abord chercher la surface totale S pour le diamètre $0^{mt},246$, qui est $0^{mt2},0475$, en retrancher la surface pleine $S' = 0^{mt2},0040$, et tirer la valeur de D' dans l'équation suivante :

$$D' = \sqrt{\frac{4 \times (S - S')}{\pi}} = \sqrt{\frac{4 \times (0^{mt2},0475 - 0^{mt2},040)}{3,14}} = 0^{mt},235.$$

(Se rappeler que S et S' étant exprimés en mètres carrés, deux chiffres après la virgule n'expriment que des décimètres, quatre expriment des centimètres, etc. Il ne faudra donc séparer au produit de la multiplication de 4 par S — S' que la moitié du nombre de chiffres contenus dans S — S'.)

Le diamètre de la partie creuse D' est donc de $0^{mt},235$ et puisque le diamètre D de la colonne est de $6^{m},246$, l'épaisseur de fonte de la couronne sera égale à la moitié de la différence entre D et D', ou $\dfrac{0^{mt},246 - 0^{mt},0235}{2} = 5^{mt},50$. Soit 11^{mt} sur un même diamètre.

RÉSISTANCE DES SOLIDES DE DIFFÉRENTES FORMES A LA FORCE DE FLEXION, FORMULES D'APPLICATION.

385. La force de flexion agissant perpendiculairement à la longueur du solide et à celle des fibres, une partie de ces fibres s'allongent comme sous l'effort de traction, les autres se resserrent comme sous l'influence d'une sorte de compression. Une certaine partie, située dans la zone intermédiaire, restent invariables. La limite de la charge de flexion doit être déterminée de façon à ce que les allongements et les raccourcissements qu'elle produit ne soient pas capables d'altérer la constitution physique du solide, c'est-à-dire qu'une fois la pièce soustraite à l'effort de flexion, elle puisse reprendre sa forme naturelle. Dans cette limite, on peut considérer comme égales les résistances simultanées de traction et de compression.

386. Pour trouver l'expression générale de la résistance d'un corps à la flexion, considérons un solide de forme prismatique, solidement encastré par une de ses extrémités, et appliquons à une certaine distance L du point d'encastrement une force P perpendiculaire à la longueur du prisme : le corps fléchira ; les fibres situées du côté convexe s'allongeront, tandis que celles qui sont situées du côté concave seront raccourcies, et certaines fibres de l'intérieur resteront invariables. Supposons maintenant une section faite dans le prisme normalement à l'axe, et considérons le moment d'inertie de cette figure par rapport à un axe horizontal situé dans le plan des fibres invariables : on a trouvé expérimentalement que la résistance du solide était proportionnelle à ce moment d'inertie que nous appellerons J, et inversement proportionnelle à la distance verticale de la fibre la plus éloignée de la fibre invariable. Appelons f cette distance (il est visible que la longueur du solide est en sens inverse de la résistance) ; en désignant par F le coefficient de résistance, avec sécurité, on aura la formule :

$$P^{kg} = \frac{F^{kg} \times I}{L^{mt} \times f^{mt}}. \qquad (n^o\ 8)$$

387. Avant de poser les formules particulières à chaque genre de section du prisme, nous donnons les coefficients de résistance à la flexion pour plusieurs corps (par mètre carré).

DÉSIGNATION DES CORPS.	COEFFICIENTS DE SÉCURITÉ avec des matières de qualité ordinaire. (Par m. car.)	COEFFICIENTS DE SÉCURITÉ avec des matières de 1re qualité ou dans des constructions légères. (Par m. car.)	
Chêne.............................	550000k	jusqu'à	750k000
Sapin jaune ou blanc..	600000	—	800 000
Arcs en planches..................	250000	—	300 000
Fer forgé..	6000000	—	10000 000
Fer laminé en barres et tubes en tôle.	4700000	—	7800 000
Acier de 1re qualité............	16660000	—	» »
Acier fondu......................	16600000	—	22000 000
Acier d'Allemagne....	12500000	—	16000 000
Fonte grise à grains fins...	7500000	—	10000 000
Fonte grise ordinaire anglaise... . .	5600000	—	7000 000

388. De la formule générale n° 8

$$P = \frac{F \cdot I}{L \cdot f}$$

on déduit, d'après la forme du prisme les valeurs différentes de P.

Pour une section rectangulaire :

$$I = \frac{a \cdot b^3}{12}, \qquad (n^o\ 9)$$

appelant a la base et b la hauteur;

$$f = \frac{b}{2}. \qquad (n^o\ 10)$$

Remplaçant I et f, on a

$$P = F \cdot \frac{a \cdot b^2}{6L} \cdot \qquad\qquad \text{n}^o\ 11)$$

Pour une section carrée, reposant sur un côté,

$$a = b \text{ et } P = F \times \frac{b^3}{6L} \cdot \qquad (\text{n}^o\ 12)$$

Pour une section carrée ayant la diagonale horizontale

$$f = \frac{1}{2} b \ \sqrt{2}, \text{ et } I = \frac{b^4}{12}, \qquad (\text{n}^o\ 13)$$

et en substituant on a

$$P = F \cdot \frac{b^3}{6L \sqrt{2}} \cdot \qquad (\text{n}^o\ 14)$$

Pour une section circulaire on a

$$f = r, \text{ et } I = \frac{\pi r^4}{4}; \qquad (\text{n}^o\ 15)$$

d'où :

$$P = F \cdot \frac{\pi r^3}{L4} \cdot \qquad (\text{n}^o\ 16)$$

r est le rayon du cercle figuré par la section.

Ces formules peuvent se traduire par les règles suivantes :

Pour un prisme à section rectangulaire reposant sur sa base :

La résistance est égale au produit de la dimension horizontale de la section par le carré de la dimension verticale, divisé par 6 fois la longueur : le tout multiplié par le coefficient de résistance du corps.

Pour un prisme à section carrée, ayant la diagonale horizontale :

La résistance est égale au quotient du cube du côté par le produit de 6 fois la longueur, multiplié par $\sqrt{2}$; le tout multiplié par le coefficient de résistance.

Pour un prisme à section carrée reposant sur un côté :

La résistance est égale au quotient du cube du côté, par 6 fois la longueur multipliée par le coefficient de résistance.

Pour un cylindre :

La résistance est égale au produit de π par le cube du rayon, divisé par 4 fois la longueur; le tout multiplié par le coefficient de résistance.

Nota. Toutes les dimensions linéaires sont en mètres.

Si maintenant nous remplaçons F par sa valeur pour le bois de chêne, la fonte et le fer, en opérant la réduction de certains facteurs numériques, nous aurons les formules suivantes comprenant le n° 17 :

$$\text{Section rectangulaire : Bois... } P = \frac{100000\, ab^2}{L},$$

ayant a hauteur et b base.

$$\text{Id.} \qquad \text{Fonte.. } P = \frac{1250000\, ab^2}{L},$$

$$\text{Id.} \qquad \text{Fer.... } P = \frac{1000000\, ab^2}{L},$$

$$\text{Section carrée reposant sur une arête : Bois... } P = \frac{100000\, b^3}{L\sqrt{2}},$$

ayant b hauteur.

$$\text{Id.} \qquad \text{Fonte.. } P = \frac{1250000\, b^3}{L\sqrt{2}},$$

$$\text{Id.} \qquad \text{Fer.... } P = \frac{1000000\, b^3}{L\sqrt{2}},$$

$$\text{Section carrée reposant sur un côté : Bois... } P = \frac{100000\, b^3}{L},$$

$$\text{Id.} \qquad \text{Fonte.. } P = \frac{1250000\, b^3}{L},$$

$$\text{Id.} \qquad \text{Fer.... } P = \frac{1000000\, b^3}{L},$$

$$\text{Section circulaire ayant D pour diamètre : Bois... } P = \frac{58905\, D^3}{L},$$

$$\text{Id.} \qquad \text{Fonte.. } P = \frac{736310\, D^3}{L},$$

$$\text{Id.} \qquad \text{Fer.... } P = \frac{589050\, D^3}{L}.$$

Remarque. Il y aura toujours avantage à reposer une pièce

à section rectangulaire sur son plus petit côté, car la résistance est proportionnelle au carré de la dimension verticale, et simplement proportionnelle à la dimension horizontale; donc, à moins de craindre le renversement de la pièce, on doit toujours prendre pour base la plus petite dimension.

Il y a désavantage à faire reposer sur son arête un prisme à section carrée, c'est-à-dire à avoir la diagonale horizontale; car, dans ce cas, le diviseur étant multiplié par $\sqrt{2}$, le résultat est plus faible.

Les coefficients ordinaires du tableau (page 256) deviennent des coefficients de rupture en multipliant par 10 ceux des bois, par 4 ceux des fontes, et par 3 ceux des fers et aciers.

Si la charge était uniformément répartie sur la longueur, au lieu d'être appliquée à son extrémité, la force de flexion devrait être considérée comme agissant au milieu de la longueur L, et la résistance deviendrait double. Si nous appelons p la charge en kilogrammes par mètre courant du solide, $p.L$ sera la charge totale; remplaçant P par $p.L$ dans les formules n° 17, et tirant la valeur des dimensions des prismes au lieu de celle de la résistance, et en tenant compte du changement de valeur de cette dernière, on a :

$$\text{Pour une section rectangulaire : Le bois, } a.b^2 = \frac{p.L^3}{200000},$$

$$\text{Id.} \qquad \text{La fonte, } a.b^2 = \frac{p.L^3}{2500000},$$

$$\text{Id.} \qquad \text{Le fer, } a.b^2 = \frac{p.L^2}{2000000}.$$

Il serait facile de modifier dans ce sens les formules précédentes n° 17.

389. *Exemples de calcul de la résistance à la flexion.* — Exemple I. Quelles devraient être les dimensions d'une pièce de bois de chêne rectangulaire, encastrée par une de ses extrémités, et devant supporter une charge de 1500^{kg} à 3^{mt},50 de son point d'encastrement, les côtés du rectangle étant comme 7 : 5 ?

La formule première du n° 17

$$P = \frac{100000 \cdot a \cdot b^2}{L}$$

devient, en mettant $a \cdot b^2$ dans le premier membre, P dans le second et remplaçant :

$$a \cdot b^2 = \frac{1500^{kg} \times 3^{mt},50}{100000}, \quad b = \sqrt[3]{\frac{7 \times 1500^{kg} \times 3^{mt},50}{5 \times 10000}} = 0^{m},390,$$

et comme

$$a = \frac{5}{7}d - b$$

par hypothèse, on a

$$a = 0,279.$$

Exemple II. On demande quel effort supporterait une pièce de bois de chêne, encastrée par une extrémité, à $1^{mt},50$ de l'encastrement, le côté du carré étant $0^{mt},28$?

$$x = \frac{100000 (0,28)^3}{1,50} = 1644^{kg}.$$

Exemple III. Une barre de fonte rectangulaire, dont les côtés sont $a = 0,07$ et $b = 0,09$, est encastrée par une extrémité ; quelle charge x pourra-t-on mettre avec sécurité à $3^{mt},00$ du point d'encastrement ?

$$x = \frac{1250000 \times 0,07 \times (0,09)^2}{3} = 236^{kg},25.$$

Exemple IV. Quel doit être le diamètre D d'un boulon en fer exposé à un effort de 500^{kg} à $0^{mt},50$ de son point d'encastrement, son rayon étant r ?

$$P = \frac{1500000 \cdot \pi \cdot r^3}{L};$$

d'où

$$D^3 = \frac{500 \times 0,50}{589050};$$

$$D = \sqrt[3]{\frac{250}{589050}} = 0^{mt},034882.$$

390. *Section elliptique.* — Si le solide encastré est de forme elliptique, appelant b le grand axe posé verticalement et a le petit axe, on a la formule :

$$P = F \times \frac{\pi a b^2}{4L}. \qquad\qquad (n^o\ 18)$$

391. *Sections creuses.* — En général, la résistance d'un solide creux encastré est égale à la différence entre la résistance du solide supposé plein et celle qu'aurait un solide massif de mêmes dimensions que la partie évidée ; ceci implique naturellement la symétrie et un même centre de figure pour les deux sections.

392. *Fer à double té (fig. 1, pl. **19**).* — La résistance d'un fer à double té d'une épaisseur uniforme et égale au tiers de la base, est exprimée par la formule :

$$P = F \cdot \frac{(a \cdot b^3 - a' \cdot b'^3)}{6L \cdot b}. \qquad\qquad (n^o\ 19)$$

a et b expriment la base et la hauteur extérieure ; a' est égal à a moins l'épaisseur du montant vertical ; b' exprime la distance intérieure verticale entre deux tés.

393. *Fer à double té renforcé par quatre cornières (fig. **2**, pl. **19**).* — Si les angles intérieurs étaient renforcés par quatre cornières, la formule deviendrait :

$$P = F \cdot \left(\frac{a \cdot b^3 - (a' \cdot b'^3 + a'' \cdot b''^3 + a''' \cdot b'''^3)}{6 \cdot b \cdot L} \right), \qquad (n^o\ 20)$$

en appelant b la hauteur verticale extérieure ;

b' la distance intérieure entre les tés ;

b'' la distance intérieure précédente moins les épaisseurs des deux cornières ;

b''' la distance b' moins les deux hauteurs verticales extérieures des cornières ;

a la largeur extérieure du té ;

a' la différence entre la dimension précédente et la partie analogue renforcée par les cornières;

a'' la longueur du côté horizontal de la cornière pris en dessous;

a''' l'épaisseur du côté vertical de la cornière.

394. *Fer à té simple (fig.* 3, *pl.* **19**). — Pour un fer à té simple, la formule devient plus compliquée; car le centre de gravité ne se trouve plus sur le milieu de la dimension verticale, et la distance entre la fibre extérieure la plus éloignée et la fibre invariable ne peut plus être exprimée en fonction de la hauteur de la section.

Si nous appelons n la distance verticale du centre de gravité o ou la partie du périmètre la plus éloignée, la résistance devient :

$$P = \frac{F}{3} \cdot \left(\frac{a \cdot n^3 - (a-a') \cdot (n-b')^3 + a' \cdot (b-n)^3}{L \cdot (b-n)} \right) \cdot \text{(n}^\circ \text{ 21)}$$

395. *Solide d'égale résistance* (§ 367). — La résistance d'un solide encastré, étant inversement proportionnelle à la distance de l'encastrement au point d'application de la charge, il est évident que la rupture ne peut se faire qu'à ce point, puisque c'est là que la charge agit avec le plus d'intensité. Après avoir déterminé, d'après les formules précédentes, les dimensions qui doivent assurer la sécurité de la construction, on peut, pour diminuer le poids et économiser la matière, diminuer progressivement les dimensions jusqu'à l'extrémité libre. La forme qui remplit le mieux ces conditions est la courbe parabolique. Le tracé en est donné (§ 367).

396. *Bras des roues hydrauliques et des roues d'engrenages.* — Les dimensions de ces bras sont données par la formule :

$$a \cdot b^2 = \frac{b \cdot L \cdot P}{F}, \qquad \text{(n}^\circ \text{ 22)}$$

b désignant l'épaisseur qu'il faut donner, près de l'axe, à la jante; il suffira que l'épaisseur des bras, dans le sens de l'effort exercé, soit les $\frac{4}{5}$ de celle qu'ils auront près de l'axe. La largeur a est égale à $\frac{1}{5}$ ou $\frac{1}{6}$ de b et reste la même dans toute l'étendue des bras.

397. *Dents d'engrenages.* — Les dents des engrenages doivent être considérées comme des solides encastrés, quoique la direction de l'effort soit variable. Pour les dents bien entretenues et dont le cercle primitif n'aura pas une vitesse dépassant $1^m,50$ par seconde, $a = 4b$, en appelant a la largeur de la dent dans le sens de l'axe et b son épaisseur mesurée sur la circonférence primitive; si la vitesse dépasse $1^m,50$, $a = 5b$; si le graissage ne peut pas être bien suivi, $a = 6b$. La saillie des dents, dans le sens du rayon, ne devra pas dépasser $1,5$ de b. (Nous répéterons ici les indications du § 326.)

L'épaisseur b pourrait se calculer par la formule générale; mais, à cause de l'usure, des chocs, du défaut de parallélisme des axes, etc., etc., on a composé des formules particulières pour les engrenages. Le résultat est obtenu en centimètres.

Pour la fonte on a : $b = 0,105 \sqrt{P}$;

Pour le bronze $\quad\quad b = 0,131 \sqrt{P}$;

Pour le bois $\quad\quad\quad b = 0,138 \sqrt{P}$.

P représentant l'effort en kilogrammes.

EXEMPLE. Une roue hydraulique de la force de 25 chevaux, a son rayon de $2^{mt},20$ et une vitesse de 2^{mt}; elle transmet son action à une roue d'engrenage à dents de bois dont le rayon est de $1^{mt},60$. On demande l'effort supporté par les dents et leur épaisseur.

L'effort à la circonférence de la roue hydraulique est mesuré par le travail en kilogrammètres, divisé par la vitesse, ou :

$$\frac{25 \times 75}{2} = 937^{kg},500.$$

Les efforts de la roue hydraulique et de la roue d engre-

nage sont en raison inverse de leurs rayons ; appelant x l'effort cherché, on a

$$x : 937,500 :: 2,20 : 1,60,$$

d'où :
$$x = \frac{937,500 \times 2,20}{1,60} = 1289^{kg}.$$

L'épaisseur b des dents, mesurée sur la circonférence primitive, est :

$$b = 0,145 \sqrt{1289} = 5^{cmt},2 ;$$

comme la roue est mouillée d'eau, la largeur $a = 6b = 31^{cmt},2$ et la saillie des dents est de $7^{cmt},8$.

398. *Solides reposant librement sur des appuis par leurs extrémités, la charge étant placée au milieu.* — Considérons une pièce reposant sur deux points d'appui A et B et chargée à un point C′ également éloigné de A et de B, d'une force P ; cette charge, évidemment, se transmettra également aux points A et B avec des valeurs égales chacune à $\frac{P}{2}$.

Si d'autre part, on considère la même pièce, encastrée à son milieu C′ et supportant à ses extrémités la somme de deux efforts égale à P, chacun d'eux, travaillant avec des bras de levier égaux, a pour valeur $\frac{P}{2}$.

Il est donc indifférent de supposer la charge au milieu et les extrémités étant appuyées, ou le milieu étant appuyé et les extrémités libres ; dans ces deux cas, la résistance devient 4 fois plus forte que si le solide ayant la même longueur était encastré par une seule de ses extrémités. En effet, la puissance P en se répartissant à chaque extrémité devient $\frac{P}{2}$, et, comme elle agit avec un bras de levier moitié moins long, la résistance totale est 4 fois plus forte ; la formule devient :

$$P = \frac{4F . a . b^2}{6L}, \qquad \text{(n° 23)}$$

d'où pour le fer :

$$a \cdot b^2 = \frac{P \cdot L}{400000} \qquad \text{(n° 24)}$$

Dans cette formule et dans les numéros précédents à partir du n° 19, P, est la force exercée, exprimée en kilogrammes ; F, le coefficient de sécurité d'après le tableau page 256 ; a, le plus petit côté de la section de la pièce, en mètres ; b, le plus grand côté ; L, la longueur de la pièce en mètres.

EXEMPLE. Quel poids pourrait supporter une poutre rectangulaire ayant ses extrémités appuyées, et mesurant 4^{mt} de distance entre les points d'appui, les dimensions de son profil étant $0^{mt},382$ et $0^{mt},283$?

$$P = \frac{4F \cdot a \cdot b^2}{6L} = \frac{400000 \, a \cdot b^2}{L} = \frac{400000 \times 0,283 \times (0,382)^2}{4} = 4130^{kg}.$$

399. *Solides ayant les deux extrémités appuyées et la charge étant uniformément répartie.* — Si la charge est uniformément répartie sur la longueur, appelant p la charge par mètre courant, L la longueur du solide, le poids P sera égal à $p \cdot L$; et comme la charge uniformément répartie sur une certaine longueur agit comme la même charge, appuyée sur un seul point avec un levier moitié moindre, le facteur $P \cdot L$ sera remplacé par $\frac{p \cdot L^2}{2}$, et la formule n° 24, devient pour le fer :

$$a \cdot b^2 = \frac{p \cdot L^2}{2 \times 400000} \cdot$$

EXEMPLE. Quelle serait l'épaisseur d'une poutre en chêne appuyée par ses extrémités, distantes de 6^{mt}, et chargée de 1000^{kg} par mètre ayant $a = \frac{5}{7}$? On a d'abord $\frac{5}{7} b \times b = 0,714 \, b^2$,

et :

$$b^2 = \frac{p \cdot L^2}{2 \times 400000 \times 0,714},$$

d'où :

$$b = \sqrt{\frac{1000 \times 36}{800000 \times 0,714}} = 0^{mt},397.$$

400. *Cas où la charge est inégalement distante des points* *d'appui du solide.* — Si la charge, au lieu de se trouver sur le milieu de la longueur de la pièce, se trouvait à une distance l d'un de ses points d'appui et à une distance l' de l'autre, de sorte que $l + l' = L$, on écrirait, pour trouver la charge aux points d'appui x et x' :

$$P : L :: x : l' \text{ pour la première distance,}$$

et :

$$P : L :: x' : l \text{ pour la seconde.}$$

Les pressions seraient $x = \dfrac{P.l'}{L}$ et $x' = \dfrac{P.l}{L}$. On devrait considérer le solide comme encastré au point d'application de la force P, et les extrémités comme sollicitées par les deux forces x, x'. Remplaçant dans la formule, P par $\dfrac{P.l'}{L}$ et L par l, et en donnant à a et à b la même désignation que dans la formule n° 24, on a :

$$\text{Section rectangulaire : Bois.... } a.b^2 = \frac{P.l.l'}{100000\ L},$$
$$\text{Id.}\qquad \text{Fer .... } a.b^2 = \frac{P.l.l'}{1000000\ L}, \qquad \text{(n° 26)}$$
$$\text{Id.}\qquad \text{Fonte.. } a.b^2 = \frac{P.l.l'}{1250000\ L}.$$

Pour les sections carrées, on remplace $a.b^2$ par b^3. Pour les sections circulaires, on a, en réduisant les facteurs numériques :

$$\text{Bois.....} \quad D^3 = \frac{P.l.l'}{58905\ L},$$
$$\text{Fer......} \quad D^3 = \frac{P.l.l'}{589050\ L}, \qquad \text{(n° 27)}$$
$$\text{Fonte.....} \quad D^3 = \frac{P.l.l'}{736310\ L}.$$

Exemple I. Trouver le côté du carré d'un arbre en fer, d'une longueur de $2^{mt},40$, supportant un effort de 1200^{kg}, agissant à des distances $l = 0,60$ et $l' = 1,80$ des points d'appui ?

$$b = \sqrt[3]{\frac{1200 \times 0,60 \times 1,80}{1000000\ L}} = 0^{mt},0814,$$

EXEMPLE II. Quelle est la charge que peut supporter un arbre en fer forgé de $1^{mt},50$ de longueur, de $0^{mt},061$ de diamètre, cette charge agissant à 0,70 et 0,80 des points d'appui ?

$$D^3 = \frac{P.l.l'}{589050\ L} \quad \text{donne} \quad P = \frac{(0^{mt},061)^3 \times 589050 \times 1,50}{0,70 \times 0,80} = 360^{kg}.$$

Arbres cylindriques creux, en fonte. — 1° La charge au milieu de la longueur :

$$D^3 - d^3 = \frac{P.L}{368000}.$$

D est le diamètre de l'arbre même et d le diamètre de la partie creuse.

2° La charge agissant à des extrémités l et l' des points d'appui :

$$D^3 - d^3 = \frac{P.l.l'}{368000\ L}. \qquad\qquad \text{(n° 29)}$$

3° La charge étant répartie par moitié sur deux points situés à une même distance l des points d'appui :

$$D^3 - d^3 = \frac{P.l}{368000}. \qquad\qquad \text{(n° 30)}$$

4° La charge étant répartie sur une longueur égale à 2C dans le sens de l'axe, le milieu de 2 C se trouvant à des distances l et l' des points d'appui :

$$D^3 - d^3 = \frac{P.\left(\dfrac{l.l'}{C} - \dfrac{C}{2}\right)}{368000}. \qquad\qquad \text{(n° 31)}$$

Solides encastrés par les deux extrémités. — Dans ce cas, la formule pour le fer devient :

$$a.b^2 = \frac{P.L}{8000000} \qquad\qquad \text{(n° 32)}$$

car la résistance est 8 fois plus forte que pour un solide encastré par une seule extrémité.

REMARQUE. Lorsque le poids p des pièces dont on calcule les dimensions est assez considérable, il faut en tenir compte : dans ce cas, si la charge agit en un seul point, la formule, pour le fer, est ainsi modifiée, en prenant pour exemple le cas du solide appuyé par ses extrémités et chargé au milieu de sa longueur (n° 24) :

$$a.b^2 = \frac{\left(P \times \frac{p.l}{2}\right).L}{1000000}. \qquad (\text{n}° \ 33)$$

Dans le cas des charges uniformément réparties, il faudrait ajouter le poids de la pièce à la charge P.

Résistance au cisaillement.

401. La résistance au cisaillement se dit de l'obstacle que présentent les molécules d'un corps métallique ou de toute autre nature à l'effort transversal qui tend à faire une section perpendiculairement à la longueur, proche du point d'appui du corps. Les cisailles qui coupent une feuille métallique, la poinçonneuse qui y perce des trous, la force qui tend à désunir deux feuilles de tôle assemblées par des rivets, exercent des efforts de cisaillement.

On peut considérer une force de cisaillement comme une force de flexion dont le levier serait zéro.

Le coefficient de résistance au cisaillement a été trouvé de 0,70 en moyenne de celui de la résistance à la traction, mais dans les formules, pour avantager la puissance, on la considère comme y étant égale.

Les expériences de M. Fairbairn ont donné la résistance de deux feuilles de tôle assemblées par un seul rang de rivets, égale à 29^{kg},67. Avec deux rangées de rivets disposés en quinconce, on a trouvé 38^{kg},33, c'est-à-dire à peu de chose près la résistance de la tôle elle-même.

402. *Effort exercé par une cisaille.* — La résistance totale offerte par un corps soumis à un effort de cisaillement est évidemment proportionnelle, 1° à l'épaisseur du corps, 2° à l'étendue de la partie entamée, c'est-à-dire à la longueur du tranchant de l'outil, 3° à la résistance moléculaire du corps.

Si le tranchant de l'outil est horizontal, ce qui arrive lorsqu'on veut diminuer les chances de rupture, on a R la résistance $= F.a.b$ en appelant F le coefficient de rupture, a l'épaisseur du corps et b la longueur du tranchant.

Si le tranchant de l'outil est incliné avec l'horizon, et qu'on désigne par h la projection verticale de ce plan incliné; la cisaille, pour le même travail devra parcourir en sus de l'épaisseur a de la tôle la hauteur h. Or, comme les efforts sont en raison inverse des chemins parcourus, on a en appelent R' la nouvelle résistance.

$$R : R' :: a + h : a; \text{ d'où } R' = \frac{R.a}{a + h}.$$

Remplaçant R par sa valeur $F.a.b$, on a :

$$R' = \frac{F.b.a^2}{a + h}. \qquad (n° \ 34)$$

Exemple. Soit à couper une feuille de tôle ayant 1^{cmt} d'épaisseur, avec une cisaille ayant 20^{cmt} de longueur; dans ce cas,

$$R = F.a.b = 3400 \times 1 \times 20 = 68000^{kg},$$

et

$$R' = \frac{F.b.a^2}{a + h}.$$

En supposant h égal à 4^{cmt} on a :

$$R = \frac{3400 \times 20^{cmt} \times 1^{cmt2}}{5^{cmt}} = 13600^{kg}.$$

403. *Effort exercé par une poinçonneuse.* — Désignant par a l'épaisseur de la tôle égale à $1^{cmt},5$, par D le diamètre égal à $2^{cmt},5$, le poinçon étant plat, on a

$$R = F.\pi.D.a = 3400 \times 3,14 \times 2,25 \times 1,5 \text{ ou } 40035^{kg}.$$

Résistance à la torsion.

404. *Force de torsion.* — Lorsque l'arbre de couche d'une machine est en mouvement, il est soumis à deux efforts qui agissent en sens contraire, tangentiellement à sa surface : l'un est la force qui le met en mouvement; l'autre, égal au premier, est la résistance à vaincre. L'obstacle que les molécules opposent à ce double effort est appelé résistance à la torsion.

Un arbre est souvent soumis aux efforts combinés de torsion et de flexion; dans des cas pareils, c'est au plus considérable des deux qu'on oppose la résistance.

Expression de la résistance à la torsion. — Les molécules d'un corps soumis à un effort de torsion subissent deux sortes de déplacement, l'un dans le sens des fibres, c'est-à-dire parallèle à l'axe, l'autre dans le plan de l'action, c'est-à-dire perpendiculairement à l'axe : dans ce dernier cas les molécules placées sur une même génératrice, sont déplacées en quantités décroissantes à partir du point d'application de la force, de manière à figurer une courbe hélicoïdale ; de sorte qu'après avoir subi un effort de torsion, la génératrice a pris une nouvelle position ; l'angle formé par les deux positions de cette génératrice avant et après la torsion, est appelé *angle de torsion.*

L'angle de torsion dépend de la longueur de l'arbre ; mais des expériences ont prouvé que cet angle, et par conséquent la longueur de l'arbre, n'avait aucun rapport avec la résistance à la rupture ; c'est dans le déplacement moléculaire parallèle à l'axe que nous trouverons les éléments de cette résistance.

Des expériences ont démontré, en outre, que le déplacement moléculaire avait son maximum à la circonférence et allait en diminuant jusqu'au centre où il était nul ; toutes les molécules situées sur l'axe sont donc invariables.

On a aussi constaté que la rupture des arbres soumis à la torsion avait toujours lieu près du point d'application de la force. Si nous considérons deux tranches voisines, *cd, ab* (*fig.* 6 *pl.* 19), entre lesquelles cette séparation doit s'effectuer, mais assez proches l'une de l'autre pour qu'une molécule placée en *c* puisse venir en *a* sous l'influence de la torsion, le déplacement moléculaire *ac* va en diminuant jusqu'au point *o* où il est nul ; on peut supposer rationnellement que la résistance développée est proportionnelle au déplacement. Si $ca = t$ représente la résistance à la circonférence, les hachures du triangle, *aoc* représenteront les résistances successives pour les rayons correspondants ; la somme des forces moléculaires dans un plan passant par l'axe, sera donc mesurée par la surface du triangle et celle des forces développées dans toute la section sera représentée par un solide de révolution ayant pour générateur le triangle *aoc*. L'expression du solide est la surface du triangle multipliée par le cercle de rayon r que décrit son centre de gravité, c'est-à-dire par

$$\frac{t \cdot r}{2} \times 2\pi \frac{2}{3} r = \frac{2}{3} \pi . t . r^2.$$

Le bras de levier avec lequel agit la somme de ces résistances, est égal aux 2/3 du rayon, et en remplaçant r par sa valeur en fonction du diamètre D cette expression $= 0{,}52 . t . D^3 \times \frac{D}{3}$; appelant P, la puissance, et on bras de levier, ou a :

$$P.R = 0{,}52 . t . D^3 \times \frac{D}{3} ; \quad \text{d'où } t = \frac{P.R}{0{,}17 D^3}.$$

Or, on a trouvé expérimentalement que t est égal à 2 fois la résistance à la traction, pour la fonte, et 1,66 pour le fer et l'acier : on a donc, en appelant C, le coefficient du corps, soit pour la rupture, soit pour agir en sécurité

$$D^3 = \frac{P.R}{0{,}34 . C} \text{ pour la fonte,} \qquad (\text{n}^\circ\ 35)$$

$$D^3 = \frac{P.R}{0{,}17 \times 1{,}66 \times C} \text{ pour le fer et l'acier. } (\text{n}^\circ\ 36)$$

Telle est la formule théorique pour la résistance à la torsion ; mais les dimensions des tourillons sont calculées par des formules pratiques qui donnent des dimensions bien plus considérables.

105. *Formule pratique de la résistance à la torsion.* — Le diamètre des tourillons étant proportionnel à la force du moteur, et inversement proportionnel à la vitesse de l'arbre, on a, en appelant

D, le diamètre en centimètres,

F, la quantité d'action transmise par l'arbre dans une minute, en kilogrammètres,

K, un coefficient variable,

V, le nombre de tours par minute,

$$D^3 = \sqrt[3]{\frac{F}{V} \times K}. \qquad (\text{n}^o\ 37)$$

406. Pour la fonte, la valeur de K varie de 1,10 à 1,86, et moyennement 1,60 ; avec des vitesses variables, mais sans choc. Il est prudent, toutefois, de ne pas descendre au-dessous de 1,25. Avec des chocs considérables on pourrait atteindre 2,3.

Pour le fer, la limite maxima, avec du fer de qualité inférieure, est de 1,03. Avec des matériaux de bonne qualité et suivant le genre de travail de la machine, on peut faire varier K de 0,760 à 0,405.

Pour des transmissions non soumises à des chocs, K varie de 0,50 à 0,35.

Exemple. Soit proposé de trouver le diamètre des tourillons de l'arbre de couche d'une machine de bateau à vapeur de 30 chevaux, faisant 25 tours par minute.

Supposant le fer de bonne qualité, ce qui a généralement lieu pour les arbres de ce genre, on prendra néanmoins K = 0,760, son maximum, car un arbre moteur est exposé à de violents chocs. Nous avons, en réduisant les chevaux en kilogrammètres (§ 288) :

$$D = \sqrt[3]{\frac{30 \times 75 \times 60}{25}} \times 0,760 = 16^{cm}.$$

Épaisseur des murs.

407. La solidité d'un mur dépend de sa stabilité, de la résistance du terrain sur lequel il est bâti et de la résistance des matériaux avec lesquels il est construit ; cette dernière résistance se compose de la qualité des matières et du soin avec lequel elles ont été assemblées. Pour obtenir la stabilité, il faut que la verticale passant par le centre de gravité du mur (§ 282), passe par un des points de sa base ; sans cette condition, son poids tendrait à le faire tourner sur une des arêtes de sa base. De plus, pour peu que le terrain soit compressible, il faut que la projection du centre de gravité se confonde avec le centre de figure de la base, car la pression étant plus forte du côté où la verticale pencherait vers la base, le mur tendrait encore à tourner.

Les combles et les poutres qui s'appuient sur les murs tendent à les renverser ; on augmente la résistance, en donnant aux murs du côté opposé à la poussée, un léger talus appelé *fruit*, ou une plus grande épaisseur à la base qu'on nomme *empâtement*. L'empâtement a encore pour but, en augmentant la surface de la base, de diviser la force de poussée, et par conséquent de diminuer la pression sur le terrain.

Le terrain lui-même doit offrir une certaine résistance qu'on obtient par le tassement produit, soit par pression avec un rouleau, soit par percussion à l'aide du mouton. La résistance du terrain doit être rendue uniforme ; dans le cas contraire, la solidité du mur est compromise par les lézardes qui apparaissent lorsque le mur travaille inégalement.

408. La largeur des fondations est de 1/4, 1/3, 1/2 en sus de celle du mur. On doit considérer pour la déterminer, la poussée horizontale, et la nature du terrain ; quelquefois, les fondations reposent sur un lit de madriers, pour augmenter l'assise. La profondeur dépend de la distance à laquelle on trouve le bon terrain, mais, le moins qu'on puisse y donner est $0^{mt},50$, même lorsque le sol est très solide.

409. La stabilité d'un mur, qui augmente avec l'épaisseur, diminue à mesure que la hauteur augmente, car le centre de gravité s'éloigne du plan horizontal. L'épaisseur dépend donc de la hauteur pour les murs isolés ; le rapport entre les deux grandeurs varie de 1/8 à 1/12.

410. Les murs d'habitation se soutenant mutuellement, ont un rapport entre la hauteur et l'épaisseur moindre que de 1/8 à 1/12.

De nombreuses expériences ont fait estimer au 1/24 de leur distance d'axe en axe l'épaisseur minima de deux murs d'habitation parallèles. En appelant D la distance entre axes de deux murs de face, h leur hauteur, on a pour les corps de logis simples, e étant l'épaisseur :

$$e = \frac{D + \frac{h}{2}}{24}. \qquad (\text{n}^\text{o}\ 38)$$

Pour un bâtiment double, c'est-à-dire divisé par un mur parallèle aux murs de face,

$$e = \frac{\frac{D}{2} + \frac{h}{2}}{24}, \qquad (\text{n}^\text{o}\ 39)$$

et pour les murs intermédiaires ou de refend, en appelant d la largeur de ce mur et h sa hauteur,

$$e = \frac{d + h}{36}. \qquad (\text{n}^\text{o}\ 40)$$

D'après des observations pratiques, et d'après les formules des n°s 38 à 40, on a dressé le tableau suivant :

TABLEAU DE L'ÉPAISSEUR A DONNER AUX MURS

GENRE DE CONSTRUCTION.	DÉSIGNATION des PARTIES DES MURS.	ÉPAISSEUR DES MURS		
		DE FACE.	MITOYENS.	DE REFEND.
		mt	mt	mt
Maisons particulières........	Aux fondations...	0,75 à 1,00	....	0,70 à 0,85
	Au niveau du sol des caves......	0,55 à 0,80	....	0,50 à 0,65
	Au niveau du rez-de-chaussée. ..	0,50 à 0,65	0,43 à 0,54	0,35 à 0,40
	Au-dessus du 1er étage...........	0,45 à 0,55	»	»
	Au-dessus du 2e étage...........	0,40 à 0,50	....	0,30 à 0,35
	Au-dessus du 3e étage...........	0,32 à 0,40	....	0,25 à 0,30
Bâtiments plus considérables que les maisons d'habitation.......	....	0,65 à 1,00	0,55 à 0,65	0,40 à 0,55
Édifices avec voûtes au rez-de-chaussée.......	....	1,20 à 2,50	1,00 à 1,50	0,70 à 1,20

411. *Exemples de calcul des murs.* — EXEMPLE I. Quelle doit être l'épaisseur des murs d'un corps de logis simple, ayant un rez-de-chaussée de 6 mètres de hauteur et de 10 mètres de largeur ? La formule n° 38 est

$$e = \frac{D + \dfrac{h}{2}}{24} = \frac{10 + 3}{24} = 0^{mt},54.$$

EXEMPLE II. Quelles sont les épaisseurs des murs de face d'un bâtiment double, à 3 étages, le rez-de-chaussée ayant 5^{mt}, le premier étage 3^{mt}, le deuxième étage 3^{mt}, et le troisième $2^{mt},50$ compris les épaisseurs des planchers ; la largeur étant de 12^{mt}?

La formule $e = \dfrac{\dfrac{D}{2} + \dfrac{h}{2}}{24}$ du n° 40 donne,

$$\text{pour le rez-de-chaussée,} \quad e = \frac{\frac{12}{2} + \frac{13,50}{2}}{24} = 0,53\,;$$

$$\text{pour le premier étage,} \quad e = \frac{\frac{12}{2} + \frac{8,50}{2}}{24} = 0,44\,;$$

$$\text{pour le deuxième étage,} \quad e = \frac{\frac{12}{2} + 5,50}{24} = 0,36\,;$$

$$\text{pour le troisième étage,} \quad e = \frac{\frac{12}{2} + \frac{2,50}{2}}{24} = 0,30.$$

Pans de bois, cloisons, planchers et combles.

412. Lorsqu'on remplace un mur par un pan de bois hourdé en plâtré et ravalé des deux côtés pour ne former qu'une seule pièce, on lui donne la moitié de l'épaisseur que, d'après les règles, le mur devrait avoir. Pour un pan de bois, élevé de trois ou quatre étages, l'épaisseur est généralement de 20 à 25^{cmt}. Lorsque des cloisons intérieures portent plancher, les poteaux d'aplomb doivent avoir une épaisseur égale à 1/12 de leur hauteur; les décharges et les sablières sont de 27^{mmt} plus épaisses et plus larges. Si la longueur de la cloison est dans le même sens que les solives, une seule solive supporte tout le poids de la cloison; il faut alors placer des décharges qui reportent une partie de ce poids aux extrémités de la pièce de bois, ou sur les murs.

Pour une cloison légère qui ne porte pas de plancher, le quart de l'épaisseur du mur remplacé suffit.

413. *Planchers.* — Les principales pièces de la charpente d'un plancher sont les solives, les poutres, et, dans certains cas, les lambourdes.

On espace les solives de 0^{mt},33 d'axe en axe en faisant la hauteur égale à deux fois la largeur; quelquefois on fait cette hauteur trois fois la largeur avec 0^{mt},30 de vide.

TABLEAU DES DIMENSIONS DES DIFFÉRENTES PIÈCES DE PAN DE BOIS.

	ÉPAISSEUR.	ÉQUARRISSAGE.
	mt	mt
Pans de bois des façades de (3mt,90).	0,217 à 0,244	»
Poteaux corniers et poteaux de fond.	....	0,244 à 0,271
Poteaux d'étrivières................	....	0,217 à 0,244
Sablières (hautes et basses)..........	....	0,217 à 0,244
Poteaux d'huisserie.................	....	0,189 à 0,217
Poteaux de remplage................	....	0,162 à 0,217
Écartement des poteaux de remplage.	....	0,271 à 0,225
Guettes, décharges, croix St-André.	....	0,162 à 0,217
Tournures et potelets...............	....	0,135 à 0,217
Pans de bois intérieurs ou cloisons de 3mt,90...................	0,162	»
Pans de bois intérieurs, ou cloisons au-dessus de 3mt,90............	0,189	»
Poteaux portant planchers..........	....	0,135 à 0,162
Poteaux ne portant pas planchers...	....	0,108 à 0,135
Cloisons de refend ou en porte-à-faux........................	....	0,081 à 0,135

D'après Rondelet, les solives doivent être espacées d'un vide égal au plein, la hauteur étant deux fois la largeur, et cette hauteur étant le 1/24 de la longueur. Les poutres devraient avoir le 1/18 de leur longueur comme équarrissage, et être distancées de 3mt,50 à 4mt.

L'ingénieur anglais Tredgold donne la formule suivante pour calculer les dimensions des poutres et des solives :

$$h = \mathrm{K} = \sqrt{\frac{\mathrm{L}^2}{b}}, \qquad (\text{n}^\circ\ 41)$$

dans laquelle h est la hauteur transversale, b la base ou largeur, L la portée de la pièce, et K un coefficient variable dont les différentes valeurs sont :

Planchers simples, à un seul rang de solives b ne pouvant être inférieur à 0mt,05 :

Bois de sapin $\mathrm{K} = 0,0363$

Bois de chêne $\mathrm{K} = 0,0376.$

Planchers assemblés :

1ᶜ Pour les poutres principales ayant au plus 3^{mt} de distance :

Bois de sapin   K = 0,0688.

Bois de chêne   K = 0,0711.

2° Pour les petites poutres assemblées aux poutres principales, et ayant au plus 1^{mt},30 à 2^{mt} de distance :

Bois de sapin   K = 0,0560.

Bois de chêne   K = 0,0578.

Les dimensions des solives sont les mêmes que pour les planchers simples.

Au lieu d'avoir les solives scellées dans les murs, on les fait supporter quelquefois par une pièce de bois encastrée de moitié dans les murs, appelée lambourde. Les lambourdes sont soutenues de distance en distance par des corbeaux en fer; lorsqu'elles sont assemblées à queue d'hironde avec les solives, le système a une grande solidité.

La dimension verticale des solives étant 1, la dimension correspondante des lambourdes est 1,5 et la largeur 1.

414. *Combles.* — On appelle comble la charpente qui termine la hauteur d'un bâtiment et qui en supporte la toiture. Cette charpente se compose d'un certain nombre de fermes (*fig. 4, pl.* **19**), placées à 3 ou 4^{mt} les unes des autres et sur lesquelles sont fixées, dans le sens de la longueur du bâtiment, de longues pièces de bois *a, a,* nommées pannes, distantes de 2^{mt} à 2^{mt},30, et sur lesquelles reposent les chevrons, les lattes et la couverture.

Les fermes se composent de deux pièces de bois inclinées *b, b,* appelées *arbalétriers,* qui sont assemblées à la partie supérieure d'une pièce de bois *c* verticale, appelée *poinçon,* et, dans le bas, sur une pièce de bois horizontale *d* appelée *entrait* ou *tirant.* D'autres pièces de bois, les contre-fiches *f* et les jambettes *j,* fortifient les arbalétriers. Quand on veut établir des mansardes, le poinçon repose sur un entrait retroussé *h,* au lieu de descendre jusqu'au tirant *d;* il est fortifié alors par des esseliers *k*. Les chevrons *m* se prolongent d'un côté jusqu'au faîte *l*, pièce de bois qui termine la charpente, et de l'autre jusqu'aux *sablières m'*.

L'effort P auquel doivent résister les différentes parties d'un comble, un arbalétrier, par exemple, se compose : 1° du poids des matières qu'il supporte ; 2° du poids accidentel de la neige ; 3° de la pression des vents. Le tableau suivant indique les quantités avec les inclinaisons, suivant les matières employées.

TABLEAU DE L'INCLINAISON A DONNER AUX TOITS.

NATURE DE LA COUVERTURE.	INCLINAISON DU TOIT sur L'HORIZON.	POIDS DU MÈTRE CARRÉ DE COUVERTURE (Bois non compris).	CUBE DU BOIS par MÈTRE CARRÉ.	POIDS MAXIMUM DE LA NEIGE par m. car.	PRESSION MAXIMUM DU VENT, le toit faisant un angle de 42o avec SA DIRECTION.
		kl.	mt.	kl.	kl.
Tuiles plates à crochet.	45o à 33o	60	0,054	50	93
Tuiles creuses maçon-nées..................	31o à 27o	136	0,068	»	en supposant la vitesse du vent de 30mt par seconde.
Tuiles creuses posées à sec...................	27o à 21o	75 à 90	0,058	»	
Ardoises..............	45o à 33o	38	0,056	»	
Zinc no 14, et tôle gal-vanisée...............	21o à 18o	8,50	0,042	»	

Les formules pour les arbalétriers, en remarquant que la pièce est appuyée par ses extrémités et la charge uniformément répartie, devient, en appelant *l* la demi-portée de la ferme :

$$a \cdot b^2 = \frac{P \cdot l}{700000},$$

en effectuant, $a \cdot b^2 = 0,00000107 P \cdot l$, en prenant 700000 pour coefficient de flexion. Pour le tirant ou entrait, travaillant par traction, en appelant *m* la hauteur de la ferme et prenant 0,06000001 pour coefficient,

$$a \cdot b = 0,000000833 \, P \cdot \frac{l}{m}.$$

TABLEAU DES DIMENSIONS DES DIFFÉRENTES PARTIES DES FERMES.

DÉSIGNATION du genre DE FERMES.	LONGUEUR DANS OEUVRE.	CIRCUIT NE PORTANT PAS PLANCHER.	CIRCUIT PORTANT PLANCHER.	ENTRAIT RETROUSSÉ.	JAMBES DE FORCE.	ARBALÉTRIERS.	POINÇONS.	ESSELIERS.	JAMBETTES.	CONTRE-FICHES.	FAITES.	PANNES.	SABLIÈRES.	CHEVRONS.
	mt.	mt.	mt.	mt.	mt.	mt.	mt.	mt.	mt.	mt.	mt.	mt.	mt.	mt.
Ferme simple..........	6,00	0,27	0,32	»	»	0,22	0,19	»	0,16	0,16	0,19	0,19	0,23	0,09
	9,00	0,33	0,40	»	»	0,26	0,24	»	0,19	0,19	0,20	0,20	0,25	0,10
	12,00	0,40	0,47	»	»	0,32	0,30	»	0,21	0,21	0,22	0,22	0,28	0,11
Ferme à entrait	6,00	»	0,42	0,21	»	0,22	0,19	0,19	0,15	0,15	0,19	0,19	0,23	0,09
Retroussé et arbalétrier..	9,00	»	0,52	0,27	»	0,26	0,24	0,24	0,18	0,18	0,20	0,20	0,25	0,10
Allant du faîte au tirant.	12,00	»	0,63	0,33	»	0,32	0,30	0,30	0,22	0,22	0,22	0,22	0,28	0,11
Ferme avec entrait... ...	6,00	»	0,42	0,21	0,24	0,18	0,19	0,19	0,14	0,14	0,19	0,19	0,23	0,09
Retroussé et jambes de forces..............	9,00	»	0,52	0,27	0,12	0,22	0,24	0,24	0,16	0,16	0,20	0,20	0,25	0,10
	12,00	»	0,63	0,33	8,35	0,22	0,30	0,30	0,18	0,18	0,22	0,22	0,28	0,11

CINQUIÈME PARTIE

Moulins à vent. — Machines soufflantes. — Scieries mécaniques.

415. Les mouvements de l'air ou de l'atmosphère donnent la force motrice aux machines dont il est question ci-après, ou bien ces machines sont destinées à imprimer à un certain volume d'air une vitesse déterminée.

La nature, la température et la pesanteur de l'air ne sont pas des éléments dont la variation soit d'une influence appréciable dans les résultats pratiques des machines ayant pour principe moteur la force de l'air. Les *vents* sont dus à ce que certaines parties de l'atmosphère, en se dilatant par la chaleur ou en se contractant par le refroidissement, ne peuvent plus se tenir en équilibre dans la masse atmosphérique et se mettent en mouvement, jusqu'à ce que cet état d'équilibre soit retrouvé.

416. Il est quelquefois utile de mesurer la vitesse d'un courant d'air et de connaître la pression qu'il exerce sur une surface donnée ; on y parvient à l'aide d'instruments dits anémomètres. La figure 3 du texte donne la disposition de l'anémomètre inventé par M. J. Salleron.

Un arbre vertical est terminé, à sa partie inférieure, par une douille conique qui permet de fixer l'appareil à l'extrémité d'un mât plus ou moins élevé ; l'autre extrémité supporte quatre rayons horizontaux terminés chacun par une demi-sphère creuse a, a', a'', a''' ; la partie concave de l'une quelconque des demi-sphères, regarde la partie convexe de la suivante : de cette manière, le vent, quelle que soit sa direction, rencontre toujours les faces concaves de deux des demi-sphères et les faces convexes des deux autres ; mais l'action exercée sur les premières étant plus grande, le moulinet prend un mouvement de rotation autour de son axe. Le nombre de tours du moulinet est toujours proportionnel à la vitesse du vent, quelle que soit cette vitesse. Dans l'instrument Salleron, le chemin parcouru par le centre d'une demi-sphère est trois fois plus petit que celui que parcourt le vent dans un même temps, et comme la longueur de la circonférence décrite par une demi-sphère pendant un tour entier, est de 1^{mt},46,

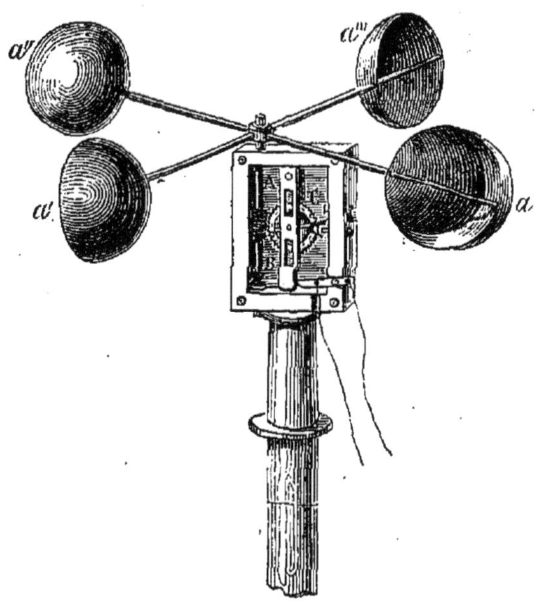

Fig. 3.

Il s'ensuit que pour chaque tour fait par le moulinet, il y a un chemin parcouru égal à 1^{mt},66 $\times$ 3 = 4^{mt},98, soit 5^{mt} en nombre rond. L'unité de temps employée est habituellement la *seconde* pour la vitesse du vent, et pour la vitesse du moulinet, c'est la *minute* ; dès lors, si le moulinet fait 84 tours par minute, le vent aura une vitesse de $\dfrac{84 \times 5}{60}$ = 7^{mt} par seconde, vitesse qui est la plus convenable aux moulins.

La partie de l'appareil destinée à enregistrer le nombre de révolutions fait par les boules, consiste en une boîte que traverse verticalement l'axe AB du moulinet et où se trouve une roue dentée C que fait tourner la vis sans fin, taillée sur l'axe AB. La roue porte 200 dents et chaque fois que le moulinet fait un tour entier, elle avance d'une dent, d'où il suit qu'un tour entier de cette roue correspond à 200 tours de moulinet. A la surface de la roue se trouve une petite goupille de platine, rivée en saillie, et qui, à chaque révolution complète de la roue, vient rencontrer un ressort fixé à la boîte ; de celui-ci partent deux fils métalliques qui se rendent à l'enregistreur, installation composée d'un mouvement d'horlogerie et d'électro-aimants dont la communication avec la pile qui les aimante est établie ou interrompue suivant que la goupille de platine touche le ressort ou le quitte ; par ce moyen, un crayon traceur vient s'appliquer sur un papier à chaque tour fait par la roue ; il y laisse des marques apparentes dont le nombre sert à calculer la vitesse du vent avec les éléments que nous avons indiqués et qui sont fournis par les données mêmes de l'instrument : le diamètre de la circonférence décrite par les boules et le rapport de la vitesse de celles-ci avec celle du vent.

417. C'est à l'aide d'un appareil de ce genre et d'une toile bien tendue recevant directement la poussée du vent pour la transmettre à un dynamomètre (§ 271) convenablement disposé, qu'on est parvenu à trouver expérimentalement les nombres du tableau ci-dessous.

TABLEAU *des pressions exercées par le vent à différentes vitesses contre une surface d'un mètre carré, choquée directement.*

DÉSIGNATION DES VENTS.	VITESSE EN KILOMÈTRES par heure.	VITESSE EN MÈTRES par seconde.	PRESSION EXERCÉE sur UN MÈTRE CARRÉ.
	kl.	mt.	kl.
Vent faible......................	7,20	2,00	0,54
Vent frais ou brise (tend bien les voiles)..	21,60	6;00	4,87
Vent le plus convenable aux moulins.	25,20	7,00	6,64
Bon frais (convenable pour la marche en mer)......................	32,40	9,00	10,97
Grand frais (fait serrer les hautes voiles)......	43,20	12,00	19,50
Vent très-fort....................	54,00	15,00	30,47
Vent impétueux..........	72,00	20,00	54,16
Tempête.......................	86,40	24,00	78,00
Tempête violente........	108,18	30,05	122,28
Ouragan..........	130.14	36,15	176,06
Grand ouragan....	163.08	45,30	277,87

417 *a*. La mesure exacte des déplacements de l'air a une importance de premier ordre dans les questions de ventilation, d'aération, etc. Dans ces cas on fait usage de l'anémomètre à cadran des frères Richard. Un moulinet d'aluminium extrêmement léger pouvant tourner sous l'impulsion d'un vent très faible, est monté sur un axe muni d'une vis sans fin qui, au moyen d'une roue dentée transmet le mouvement à un compteur. Celui-ci est tenu à la main, ce qui permet d'exposer facilement le moulinet à l'action normale du vent.

Les observations sur la vitesse de l'air en mouvement, lorsqu'il s'agit des courants de ventilation dans les différentes parties d'une habitation, ou dans les théâtres, les dortoirs, les salles d'étude, doivent être faits avec une certaine exactitude qui dépend : 1° de la sensibilité de l'anénomètre; 2° de l'exposition de l'instrument dans l'axe de la direction du courant d'air; 3° d'une durée de temps suffisante pour tenir compte des variations de la vitesse; 4° de la direction et de la vitesse du mouvement de l'air, au dehors du bâtiment où se trouvent les habitations ou les salles qui sont en cause.

Le moyen le plus simple pour placer l'anémomètre dans le lit du courant, c'est d'observer la direction de la flamme d'un certain nombre de bougies placées aux ouvertures par lesquelles les courants arrivent ou sortent du lieu où l'on expérimente.

417 *b*. Les machines à air sont celles que l'air comprimé met en mouvement, ou qui sont mues par la différence entre la pression atmosphérique qui agit sur la face d'un piston établi à frottement étanche dans un cylindre, et la pression, diminuée par la raréfaction de l'air obtenue de l'autre côté du piston, par une pompe qui aspire ce gaz.

Pour comprimer l'air, il faut un moteur ; celui-ci dépensera un travail plus grand que celui que pourra réaliser la machine à air comprimé. Ce moyen n'est donc applicable que dans les circonstances où la force motrice disponible ne coûte rien ou fort peu et qu'elle ne peut pas être utilisée directement, comme par exemple au moyen d'une roue hydraulique (voir au 3ᵉ volume, la 7ᵉ partie *Machines à vapeur*, les indications numériques sur les machines à air comprimé).

Les machines motrices, dites *atmosphériques* ou à pression de l'atmosphère, exigent un moteur pour la pompe qui fait le vide du côté d'un piston, ou tout au moins qui raréfie l'air lorsque l'atmosphère agit de l'autre côté. Si le vide était parfait, le piston serait poussé par une pression de 1ᵏ,033 sur chaque surface d'un centimètre carré. Mais, le vide relatif occasionne, au plus, une pression de 950ᵍʳ. Il faut donc de très grands pistons pour obtenir un travail de quelques chevaux de force, disponible sur l'arbre de la machine. On a renoncé définitivement à la machine *motrice* atmosphérique, mais on applique avec succès la pression naturelle de l'air libre dans des appareils simples comme c'est le cas pour le transport des lettres au moyen du système dit *pneumatique* établi à *Paris-souterrain :* dans un tube de longueur continue, se meut une *boîte-piston* où sont renfermées les lettres à transporter des machines à vapeur fixes établies de distance en distance font mouvoir des pompes qui raréfient l'air du côté où la boîte-piston doit marcher ; l'autre côté est mis en communication avec l'air libre qui pousse ainsi avec vitesse le piston dont les arrêts ont lieu dans le sous-sol des différents bureaux de poste.

L'air chauffé se dilate et exerce alors une pression contre les parois du vase où il est renfermé. Sur ce principe, on a construit des machines dites à air chaud, ou air chauffé. L'air, dans ce cas joue un rôle très analogue à celui de la vapeur d'eau dans les machines dites à vapeur ; mais cette dernière, outre qu'elle peut donner très facilement de très grandes pressions par unité de surface, elle restitue par la condensation une partie notable de la chaleur dépensée à transformer l'eau en vapeur (voir au 3e volume, 6e partie, paragraphes 624, 638, 639). (Voir également, dans le même volume, les indications sur les moteurs à air.)

MACHINES MUES PAR LE VENT

Par M. A. Dinée.

MOULINS A VENT.

418. *Emploi du vent comme force motrice.* — Le vent frappant perpendiculairement une surface plane, exerce sur elle une pression d'autant plus forte, que sa vitesse est plus grande. La vitesse du vent la plus convenable aux moulins, est celle de 7^{mt} par seconde, qui donne sur 1^{mt2} de surface choquée une pression de $6^{kg},640$. Lorsque la vitesse du vent descend à 4^{mt}, elle n'exerce plus qu'une pression de $2^{kg},170$ par mètre carré, ce qui n'est plus suffisant pour moudre le blé. Au-dessus de 8^{mt}, on doit diminuer progressivement l'étendue de la toile.

419. *Moulins à vent.*— Les conditions du meilleur établissement d'un moulin à vent en ce qui concerne les ailes, sont les suivantes :

1° La longueur de l'aile doit être comprise entre 10 et 12^{mt}.

2° Si l'aile est rectangulaire, sa largeur doit être égale au 1/5 ou au 1/6 de la longueur; si elle a la forme d'un trapèze, le grand côté, c'est-à-dire celui qui forme l'extrémité supérieure, est le 1/3 de la longueur et est égal à 1,6 fois le petit côté.

3° L'effort exercé sur l'aile est le mieux utilisé lorsque celle-ci est une surface gauche dont les génératrices extrêmes font avec la direction du vent ou l'axe de l'arbre des angles de 72 et 83°, cette dernière inclinaison étant mesurée à l'extrémité de l'aile.

4° Les deux grands côtés du rectangle ou du trapèze, sont réunis entre eux par des échelons sur lesquels vient s'appliquer la toile; le plus rapproché de l'axe de rotation en est ordinairement à 2^{mt}: c'est là que commence la voilure. La distance de ce point à l'extrémité comprend ordinairement 25 échelons qui se trouvent distants l'un de l'autre de $0^{mt},40$.

420. Les échelons pouvant être considérés comme des génératrices de la surface gauche de l'aile, on obtiendra la disposition de cette surface, en calculant l'angle que doit faire tel ou tel échelon avec la direction de l'axe ou du vent. Si on désigne par r la distance de l'échelon considéré à l'axe de l'arbre, et par a l'angle à déterminer, on l'obtiendra par la formule

$$\text{tang } a = 0,29 \, r \, \sqrt{0,084 \, r^2 + 2} \quad (\text{voir §§ 248 et 252}). \quad (n^o \, 1)$$

La vitesse de la roue à aies doit être environ égale à $1^{mt},85$, de celle du vent.

421. L'expérience a démontré que l'effort de poussée croît dans le même rapport que les carrés des vitesses du vent; par suite, l'effet produit augmente environ comme les cubes de ces vitesses. On peut donc représenter le travail dynamique T (§ 287) par l'expression

$$T = n.s.v^3, \quad (n^o \, 2)$$

n représentant un coefficient égal à 0,03; s, la surface des quatre ailes en mètres carrés, et v la vitesse du vent par seconde.

422. Un moulin à vent, en ce qui concerne la structure extérieure, est disposé généralement de la manière suivante :
Sur une sorte de cône en maçonnerie, on établit une pièce de bois verticale F (*fig.* 4 du texte) à laquelle on fixe la charpente d'une tour T. Dans les combles de cette tour, on établit les supports de l'arbre A qui doit faire avec l'horizon un angle de 15° environ, de façon à avoir son axe placé dans la direction des courants, qui rencontrent le sol sous cet angle. Deux bras, placés en croix sur la tête de l'arbre, constituent les 4 ailes du moulin que l'on dispose comme nous l'avons indiqué précédemment. Un levier L fixé à la tour sert à orienter

7.

le moulin c'est-à-dire à le faire tourner jusqu'à ce que le plan des ailes vienne prendre une position perpendiculaire à la direction du vent. On se sert, à cet effet, d'un petit cabestan portatif, que l'on fixe à des piquets fichés en terre et formant

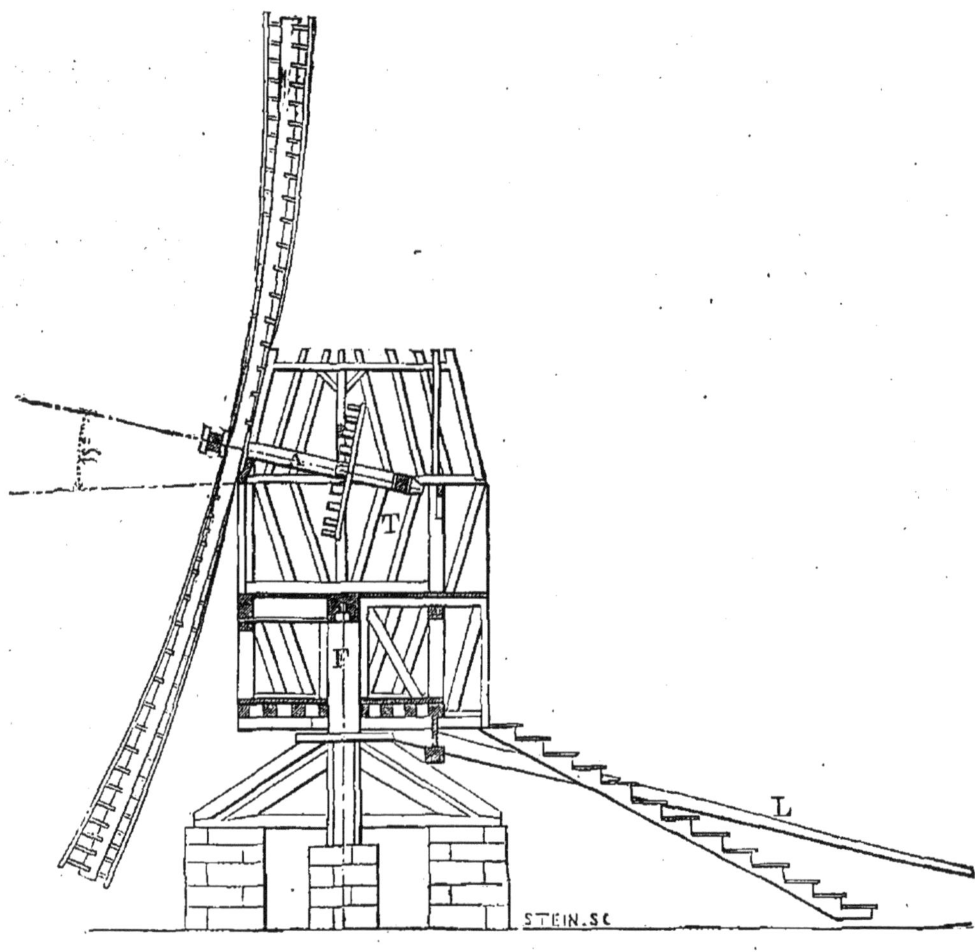

Fig. 4.

une ceinture à la maçonnerie conique. Enfin une échelle fixée à la tour et soutenue, en outre, par le levier sert à donner accès dans l'intérieur du moulin.

423. Il existe des moulins à vent où la toile est remplacée par des planches mobiles que l'on peut manœuvrer plus faci-

lement que la toile de la voilure ordinaire. Ce procédé a été
quelquefois appliqué à des moulins destinés à produire un

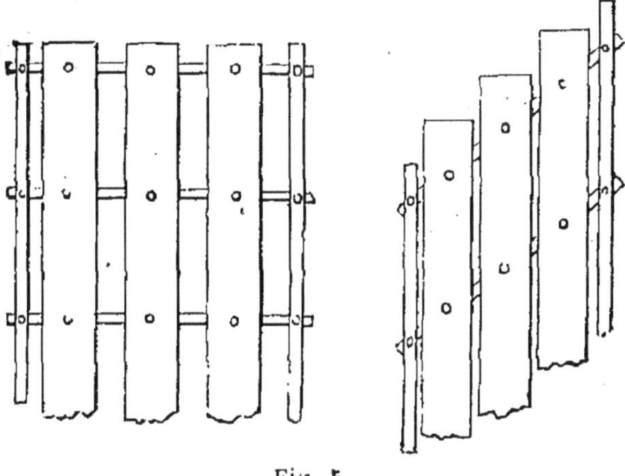

Fig. 5.

travail plus grand que celui que l'on demande généralement
à ces appareils. Les planches formant l'aile ont généralement
les dimensions suivantes :

$$\text{Longueur} \ = 8^{mt},00,$$
$$\text{Largeur} \ = 0^{mt},25,$$
$$\text{Épaisseur} = 0^{mt},01.$$

leur ensemble constitue une surface plane de 2^{mt} à $2^{mt},50$ de
largeur qui fait un angle d'environ 18° avec le plan du mouvement. On peut, au besoin, faire varier la largeur et par
suite la surface ; il suffit pour cela de disposer les planches
d'une façon analogue à celle indiquée par la figure 5 du texte ;
au lieu d'être fixées invariablement aux échelons, elles sont
simplement articulées, de sorte qu'il suffit de faire prendre
au rectangle la forme d'un parallélogramme dont on diminue
à volonté la largeur et par suite la surface.

424. Un moulin disposé de la sorte et avec les dimensions
indiquées plus haut peut moudre annuellement de 2,000 à
2.500^{kg} de blé, sans préjudice du travail qu'il peut faire rendre
à une scierie, une machine à battre ou tout autre appareil
de ce genre. Quel que soit l'emploi d'un moulin à vent, sou

rendement, c'est-à-dire l'effet utile qu'il produit, est facile à calculer.

Soit, pour une vitesse du vent de $3^{mt},50$ d'abord déterminée, une vitesse de la roue à ailes de 5 tours par minute. Supposons l'arbre muni de cames ayant à soulever verticalement de $0^{mt},58$ quatre pilons pesant chacun 600^{kg}.

Si les cames sont disposées de telle sorte que deux pilons s'élèvent une seule fois pour une révolution des ailes, le poids déplacé sera $600 \times 2 = 1200^{kg}$.

D'autre part, le chemin parcouru par seconde étant $\dfrac{5 \times 0^{mt},58}{60}$, le travail utile (§ 322) accompli pendant ce temps sera exprimé par :

$$\frac{1200 \times 5 \times 0^{mt},58}{60} = 54^{kgmt},07$$

425. *Avantages et inconvénients des machines à vent.* — 1° Les moulins à vent utilisent un moteur qui ne coûte rien. 2° Leur installation, quoique assez compliquée en apparence, est moins coûteuse que celle des moulins à roues, à turbines, ou mus par une machine à vapeur.

A côté de ces avantages, les moulins à vent présentent l'inconvénient de ne pouvoir fonctionner que le 1/3 du temps environ. Leur action est très-irrégulière, et avec une faible brise on ne peut les employer qu'autant que les meules n'ont qu'un diamètre de $1^{mt},40$ environ, encore ne se sert-on souvent que d'une seule paire de meules.

MACHINES SOUFFLANTES.

426. L'écoulement des gaz dans des tuyaux ou des tubulures, a lieu suivant certaines lois qu'il est indispensable de connaître pour comprendre les principes de l'établissement des machines soufflantes.

Lorsqu'un gaz s'échappe par un orifice d'une capacité où on le comprime, il s'écoule avec une vitesse théorique v, qui est

$$v = \sqrt{2g \cdot h}.$$

Cette formule est la même que celle adoptée pour l'écoulement des liquides en minces parois (§ 521), car, si, dans ce dernier cas, on appelle h la hauteur de la chute ou la charge, c'est-à-dire la hauteur génératrice de la vitesse, on peut aussi, dans celui qui nous occupe, désigner par h la hauteur génératrice de la vitesse v, exprimée en écoulement de gaz. La valeur $2g$ étant constante et égale à 19,62 (voir § 262), il suffit de déterminer h, qui dépend évidemment de la densité du gaz comprimé.

Si l'on se sert pour mesurer la pression d'un manomètre à mercure, le rapport variable entre la densité d de ce liquide, et celle d' du gaz, sera $\dfrac{d}{d'}$, et si nous désignons par h' la pression au manomètre en hauteur de mercure, nous aurons évidemment :

$$h = h' \times \frac{d}{d'},$$

et par suite

$$v = \sqrt{2g \cdot h' \cdot \frac{d}{d'}}.$$

Si dans l'écoulement de l'air par un orifice on ne tient pas compte de la contraction de la veine et du frottement sur les parois, la quantité théorique du gaz dépensé sera donnée par la formule :

$$Q = s \cdot v = s \cdot \sqrt{2g \cdot h' \cdot \frac{d}{d'}}, \qquad \text{(n° 3)}$$

s étant la section de l'orifice d'écoulement.

427. La dépense effective est toujours moindre que la dépense théorique donnée par l'équation ci-dessus. Si l'écoulement se fait par un simple orifice, sans ajutage, le coefficient de correction K à employer est en moyenne de 0,65, résultat de nombreuses expériences. Pour le cas où l'on emploie un ajutage bien disposé, le coefficient K devient 0,92. La formule est donc ainsi modifiée :

$$Q = K \cdot s \cdot \sqrt{2g \cdot h' \cdot \frac{d}{d'}},$$

ou

$$Q = 0,92 \cdot s \cdot \sqrt{2g \cdot h' \cdot \frac{d}{d'}}$$

428. De sérieuses observations ont démontré la nécessit de n'employer que des ajutages courts et dont l'angle de convergence des parois ne dépasse pas 10 à 12° ; dans ces conditions on peut arriver à une valeur du coefficient K = 0,94.

Q étant le volume effectif de l'air écoulé, à la pression p correspondant à la densité d', on pourra convertir cette dépense en volume q, écoulé à la pression atmosphérique p', à l'aide de la formule :

$$q = Q \frac{p' + p}{p'}. \qquad \text{(n° 4)}$$

Supposons le volume $Q = 20^{mt3}$ d'air pour un temps donné, la pression correspondante p exprimée en hauteur de mercure égale à $3^{mt},80$, on aura pour valeur de q :

$$q = 20 \times \frac{3,80 \times 0,76}{0,76} = 20 \times 6 = 120^{mt3}.$$

Trombe.

429. La trombe est un appareil que l'on rencontre encore dans quelques usines pour l'alimentation des hauts fourneaux. Elle ne peut être employée avec quelque avantage qu'autant que l'on a de la force motrice en excès.

Elle se compose (*fig.* 6 du texte) d'un tuyau vertical T, débouchant à sa partie supérieure dans une caisse A constamment pleine d'eau, et à sa partie inférieure dans un réservoir B. Sur la partie supérieure du tuyau est adapté une sorte d'entonnoir C, au-dessus duquel est suspendu un bouchon mobile D, destiné à régler l'entrée de l'eau. Un peu au-dessous du réservoir A, l'arbre creux est percé de trous, nommés aspirateurs et par lesquels l'air pénètre à l'intérieur.

Lorsque l'entonnoir est ouvert, l'eau se précipite de haut

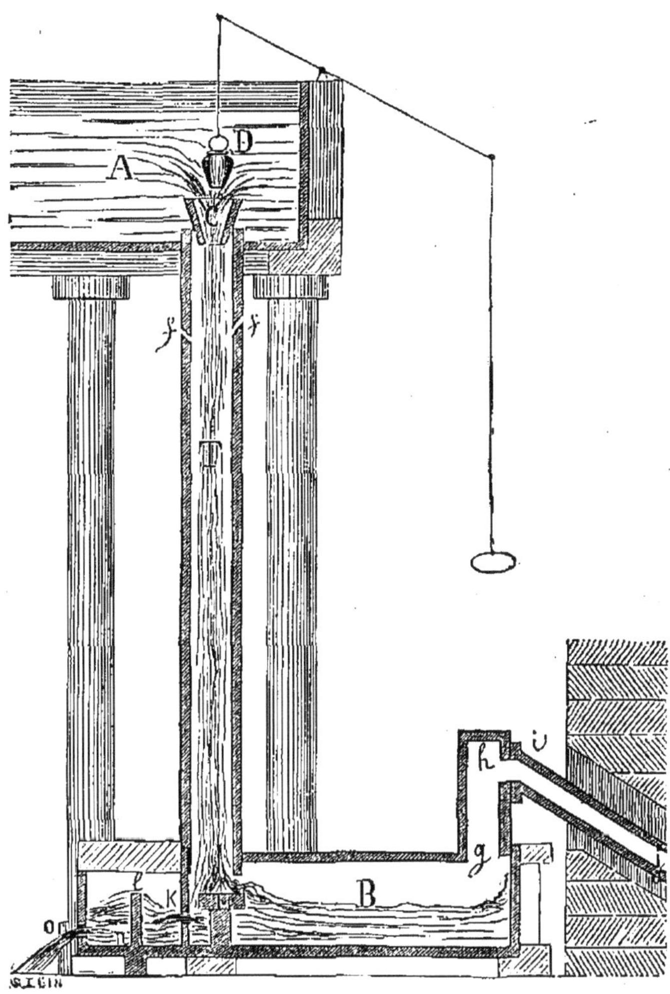

Fig. 6.

en bas, entraîne avec elle l'air qui arrive par les aspirateurs, puis en tombant sur un fort madrier M, appelé *tablier* elle permet le dégagement de l'air entraîné, lequel s'écoule par le conduit vertical *gh* appelé l'*homme* et de là s'échappe par l'ajutage *ij*.

L'eau qui se trouve dans la caisse B, passe par le trou K, remplit l'espace derrière l'arbre creux, jusqu'à ce que son niveau étant arrivé à la hauteur de la cloison nl, elle s'écoule par le trou o.

Ce genre d'appareil ne donne que des résultats très-médiocres. Le travail utile ou le rendement ne dépasse guère 10 pour 100 du travail moteur. La plus grande partie de l'air reste en suspension dans la masse d'eau, et s'échappe avec elle par l'orifice o.

Si h est la distance du tablier à la partie supérieure du réservoir, l'eau arrive en bas avec une vitesse $v = \sqrt{2g \cdot h}$ (§ 226); l'air est donc entraîné avec cette même vitesse. Mais le choc qui se produit sur le madrier et la résistance qui s'oppose au dégagement diminuent considérablement l'intensité du courant, et l'air, arrivé dans l'ajutage, n'est plus soumis qu'à une très-faible pression.

Soufflet ordinaire.

430. Cet appareil, un des plus anciens en fait de machines à compression d'air, est le plus simple de tous; il est encore employé

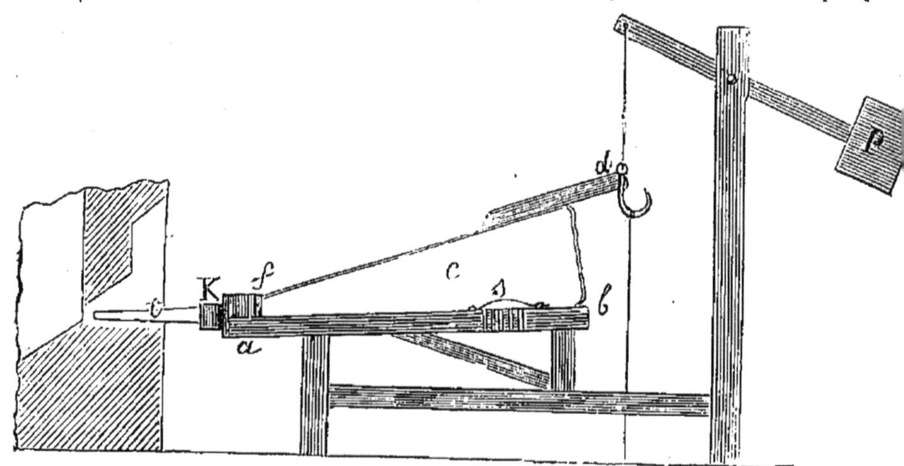

Fig. 7.

aujourd'hui dans un assez grand nombre d'ateliers de forge. Il se compose d'une planche fixe ab (*fig.* 7 du texte) et d'une autre

planche mobile *fd* réunies par une bande de cuir de façon à
former une caisse C. Les deux faces en bois diminuent de largeur
et viennent se réunir à leur extrémité à l'aide d'une douille
en cuir K de laquelle part la buse *t*. Un contre-poids P tend à
soulever constamment le plateau mobile, tandis qu'une tringle
n fixée à l'extrémité de la chaîne du contre-poids, sert à imprimer le monvement contraire. Une soupape *s*, placée sur le
plateau inférieur et s'ouvrant de dehors en dedans, permet la
rentrée de l'air dans la caisse, pendant le mouvement où
celle-ci se dilate; puis elle se ferme lorsque l'on rapproche les
plateaux à l'aide de la tringle *n*.

Le volume d'air à la pression atmosphérique refoulé par la
buse, n'est guère que la moitié de celui de la caisse du souf-
flet. Il est donc nécessaire, si l'on veut un peu de continuité
dans l'écoulement du gaz, de combiner deux de ces soufflets
de façon à les faire agir alternativement.

Souffleries à piston.

431. Les soufflets à piston sont de deux sortes. Dans les
uns, et ce sont les plus simples, le piston P (*fig.* 8 du texte) est

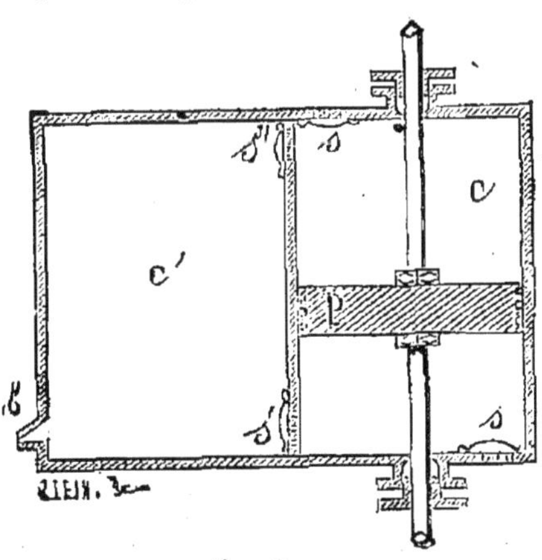

Fig. 8.

en bois, ainsi que la caisse carrée *c* dans laquelle **il se meut.**
Chacun des fonds de la caisse est muni d'une soupape *s*

formée d'un carré de cuir souple, cloué aux quatre angles, et qu'on laisse assez grand pour lui permettre de se soulever d'une quantité suffisante au passage de l'air. La partie des fonds placée sous les soupapes est percée de petits trous, afin de laisser au cuir un siége ou point d'appui. A côté de la caisse formant cylindre se trouve un réservoir c', recevant l'air refoulé par le piston, et dont le but est d'établir la régularité du courant par la buse b.

Deux soupapes s', s'' s'ouvrant du côté du réservoir y laissent entrer l'air, et se ferment aussitôt sous l'action de la pression intérieure. Le piston est plein, et il porte une tige qui traverse les deux fonds au milieu de deux presse-étoupes qui sont destinés à prévenir les fuites.

432. Les expériences faites sur les appareils de ce genre ont démontré que :

1° La vitesse la plus avantageuse à donner au piston est environ $0^{mt},75$ par seconde.

2° La section des soupapes d'aspiration doit être 1/15 au moins et 1/20 au plus de celle de la caisse.

3° La section de la soupape de refoulement est égale au 1/22 de celle de la caisse.

4° La course du piston est égale aux 3/4 environ de la hauteur du côté de la caisse.

5° Une soufflerie en bois établie dans ces conditions fournit un volume d'air égal à 0,55 de celui engendré par le piston.

Cela posé, proposons-nous de déterminer la grandeur à donner au côté C de la caisse pour une longueur de course l et un nombre de tours n, de façon à fournir un volume V d'air à la pression atmosphérique et à 0° de température.

Si t est la température de l'air et a le coefficient de dilatation pour 1° (il est égal à 0,003675 que l'on fait 0,004), le volume d'air débité à cette température sera évidemment

$$V \times (1 + a \cdot t). \qquad (n° 5)$$

D'autre part, le volume engendré par le piston en une minute étant $C^2 . l . n$, celui de l'air refoulé sera $0,55 . C^2 . l . n$, d'où nous tirons l'équation :

$$V \times (1 + at) = 0,55 . C^2 . l . n.$$

De là on déduit

$$C = \sqrt{\frac{V \times (1 + a.t)}{0,55 . l . n}}. \qquad (n° 6)$$

Supposons $n = 37^{tours},5$;

$$l = 0^{mt},60 ;$$
$$t = 20° ;$$
$$V = 7^{mt3}.$$

a, le coefficient de dilatation de l'air, étant 0,004, nous aurons :

$$C = \sqrt{\frac{7 \times 1,08}{0,55 \times 0,60 \times 37,5}} = \sqrt{0,6109} = 0^{mt3},78.$$

On peut avec la même formule déterminer le volume d'air fourni en prenant sur l'appareil les données suffisantes. On poserait dans ce cas :

$$V = \frac{0,55 . C^2 . l . n}{(1 + a.t)}.$$

Machines soufflantes à cylindre.

433. On a apporté de nombreux perfectionnements à l'appareil dont nous venons de parler au paragraphe précédent : La caisse a été remplacée par un cylindre en fonte bien alézé; aux soupapes en cuir, on a substitué des clapets métalliques bien ajustés sur leurs siéges; enfin les garnitures du piston et de sa tige ont pu être faites avec plus de soin. Les garnitures du piston déterminent sur la paroi intérieure du cylindre un frottement assez considérable que l'on a cherché à supprimer presque en totalité.

A cet effet, on a employé un piston plein, tourné extérieurement, d'un diamètre un peu plus petit que celui du cylindre, et on a pratiqué plusieurs gorges ou rainures parallèles dans le sens du pourtour. Pendant la marche, il se produit dans ces rainures un remous qui s'oppose au passage de l'air derrière le piston. Généralement le piston reçoit son mouvement par l'intermédiaire du balancier d'une machine à vapeur ou par une roue hydraulique.

434. Pour que les souffleries à piston soient établies dans de bonnes conditions, il faut :

1° Que la vitesse du piston soit environ de 1^{mt} à $1^{mt},10$ par seconde ;

2° Que la section des soupapes d'aspiration soit égale à 1/10 de la section du cylindre ;

3° Que la section des soupapes de refoulement soit égale à 1/22 de celle du cylindre ;

4° Que la course du piston soit égale à son diamètre.

Lorsque l'air est chauffé à une température t, la section d'écoulement augmente dans le rapport de 1 à $1 + 0,004 . t$.

Dans ces conditions, le volume d'air écoulé par la buse ou l'orifice qui en tient lieu est environ les 0,75 de celui qui est engendré par le piston.

Comme nous l'avons vu pour les souffleries à caisse (§ 431), le volume d'air débité à la température t est égal à :

$$V \times (1 + a . t).$$

D'autre part, le volume d'un cylindre est représenté par :

$$\frac{\pi . D^2 . l}{4}.$$

On a :

$$\frac{0,75 . \pi . D^2 . l . n}{4}.$$

De là provient l'équation suivante :

$$\frac{0,75 . \pi . D^2 . l . n}{4} = V \times (1 + a . t).$$

Si nous cherchons, par exemple, la valeur de D, il vient :

$$D = \sqrt{\frac{4 V \times (1 + a . t)}{0,75 . \pi . l . n}},$$

ou

$$D = \sqrt{1,84 \cdot \frac{V}{l \cdot n}} \qquad \text{(n° 7)}$$

435. Dans une soufflerie à cylindre, devant fournir un volume d'air connu, on peut se proposer de déterminer le travail moteur, c'est-à-dire celui qu'absorbe la machine soufflante pour son propre mouvement. Ce travail se compose évidemment de deux parties, celui qui est utilisé et celui qui est employé à vaincre les résistances passives. Pour déterminer chacune de ces parties, désignons par t_u le travail utilisé à chaque cylindrée d'air aspiré, et soient :

P, la pression de l'air comprimé ;

p, la pression derrière le piston, qui est à peu près égale à la pression atmosphérique ;

q, le volume d'une cylindrée ;

n, le nombre de volume d'air q dans une minute.

$$t_u = q \cdot p \cdot \frac{P - p}{0,50. \, (P + p)} . \qquad \text{(n° 8)}$$

Pour un mètre carré de surface,

$$p = 0,76 \cdot 13596^{\text{kg}},$$
$$P = (0,76 \times h) \cdot 13596^{\text{kg}},$$

h étant la hauteur donnée par le manomètre à mercure placé sur l'appareil.

Substituons ces valeurs à P et p dans l'équation n° 8, il viendra :

$$t_u = q \times 13596 \, \frac{1,52 \times h}{1,52 + h} .$$

Si V′ est le volume engendré par le piston en une minute, celui de l'air fourni V″ sera :

$$V'' = 0,75 \cdot V'.$$

D'autre part, le volume d'air débité à la pression atmosphérique et à 0° de température étant :

$$V \cdot (1 + 0,004 \cdot t),$$

on peut former l'équation :

$$V \cdot (1 + 0,004 \cdot t) = 0,75 \cdot V',$$

d'où

$$V' = \frac{V}{0,75} \cdot (1 + 0,004 \cdot t).$$

Comme

$$n \cdot q = V', \quad n \cdot t_u = T_u = V' \times 13596 \cdot \frac{1,52 \cdot h}{1,52 + h};$$

ce qui donne, pour la valeur du travail utilisé et désigné par T_u :

$$T_u = \frac{V}{0,75} \cdot (1,004 \cdot t) \cdot 13596 \cdot \frac{1,52 \cdot h}{1,52 + h}. \quad (\text{n}^\circ \ 9)$$

Le travail résistant T_r est déterminé par la formule

$$T_r = n \cdot \pi \cdot D \cdot e \cdot h \cdot f \cdot l, \quad (\text{n}^\circ \ 10)$$

dans laquelle n et h ont la même signification que plus haut (n° 8); D est le diamètre du piston ; e, son épaisseur qui ne doit être moyennement que de $0^{\text{mt}},04$; l, la hauteur de course du piston, et f un coefficient de frottement égal dans le cas à 0,35.

Il suffit, pour avoir le travail moteur T_m, d'ajouter les deux expressions n° 9 et n° 10; soit $T_m = T_u + T_r$.

Ventilateur à ailes.

436. Le ventilateur à ailes est très-fréquemment employé aujourd'hui, à cause de son faible prix de revient, de sa grande facilité d'installation et du peu de place qu'il occupe. Il se compose d'un tambour en fonte A (*fig.* 9 du texte), ayant sur ses deux faces des ouvertures circulaires op, qr par lesquelles se fait l'aspiration de l'air. Un arbre B tournant sur deux petits paliers c, c porte 8 croisillons $k, l, m, n,$ sur lesquels sont fixées les ailettes *a*. Le tambour est percé sur son pourtour d'un orifice O, disposé convenablement et par lequel doit s'échapper l'air.

Les ailes sont en tôle et légèrement recourbées dans le sens du mouvement de rotation. Ce mouvement est ordinai-

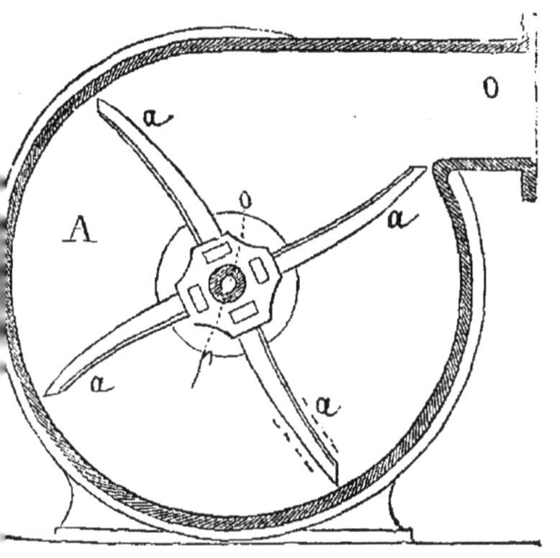
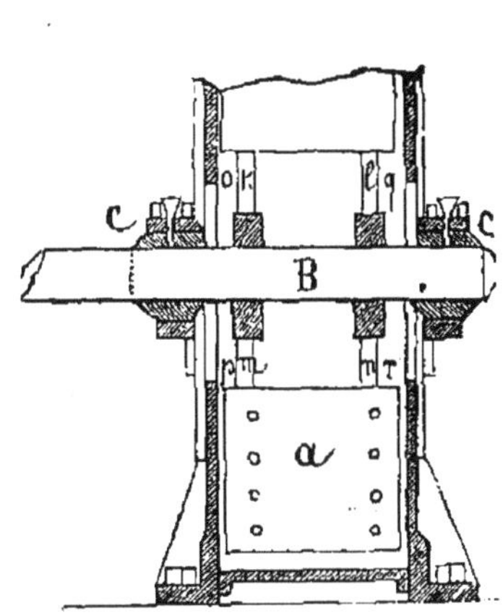

Fig. 9.

rement donné à l'arbre à l'aide d'une courroie. La vitesse est très-souvent de 800 à 1000 tours par minute, et parfois elle atteint 1500 tours. Ces appareils ne devant être employés que lorsque l'on n'a pas besoin d'une forte pression d'air, on doit avoir soin, pour faciliter l'écoulement, de faire l'orifice O assez grand, c'est-à-dire d'environ 12^{cmt} de diamètre, ou à peu près, la section des orifices d'aspiration.

437. Le rendement du ventilateur est moindre que celui des souffleries à cylindre (§ 433), et il diminuerait dans de grandes proportions, si l'on conservait une forte pression.

L'influence de la courbure des ailes n'est pas parfaitemen démontrée. Des expériences sérieuses tendraient à prouver que les ailettes planes donnent les mêmes résultats.

La grande vitesse de rotation de l'arbre dans le ventilateur à ailes rend l'étude de son fonctionnement très-difficile, et les calculs faits pour déterminer le rapport du travail moteur au travail utile n'ont donné jusqu'ici que des résultats approximatifs qu'il est difficile de discuter.

438. Outre les appareils soufflants que nous avons décrits, on emploie depuis quelque temps une soufflerie appelée *tympan de La Faye*. La disposition de l'ensemble est à très-peu près celle de la fig. 26 ci-après.

La vis d'Archimède (§ 483) a été aussi employée comme machine soufflante ; l'application en a été faite pour la première fois par M. Cagnard de Latour.

SCIERIES.

Lames de scies. — Données générales sur la taille.

439. Les lames de scies sont formées d'une bande d'acier laminé, trempée très-dur, et sur l'un des côtés de laquelle on pratique, à l'aide de divers procédés, une denture qui varie suivant l'emploi de l'instrument.

Pour les scies employées par les scieurs de long et qui ne doivent agir que dans un sens, les dents sont crochues et inclinées, avec une largeur de 5^{mmt} environ à la base.

Les dents de la scie à chantourner, et généralement de toutes celles qui agissent dans les deux sens avec une assez grande vitesse, présentent la forme d'un triangle équilatéral.

Lorsque ce genre de scie est employé à débiter du bois vert et du bois de chauffage, on taille la dent en biseau, en lui conservant toutefois la même forme.

Dans les scies employées pour le bois sec et dur, les métaux, l'ivoire, etc., on donne à la dent la forme d'un triangle rectangle incliné sur le grand côté de l'angle droit.

La denture des scies qui servent à refendre la pierre tendre et le placage est la même que dans le cas précédent, à cette différence près qu'on laisse entre chaque dent une partie plane égale à la largeur de deux d'entre elles.

Pour aider au dégagement de la sciure, on écarte alternativement les dents d'un côté et de l'autre du plan de la lame ;

c'est ce que l'on appelle *donner de la voie* à la scie. On arrive au même résultat en employant une lame dont l'épaisseur va en diminuant, des dents au côté opposé.

Scieries mécaniques.

440. Nous allons donner un aperçu des différents genres de scies mises en mouvement à l'aide d'un mécanisme quelconque. Les unes sont animées d'un mouvement alternatif, et les autres d'un mouvement continu : ces dernières sont appelées scies circulaires.

La disposition primitive des scies à mouvement alternatif consiste en un châssis porte-scie formé de deux traverses horizontales reliées entre elles par deux pièces verticales qui en maintiennent l'écartement. Les extrémités des côtés horizontaux du châssis glissent dans deux coulisses verticales formées par quatre montants en bois dur et pouvant être garnis de métal sur la partie soumise au frottement.

Les montants formant glissières sont réunis à leur partie supérieure par une forte traverse sur laquelle on fixe les supports de l'arbre moteur de la scie. Celui-ci est muni d'une poulie destinée à recevoir la courroie qui sert d'intermédiaire entre la scierie et le moteur. Enfin, deux bielles pendantes sont articulées d'une part au châssis de la scie, et d'autre part à deux petites manivelles qui terminent l'arbre dont nous venons de parler.

La pièce à débiter est fixée sur un plateau en bois placé entre les montants des glissières. Ce plateau est mobile, et son avance, qui est réglée convenablement, est produite, soit par un mécanisme particulier, soit par l'action du moteur lui-même.

Si le moteur est assez puissant, on peut fixer plusieurs lames parallèles au même châssis, et les disposer de telle sorte qu'elles puissent être écartées ou rapprochées à volonté, selon l'épaisseur des pièces de bois ou des planches à débiter.

On donne au mouvement alternatif de la scie une régularité suffisante en calant sur l'arbre de transmission un volant de 1^{mt} à 1^{mt},30 de diamètre, et dont le poids dépend en grande partie de la vitesse à donner à la scie. Généralement, on détermine ce poids à l'aide de la formule

$$P = \frac{25000^{kg}}{V^2}. \qquad\qquad (n^o\ 11)$$

La vitesse V à la circonférence du volant est toujours facile à déterminer ; en effet :

Soient 1^{mt},10 le diamètre du volant ;
et 135 le nombre de tours par minute.

On a évidemment :

$$V = \frac{135 \times 1,10 \times 3,1416}{60} = 7^{mt},77.$$

Donc :

$$P = \frac{25000}{7,77^2} = 413^{kg}.$$

441. Pour les bois durs, tels que le chêne et l'orme, la course de la scie doit être environ 0^{mt},40, et l'avance de la pièce de bois pour chaque coup doit être réglée à 2$^{mm t}$. Pour le sciage des bois blancs, la course de la scie la plus convenable est 0^{mt},60, et l'avance du bois pour chaque coup, 5$^{mm t}$ environ. La vitesse des scies à mouvement alternatif doit être comprise entre 120 et 150 coups par minute, pour le sciage des grosses pièces, et entre 250 et 300 pour le placage ; dans ce dernier cas, l'avance n'est guère supérieure à 1/2 millimètre par coup de scie.

442. *Surface sciée.* — Soit 0^{mt},45 l'épaisseur de l'arbre à débiter. Si c'est du chêne, nous aurons, d'après les données précédentes, et en supposant la vitesse à 120 coups, surface sciée dans une minute :

$$0,45 \times 0,002 \times 120 \times 60 = 6^{mt2},48.$$

443. *Scies circulaires ou à mouvement continu.* — Elles sont de plusieurs genres qui diffèrent entre eux, par la forme de la scie d'abord, et ensuite par la façon dont elle agit ou dont est produit le mouvement circulaire.

Dans la plupart des cas, la scie est un cercle d'acier de l'épaisseur des lames ordinaires, et dont le diamètre peut varier de quelques centimètres à 1^{mt} et plus; elle est munie sur son pourtour de dents semblables à celles des scies à mouvement alternatif. Pour que le montage de la scie sur l'arbre qui doit lui donner le mouvement de rotation soit aussi bien fait que possible, c'est-à-dire pour que le plan du disque soit perpendiculaire à l'axe de rotation, on ménage sur l'arbre un collet régulièrement tourné contre lequel vient s'appuyer l'une des faces de la scie; si celle-ci est d'un petit diamètre, on se contente de l'arrêter au moyen d'un écrou; si, au contraire, elle est de grandes dimensions, on rapporte sur la face libre une rondelle de même diamètre que le collet, et on la rive avec celui-ci en faisant traverser le disque par les rivures.

L'arbre tourne quelquefois sur des coussinets; d'autres fois il est percé à chaque extrémité d'un trou conique, parfaitement au centre, et qui sert à le placer sur des pointes en acier, analogues à celles d'un tour ordinaire. Le mouvement rapide de rotation dont il doit être animé lui est communiqué à l'aide d'une poulie sur laquelle s'enroule la courroie de transmission.

Lorsque la scie est de grand diamètre, on ménage dans le chariot ou plateau porte-bois une rainure garnie de corne ou de bois très-dur, dans laquelle elle tourne à frottement doux, sans pouvoir s'écarter du plan de rotation.

Dans plusieurs scieries de ce genre, la pièce à débiter est placée sur une table fixe et appuyée par l'un de ses côtés à un guide longitudinal dont la distance à la scie règle l'épaisseur à donner au madrier à scier. Si le travail n'exige pas une grande précision, et principalement dans le cas où le bois est court, le madrier est poussé vers la scie par un ouvrier. D'autres fois l'avance est réglée par un mécanisme. Enfin le chariot ou plateau qui porte la pièce à débiter peut être mobile.

444. La figure ci-dessous représente une scie circulaire
très ingénieusement installée. Des rouleaux $a\,a$, sont montés
librement sur leurs axes et ceux-ci portent des broches b sur
lesquelles les rouleaux peuvent courir selon la dimension de

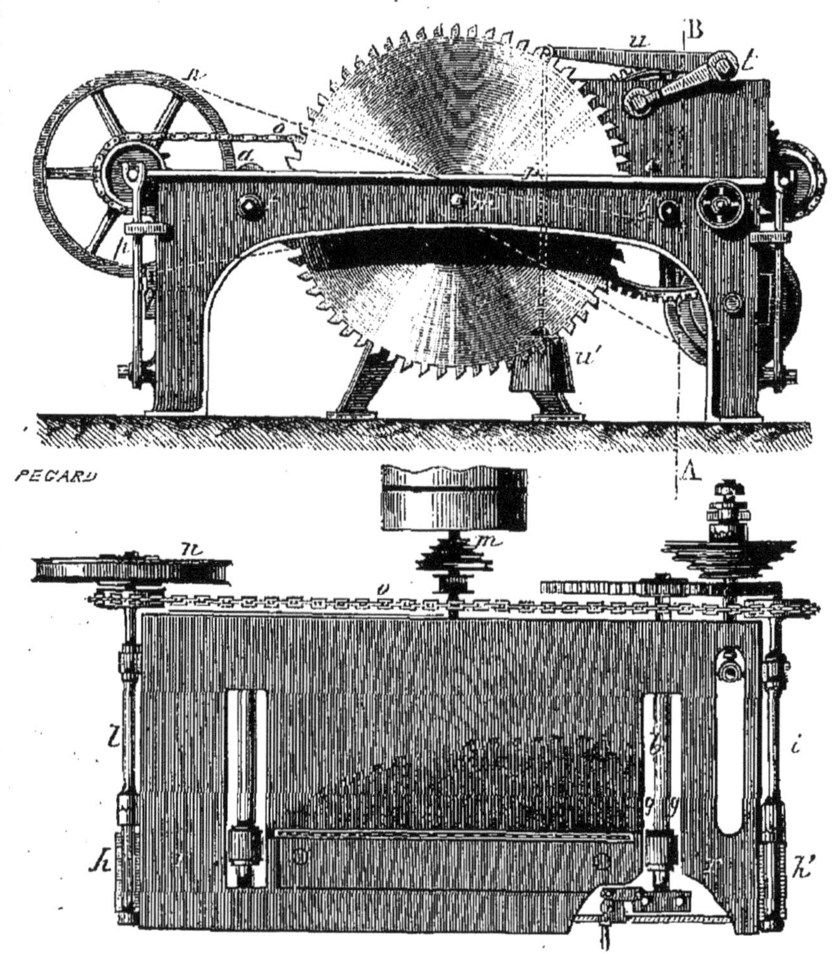

Fig. 10.

la pièce de bois à scier. Le mouvement latéral des rouleaux
sur les broches s'effectue au moyen d'une vis f et de man-
chons gg. Les rouleaux hh', dits rouleaux de retour, sont
montés sur des axes i, l; ils sont destinés à ramener la pièce
de bois à sa position primitive, quand la scie p en a détaché
une planche; le mouvement leur est communiqué par une

courroie qui passe du petit tambour fixé sur l'arbre de la scie,
sur un tambour plus grand *n* porté par l'arbre *l*; une chaîne
sans fin *o* transmet le mouvement de l'arbre *l* à l'arbre *i*.

Les supports auxquels sont fixés les rouleaux de retour *i*, *i*,
font partie de deux équipages verticaux mobiles *p* placés aux
deux extrémités de la machine, et susceptibles de s'abaisser
ou de s'élever; ainsi, ils peuvent se trouver au-dessous du
niveau du banc *r* de la scie pendant le mouvement de la pièce
de bois, puis s'élever au-dessus de ce niveau lorsque cela est
nécessaire afin de soulever la pièce de bois et de la ramener, par leur mouvement de rotation, à la position convenable
pour un nouveau trait de scie.

Un rouleau de charge, monté sur un support *t*, boulonné
à la partie supérieure du bâti *r*, est placé en face de la scie;
il porte un levier articulé *u* à l'extrémité duquel agit un
poids *u'*; il pèse sur la pièce à scier, la maintient suffisamment pour qu'elle ne recule pas quand les dents de la scie
mordent dans le bois.

Le mouvement est donné à la scie circulaire par l'intermédiaire du tambour fixé sur l'arbre qui la porte et placé à
côté de la poulie tronc-conique *m*; une courroie sans fin
partant du moteur vient passer sur le tambour.

En même temps que la scie tourne, le rouleau *a*, qui supporte la pièce et qui est mobile sur l'arbre *b*, tourne aussi et
la pousse en avant; c'est par une corde sans fin allant du
tambour tronc-conique *m* au tambour de même forme situé
à droite, et par deux roues d'engrenage, qu'a lieu ce mouvement.

445. La vitesse des scies circulaires varie de 5 à 10^{mt} par seconde à la circonférence, et le nombre de tours de 300 à
500 par minute. La pratique seule peut indiquer la vitesse
la plus convenable, suivant les différentes espèces de bois, et,
jusqu'ici, on n'a pu établir de règles absolues à cet égard.

446. *Scies à rubans.* — Les scies circulaires comprennent
les scies dites *à rubans*: la lame est très-mince et parfaitement

trempée ; elle s'enroule sur deux poulies de même diamètre, calées sur deux arbres horizontaux et parallèles, dont l'un des deux reçoit son mouvement de rotation par l'intermédiaire d'une courroie. Dans ce cas, la scie n'agit pas dans le sens du mouvement de rotation ; son plan est, au contraire, parallèle à ce mouvement. La pièce à débiter avance parallèlement aux arbres porte-scie, sur un plateau disposé horizontalement, à peu près de la même façon que dans le cas précédent.

Depuis quelques années on a construit des scieries à l'aide desquelles on débite le bois suivant des surfaces gauches telles que celles présentées par certaines membrures de navires. La scie dans ce système agit comme dans le système à ruban, et le résultat n'est obtenu qu'à l'aide d'un double ou triple mouvement imprimé au chariot sur lequel est fixée la pièce à scier.

G. D.

HYDRAULIQUE

NOTIONS ÉLÉMENTAIRES SUR L'ACTION DE L'AIR ET DE L'EAU.

Dans les machines dites hydrauliques, l'air ou gaz atmosphérique, et les liquides placés dans certaines conditions, fournissent la force motrice. Ces deux corps, en raison de leur nature, obéissent à des lois qu'il est indispensable de connaître, si l'on veut appliquer avec intelligence les effets mécaniques qui en sont la conséquence.

447. La pression de l'air est moyennement de $1^{kg},033$ par centimètre carré de surface (V. Préliminaires, *Machines à vapeur*), mais elle est susceptible de varier en plus ou en moins sous l'influence de certains phénomènes atmosphériques, tels que les brouillards, les vents violents, les orages, etc. La première cause de cette pression étant l'accumulation des couches d'air les unes au-dessus des autres, il est évident que plus *on s'élèvera dans les régions atmosphériques*, moins la pression sera grande ; on compte une diminution de $0^{kg},122$ par 100^{mt} d'élévation ; ce qui correspond à un abaissement de 9^{mmt} de la co-

lonne de mercure du baromètre. Cet abaissément n'est exact que
pour de faibles hauteurs.

Le baromètre est l'instrument qui sert à mesurer la pression atmosphérique ; il se compose sommairement d'une cuvette A (*fig.* 11 du
texte) ouverte à sa partie supérieure et contenant du mercure d'un
tube cylindrique en verre B, plongé dans le métal liquide après que le
vide a été fait dans toute la longueur de ce tube, c'est-à-dire **après**

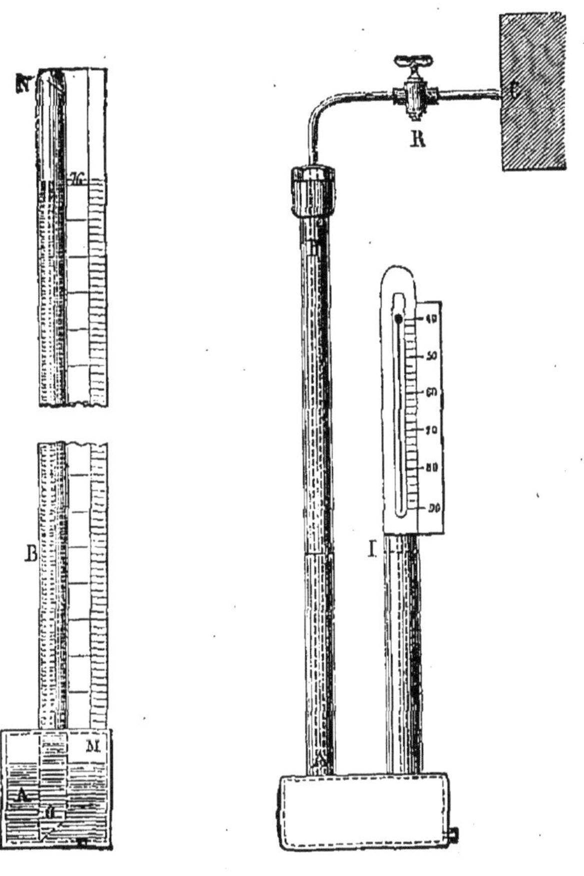

Fig. 11.   Fig. 12.

qu'il a été complètement vidé d'air ou de tout autre gaz. La partie
supérieure N est fermée et la partie inférieure O est ouverte pour
donner passage au mercure, qui, pressé par l'atmosphère sur la surface
M, est forcé de monter dans le tube jusqu'à une hauteur suffisante
pour faire équilibre à la pression exercée, c'est-à-dire, jusqu'à ce que
le poids de cette colonne de mercure soit égal au poids d'une colonne
d'air de même base, ayant pour hauteur celle de l'atmosphère. Or,
cette colonne de métal liquide s'élevant à une hauteur de 76^{cmt} dans

le baromètre, sa surface de base étant de 1^{cmt} carré, et la densité du mercure étant de 13,6, son poids est égal à $0^{dcmt},01 \times 7^{dcmt},6 \times 13,6$ $= 1^{kg},033$. Si le mercure ne s'élève qu'à la hauteur de 70^{cmt}, la pression de l'air à ce moment, sera $0,01 \times 7,6 \times 13,6 = 0^{kg},952$; en appliquant la règle de trois (§ 57) à la solution de ce petit problème on a :

$$76 : 1^{kg},033 \ :: \ 70 : x$$

$$\text{et } x = \frac{1,033 \times 70}{76} = 0^{kg},952.$$

Si la cuvette A du baromètre était en communication avec une capacité close, dans laquelle régnerait une pression moindre que celle de l'atmosphère, la descente du mercure dans le tube marquerait cette *dépression*, et si le niveau dans le tube descendait jusqu'à zéro, le *vide parfait* existerait dans la capacité close. La fig. 12 représente un baromètre pour ce dernier emploi (V. *Machines à vapeur*).

448. On sait que le baromètre, en indiquant les variations de la pression atmosphérique indique dans une certaine limite le beau temps, le temps variable ou le mauvais temps; les écarts de cette pression, dus à des causes naturelles, ne vont guère au-dessus de 78^{cmt} et au-dessous de 70, et les instruments particuliers, destinés à les indiquer, ont une très-grande sensibilité, qu'on obtient en les construisant très-légers ; ils sont donc peu propres aux opérations industrielles où il est nécessaire de constater de grandes dépressions et quelquefois le vide complet. Depuis quelques années, on a substitué le baromètre dit *métallique* ou *anéroïde*, à celui à mercure. Il se compose d'un tube creux K en cuivre très-mince (*fig.* 13 du texte), dont la section est elliptique ou méplate; il est roulé sur lui-même et fermé à l'extrémité qui porte l'articulation destinée à agir sur l'arc denté D. Lorsqu'en ouvrant le robinet placé sur le conduit T, on met l'intérieur du tube enroulé en communication avec une capacité close où il existe une pression moins grande que celle de l'atmosphère, la dépression se manifeste dans le tube, et la pression du dehors étant alors plus forte que celle du dedans, le tube se ferme d'autant plus que la différence entre ces deux pressions est plus grande. L'arc denté D, mis en mouvement par le déplacement de l'extrémité du tube, fait tourner plus ou moins le pignon P, sur lequel est fixée l'aiguille A. Celle-ci marche alors sur un cadran où sont marquées les graduations correspondant à des hauteurs de colonne de mercure, exprimées en centimètres, qui seraient équilibrées par le gaz dont on mesure ainsi la pression moindre que celle de l'atmosphère. Si l'aiguille partant de

0 arrive à 20, la pression du gaz qui agit dans l'instrument est de 76, 60 $= 16^{cmt}$ de mercure, et comme 76^{cmt} de mercure correspondent à $1^{kg},033$ de pression sur 1^{cmt} carré de surface, à 60^{cmt} elle sera égale à $\frac{16}{76} \times 1^{kg},033 = 0^{kg},276$. Telle est la forme du calcul à faire pour traduire les pressions exprimées en centimètres de mercure, en pression,

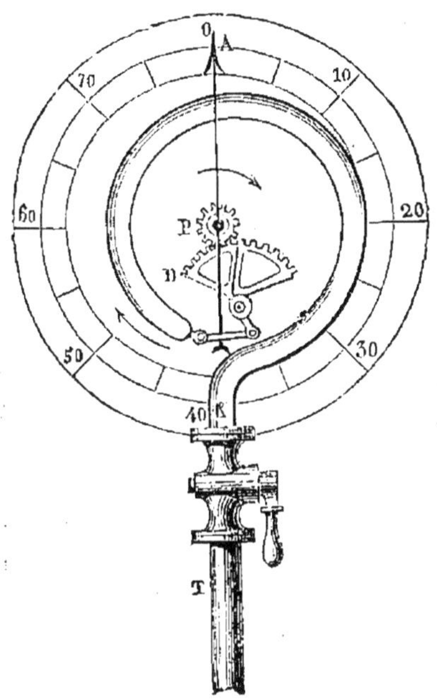

Fig. 13.

Fig. 14.

en kilogrammes. Pour généraliser l'indication, appelons n le nombre marqué par le baromètre du vide, et par x la pression en kilogrammes qui y correspond, on écrira :

$$x = \frac{(76 - n) \times 1^{kg},033}{76}.$$

Le baromètre métallique représenté par la figure 13 est en usage dans les machines à vapeur ; celui destiné à marquer les variations du temps atmosphérique est représenté figures 14 et 15 ; on l'appelle baromètre anéroïde.

449. Le baromètre anéroïde se compose d'une boîte circulaire B, en métal écroui à parois très-minces, et dont les faces sont ondulées afin de présenter une plus grande élasticité. Cette boîte, dans laquelle on a fait d'abord le vide, est fixée sur une plaque en métal qui sert de base à l'appareil ; pour éviter qu'elle ne soit complétement aplatie par la pression de l'air qui agit sur les parois extérieures, elle porte à sa partie supérieure une petite masse de cuivre *m* (*fig.* 15) rivée à un

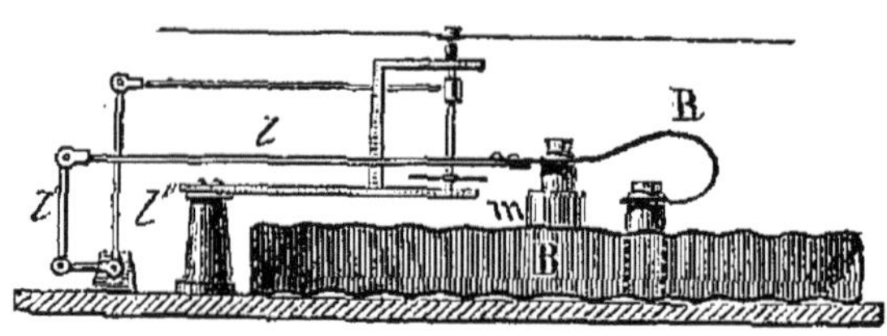

Fig. 15.

ressort R ; celui-ci est retenu sur une traverse portée par deux supports rivés à la plaque de base. La pression atmosphérique tend à aplatir la boîte cannelée, puisque le vide existe dans celle-ci, la petite masse de cuivre baisse alors en faisant fléchir le ressort R, et comme sur celui-ci est tenu le levier *l*, le mouvement est donné à l'aiguille de l'instrument par l'intermédiaire de ce levier et du levier *l'l''*; si la pression atmosphérique diminue, les parois de la boîte B qui font ressort se soulèvent sensiblement et avec elles la masse *m ;* les leviers agissent alors dans le sens opposé à celui que leur donne l'aplatisse. ment de la paroi ondulée et, par suite de l'augmentation de la pression, l'aiguille marche sur le cadran en sens contraire du mouvement produit par la diminution de la pression.

450. L'air possède la propriété de se dilater, d'augmenter de volume quand on agrandit l'espace où il est renfermé, ou quand on le chauffe, et la propriété de se comprimer, de diminuer de volume quand on le comprime ou qu'on le refroidit après que sa température a été sensiblement élevée.

Soit *d* (*fig.* 16 du texte) un cylindre fermé par le bas, et dans lequel peut se mouvoir un piston qui bouche hermétiquement le cylindre. Supposons le piston au bas du cylindre et élevons-le jusqu'à la partie supérieure ; l'espace compris entre la face inférieure du piston et le fond du cylindre sera alors parfaitement vide, et la face inférieure du piston, le fond et la surface intérieure du cylindre ne supporteront plus aucune pression. Supposons maintenant le piston en haut du cylindre, et le cylindre rempli d'air à la pression atmosphérique ; poussons le piston vers le bas, l'espace compris entre la face inférieure du piston et le fond du cylindre diminuera, le volume d'air contenu dans le cylindre diminuera en même temps; mais la quantité d'air étant toujours la même, la pression sur la face inférieure du piston, sur le fond et sur la surface intérieure du cylindre, comprise entre le fond et le piston, augmentera dans le rapport de la diminution du volume. Ainsi, si le volume occupé par l'air à la **pression atmosphérique** est réduit de moitié, la pression sera double ou égale à deux atmosphères, ou à $2 \times 1^{kg},033 = 2^{kg},066$ par centimètre carré. La pression sera triple ou égale à 3 atmosphères, si le volume est réduit au tiers ; elle sera

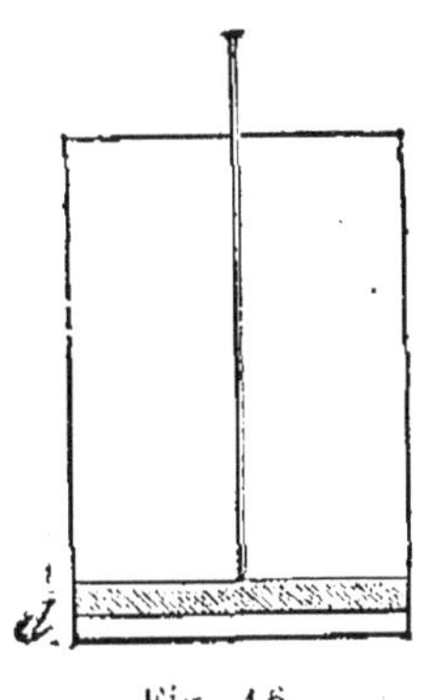
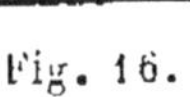

Fig. 16.

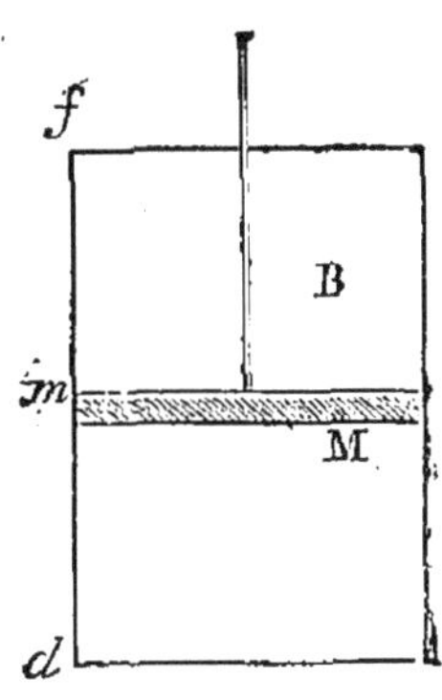

Fig. 17.

quadruple ou égale à 4 atmosphères, s'il est réduit au quart, etc. Réciproquement, si le volume occupé par l'air à la pression atmosphérique augmente, la pression de l'air diminue dans le même rapport. Ainsi, si ce volume devient double, la pression est réduite à 1/2 atmosphère $= 0,5 \times 1^{kg},033 = 0^{kg},516$; si le volume devient triple, la pression devient égale à 1/3 d'atmosphère $= 0^{kg},344$; s'il devient quadruple, la pression devient égale à 1/4 d'atmosphère $= 0^{kg},258$, etc.

451. Cette propriété de l'air est exprimée par la loi suivante, que l'on appelle Loi de Mariotte, du nom du physicien français qui l'a découverte : *Pour la même quantité d'air, la pression est en raison inverse des volumes occupés.* Cette loi s'étend à tous les gaz et même aux vapeurs, pourvu que ces corps ne deviennent pas en partie liquides par la compression et que la quantité en reste toujours la même.

Si le cylindre B était muni d'une soupape ou clapet ouvrant du dedans au dehors, l'air poussé par le piston pendant son ascension, au lieu de se comprimer dans la capacité B, soulèverait la soupape placée en f et s'échapperait au dehors tant que sa pression serait plus grande que celle de l'atmosphère. Si la partie inférieure d n'est point munie de soupape, l'air enfermé dans l'espace M se *dilate*, se détend à mesure que cet espace augmente pendant la montée du piston. D'après la loi de Mariotte, la pression diminue proportionnellement à l'augmentation du volume occupé, et la dilatation peut être telle que l'effort exercé par l'air dilaté sur les faces inférieures du piston et sur les parois du cylindre soit presque nul. Une quantité d'eau, sous forme de jet, s'introduirait dans l'espace M, où l'air aurait été ainsi raréfié, avec d'autant plus de vitesse que la résistance serait moindre ou le vide plus parfait. L'effet des pompes, *aspiration* ou *refoulement*, est la conséquence de ces deux principes : dilatation, compression de l'air

452. La densité du mercure, avons-nous dit, est de 13,60 et plus exactement de 13,59 (voir § 265), c'est à dire qu'elle est 13 fois et 6 dixièmes de fois plus grande que celle de l'eau ; donc, pour faire équilibre à la pression moyenne de l'atmosphère, il faudra une colonne d'eau égale à $0^{mt},76 \times 13,6 = 10^{mt},33$; il suit de cette remarque, qu'une pompe aspirante (celle qui fait le vide de l'air dans un tuyau dit d'aspiration) ne pourra jamais élever au-dessus de $10^{mt},33$, dans ce tuyau, la colonne d'eau aspirée.

453. Si l'air renfermé dans le cylindre *(fig.* 15 du texte) au-dessous du piston M est chauffé, il tendra à se dilater et poussera le dessous du piston avec une force d'autant plus grande que sa température sera plus élevée. Si rien ne s'opposait à la dilatation, l'augmentation du volume de l'air chauffé serait de 0,00367, environ les 4 millièmes de son volume primitif pour chaque degré de température ajouté à sa température primitive : 1^{mt} cube d'air pris à 0° de température et porté à 100°, aura gagné 100°, et son volume sera devenu $0,00367 \times 100 = 0,367$ millièmes de fois plus grand, soit un peu plus de 1/3 ; ceci aura lieu si la dilatation est libre ; mais si un obstacle s'oppose à sa manifestation, la pression de l'air chauffé augmentera comme aurait augmenté son volume : ainsi, dans le cas précédent, si l'air contenu dans la partie basse du cylindre a subi une augmentation de température de 100°, et que le piston s'oppose à la dilatation libre qui en est la conséquence, la pression de cet air chauffé augmentera de $0,00367 \times 100$ et sera portée de $1^{kg},033$ à $1^{kg},033 \times 1,367 = 1^{kg},412$ sur 1^{cmt} carré de surface.

Tel est le principe sur lequel est fondé le mouvement des machines dites à air chaud ou à gaz dilatable. Il est évident que dans ces appareils il faut que l'air soit constamment tenu à la température correspondant à l'effort à exercer sur le piston, et au fur et à mesure que celui-ci s'élève en agrandissant le volume du gaz qui le pousse ; sinon, la pression va en diminuant dans la même proportion que le volume augmente, car toute augmentation de ce dernier correspond à un abaissement proportionnel de la pression.

454. L'eau contenue dans un vase exerce sur le fond et contre les parois de celui-ci une pression en kilogrammes exprimée en multipliant la surface considérée par la hauteur verticale de l'eau à partir de la surface jusqu'au niveau du liquide. Toutes ces *dimensions* doivent être prises en *décimètres* parce que le poids de 1^{demt} cube d'eau est de 1^{kg}.

La pression totale P, sur le fond du vase A (*fig.* 18), sera :

$$P = 2^{\text{dcmt}},5 \times 2^{\text{dcmt}},5 \times 50^{\text{dcmt}} = 312^{\text{kg}},500.$$

La pression p sur 1^{cmt} carré de surface, au fond de ce vase, sera :

$$p = 0^{\text{dcmt}},1 \times 0^{\text{dcmt}},1 \times 50 = 0^{\text{kg}},500.$$

En un point b de la paroi latérale et sur une surface de 1^{cmt} carré, la pression totale p', sera :

$$0^{\text{dcmt}},1 \times 0^{\text{dcmt}},1 \times 30^{\text{dcmt}} = 0^{\text{kg}},300.$$

La pression totale P′ qui poussera le côté cc' du vase, à se séparer de l'ensemble sera trouvée en multipliant la surface de ce côté, exprimée

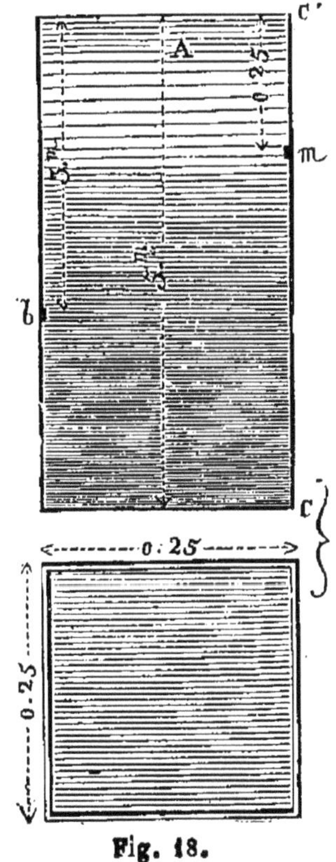

Fig. 18.

en décimètres carrés, par la hauteur en décimètres de l'eau, à partir du milieu m de la longueur cc' jusqu'au niveau du liquide ; cette hauteur mesure la colonne d'eau moyenne entre le fond et le niveau. On aura donc $2^{\text{dcmt}},5 \times 50^{\text{dcmt}} = 125^{\text{dcmt2}}$ pour la surface du côté, et $125^{\text{dcmt}} \times 25^{\text{dcmt}} = 3125^{\text{dcmt}}$ cubes. C'est donc comme si le poids de

3125^{ddmt} cubes était supporté par la paroi verticale, et $P' = 3125^{kg}$, puisque 1^{dcmt} cube d'eau pèse 1^{kg}.

455. Soit à trouver la pression totale qui tend à écarter la vanne ou la cloison inclinée *ab* (*fig.* 19 du texte), fermant un conduit d'eau

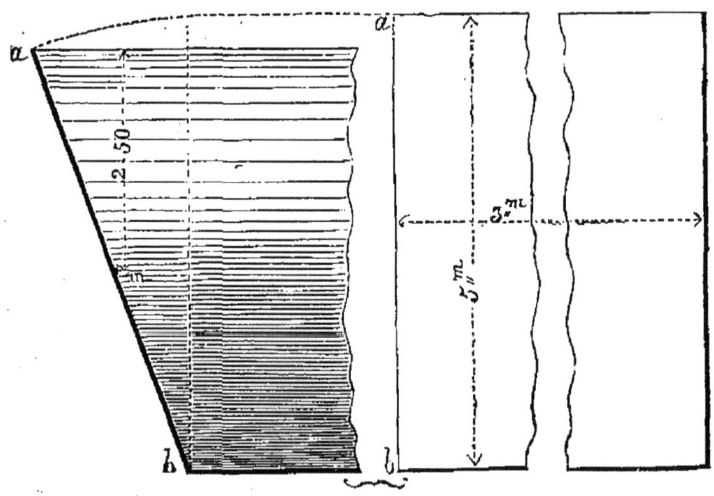

Fig. 19.

ou formant la paroi d'un vase : 1° trouver la surface de cette vanne en décimètres carrés (§ 216), on a $50^{dcmt} \times 30^{dcmt} = 1500^{dcmt}$ carrés ; 2° multiplier cette surface par la hauteur moyenne, exprimée en décimètres, de l'eau qui pousse la vanne, c'est-à-dire par la hauteur mesurée du milieu *m* de la vanne au niveau du liquide, on obtient $1500^{dcmt} \times 25^{dcmt} = 37500^{dcmt}$ cubes ou 37500^{kg}.

456. La forme du vase n'influe aucunement sur la pression exercée par le liquide contre le fond ou contre les parois du dit vase : ainsi, dans les récipients A, B et C (*fig.* 20 du texte), les fonds *ab*, *a'b'* et *a''b''* ayant la même surface, et la hauteur verticale de l'eau *ac*, *a'c'* et *a''c''* étant la même pour tous trois, le fond de chacun d'eux supporte la même pression qui est égale à celle qu'exerce le poids du cylindre d'eau *cabd*, ou *c'a'b'd'*, ou *c''a''b''d''*.

Cette conséquence singulière des principes de la pression des fluides s'énonce ainsi : *La pression exercée sur un point quelconque du liquide se fait sentir avec la même intensité sur tous les points de la masse liquide.* L'expérience vérifie le fait de la manière suivante :

Un récipient (fig. 21) de forme circulaire placé horizontalement et complétement rempli d'eau, porte 4 cylindres munis de pistons étanches 1, 2, 3, 4 ; sur le piston 1, qui a 1^{cmt} 2 de surface,

on exerce une pression de 10^k : le piston 2 tend alors à sortir de
son cylindre et il faut, pour le retenir, une pression de 10^k en sens
contraire de celle exercée sur le piston 1 ; or, le piston 2 ayant la

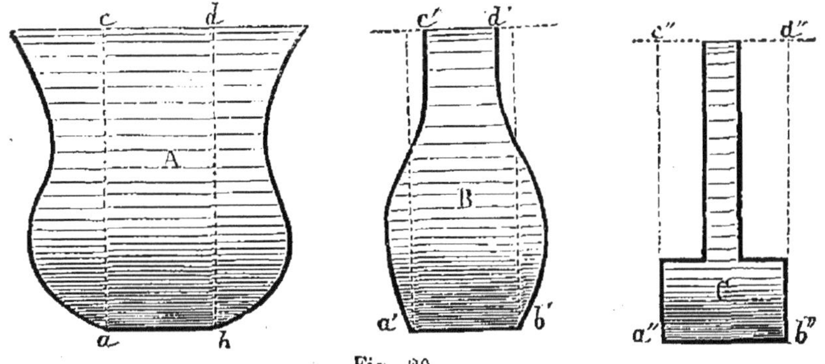

Fig. 20.

même surface que ce dernier, la pression ajoutée par unité de surface est donc égale sur ces deux points du liquide ; le piston 3 dont
la surface est double du piston 1, n'est retenu que par un effort

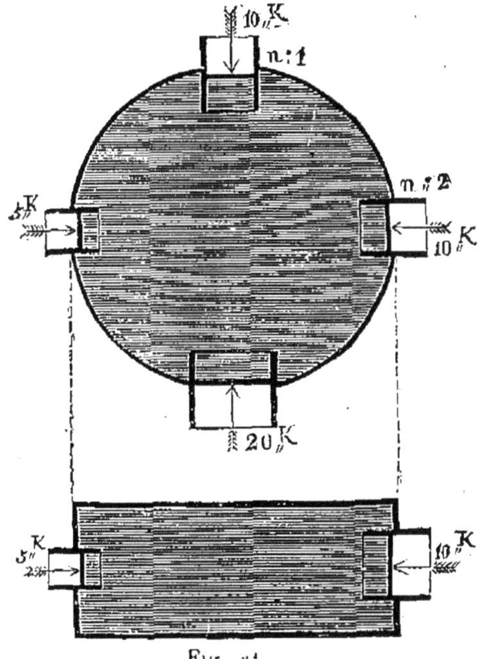

Fig. 21.

de 2 fois 10 ou 20^k, et le piston 4, qui n'a qu'une surface égale à la
moitié du piston 1, est retenu par un effort égal à la moitié de 10 ou
de 5^k ; conséquemment, tous les points du liquide ont reçu la même

augmentation de pression, par le fait de la poussée exercée sur un des points de la masse liquide.

D'après le principe de l'égalité des pressions dans les masses liquides, abstraction faite du poids du liquide lui-même qui s'ajoute évidemment à la pression supportée par les points considérés, il n'est pas nécessaire d'augmenter un récipient d'eau dans toutes ses proportions, pour augmenter la charge sur ses parois ou sur le fond, soit pour en éprouver la résistance, soit pour tout autre but à atteindre par ce moyen. Pour soumettre le fond $a''b''$ du vase C (*fig.* 20) à une pression 4 fois plus grande que celle qui le charge lorsque la chambre C est pleine d'eau, il suffira d'ajuster sur le dessus un tuyau c'' d'un diamètre aussi petit que l'on voudra, dont la hauteur soit 4 fois plus grande que $a''C$, et de le remplir d'eau. Pour chaque $10^{mt},33$ de hauteur de colonne liquide, la pression par centimètre carré du fond du vase, sera de $1^{kg},033$ (§ 452). C'est en vertu de ce même principe, dit principe de *Pascal*, *sur l'égalité de pression dans les fluides*, qu'est basé le fonctionnement de la presse hydraulique.

457. Les liquides placés dans des vases ouverts à l'air libre et communiquant entre eux, se mettent toujours de niveau, quelque différente que soit la *forme des vases* et celle des conduits de communication : dans les trois vases (*fig.* 22), le liquide se tient au même

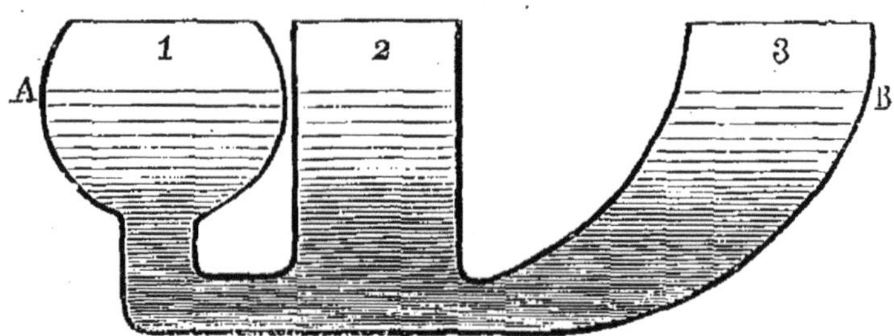

Fig. 22.

niveau AB et celui-ci est parallèle au plan horizontal ; si l'on fait incliner le système dans un sens quelconque, la hauteur respective de l'eau dans chacun des vases changera, mais la ligne AB déterminée par l'ensemble des niveaux sera toujours parallèle à l'horizon.

458. Si dans les deux vases communiquants A et B (*fig.* 23) ouverts d'abord à l'air libre, on verse de l'eau, le niveau s'établira en A et B à la même hauteur et sera par exemple en cb ; si après cela on ferme la partie supérieure de B, et que l'on continue à verser de l'eau dans A, le niveau dans chacun des vases ne restera plus sur

une même horizontale, il montera beaucoup plus en A qu'en B, parce
que l'air alors comprimé en B augmentera de pression en suivant la
loi de Mariotte (§ 451) ; cette pression ajoutée au poids de la colonne

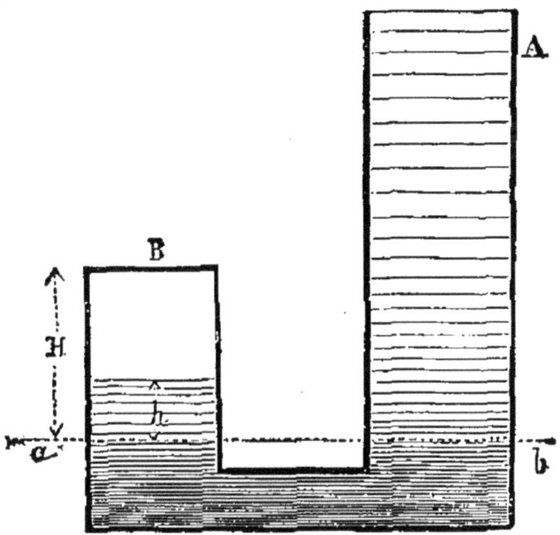

Fig. 23.

d'eau h qui marque en hauteur la différence des niveaux primitifs cb,
sera égale à la pression de la colonne d'eau ajoutée en A lorsque les
niveaux étaient en $c...b$.

Appelant H, la longueur de la chambre d'air quand on a fermé la
partie supérieure de B ;

h, la différence en hauteur du niveau primitif ab avec
celui qu'a pris le liquide en B après qu'on a ajouté
de l'eau en A (h exprime donc la quantité dont
H d'air est comprimé) ;

P, la pression en centimètres de colonne de mercure (§ 452)
que possède l'air comprimé en B.

On aura :

$$P = \frac{(2 \times h \times 13,59) + 10,33 \times \dfrac{H}{H - h}}{13,59} \qquad (n^o\ 1)$$

P, exprimera la pression totale en centimètres de mercure, de l'air
comprimé, sur une surface de $1^{cm^{2}}$; pour l'obtenir en atmosphère, il
suffirait de diviser P par $0^{mt},76$, puisque cette hauteur de colonne de
mercure correspond à la pression atmosphérique ; et pour l'exprimer
en kilogrammes, on ferait en appelant P_g cette pression :

$$P_g = \frac{P}{0,76} \times 1^{kg},033.$$

Connaissant P en centimètres de mercure, on peut connaître h tant en nombre l'expression :

$$h = \frac{P}{4} + \frac{H}{2} - \sqrt{\left(\frac{P}{4} + \frac{H}{2}\right)^2 - H \cdot \frac{P - 0.76}{2}}. \quad \text{(n}^\text{o}\ 2)$$

Si le liquide versé dans les vases communiquants était autre que de l'eau, il faudrait chercher quel est le rapport de la densité de ce liquide avec celle du mercure, et substituer le nombre exprimant ce rapport au nombre 13,59 qui, dans la formule n° 1, indique que l'eau est 13 fois 59 centièmes de fois plus légère que le mercure ; il faudrait, en outre, chercher à quelle hauteur du liquide employé correspond la pression atmosphérique et remplacer le nombre 10ᵐᵗ,33 (il représente dans la même formule la hauteur d'eau qui équilibre l'atmosphère) par le nombre qui exprimerait la hauteur du liquide employé, capable d'équilibrer la pression atmosphérique. Supposons que ce soit de l'huile que l'on verse dans les vases communiquants : la densité de ce corps gras étant 0,90 et celle du mercure 13,59, le rapport sera :

$$\frac{13,59}{0,90} = 15,1\ ;$$

il faudra donc remplacer 13,59 par 15,1 dans l'équation n° 1, et remplacer 10ᵐᵗ,33 par 11,476.

Ce dernier nombre est obtenu par l'opération suivante ainsi raisonnée : la densité du mercure étant 15 fois et 1 dixième de fois plus grande que celle de l'huile, il faudra une colonne de ce dernier 15 fois et 1 dixième de fois plus élevée pour équilibrer la pression de l'air libre, c'est-à-dire 0ᵐᵗ,76 × 15,1 = 11ᵐᵗ,476.

459. Si on emploie le mercure, métal qui ne se solidifie qu'à une température de 13° au-dessous de 0°, la formule n° 1 devient

$$P = (2 \times h) + 0,76 \times \frac{H}{H - h}. \quad \text{(n}^\text{o}\ 3)$$

C'est celle qui sert à établir la graduation du manomètre dit à air comprimé (voir le chapitre *Machine à vapeur*).

460. L'eau à son état naturel contient en dissolution dans sa masse une quantité d'air égale à $\frac{1}{20}$ de son volume ; le gaz s'échappe en tout ou en partie par la surface du liquide, si ce dernier est soumis à la vaporisation ou s'il se trouve contenu dans un vase où il existe une pression inférieure à celle de l'atmosphère. Dans le calcul rigoureux de l'effet théorique des pompes, on doit tenir compte de ce fait.

461. Un corps abandonné à la surface d'un liquide s'enfonce en partie ou complétement dans ce liquide, suivant que sa densité est plus ou moins grande, et il perd de son poids un poids égal au volume de liquide dont il tient la place ; c'est ce qu'on appelle le *principe d'Archimède* qui s'énonce ainsi : *Un corps plongé dans un liquide perd de son poids, le poids du volume d'eau qu'il déplace.*

Un morceau de fer d'un volume de $1^{dcmt\,3}$ pèse en moyenne $7^{kg},500$; plongé dans l'eau, il ne pèsera plus que $7^{kg},500 - 1^{kg} = 6^{kg},500$, puisqu'il déplacera un décimètre cube d'eau et que le poids de ce liquide est de 1^{kg} par litre ou par décimètre cube.

Un morceau de bois de sapin de $1^{dcmt\,3}$, pèse en moyenne $0^{kg},550$; il surnagera d'une certaine quantité si on le met dans l'eau, puisqu'il est plus léger que ce liquide : le volume d'eau déplacé aura le même poids que le morceau de bois ; c'est-à-dire que ce volume sera de $0^{dmt\,3}$, 550 et que le volume du bois non immergé sera $1000^{cmt\,3}$ — 550 = $450^{cmt\,3}$ ou $0^{dcmt\,3}$, 450 ; on pourra donc placer sur ce corps flottant un poids de $0^{kg},450$ pour l'immerger à fleur d'eau.

462. Par le fait de sa forme, un vase fait avec un corps plus dense, plus pesant que l'eau, ne s'immergera pas complétement : Soit un vase ouvert A (*fig.* 24) en tôle de fer d'une épaisseur de $0^{mt},01$, la

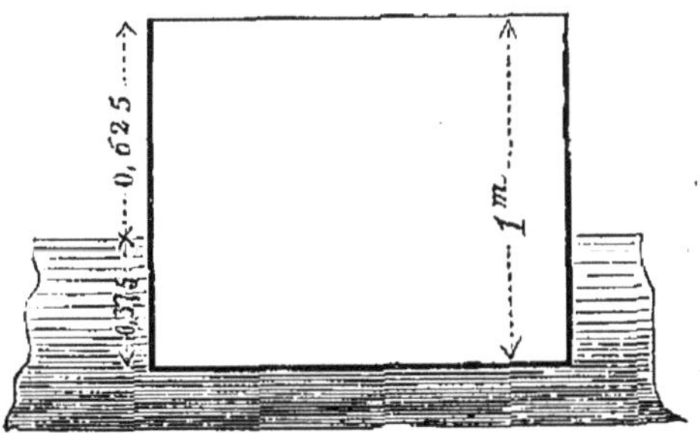

Fig. 24.

forme générale est celle d'un cube et les 5 surfaces, c'est-à-dire les quatre côtés et le fond ont chacune 1^{mt} de côté, soit $100^{dcmt\,2}$ de superficie ; le poids total sera $100^{dcmt\,2} \times 0,1 \times 5 \times 7^{kg},500 = 375^{kg}$, le poids de la tôle étant de $7^{kg},500$ par décimètre cube ; le fond ayant $100^{dcmt\,2}$, pour chaque centimètre dont le vase s'enfoncera dans l'eau, le poids du liquide déplacé sera de $100^{dcmt\,2} \times 0,1^{cmt} \times 1^{k} = 10^{kg}$, puisque $1^{dcmt\,3}$ d'eau pèse 1^{kg} ; le poids total du vase étant de 375^{kg}, son immersion en centimètres sera donc de $\frac{375}{10} = 37^{cmt},5$ et la partie non immergée sera de $1^{mt}, - 0^{mt},375 = 0^{mt},625$.

463. Pour les vases de forme rectangulaire, la hauteur x d'immersion dans l'eau est donnée assez exactement par la formule

$$x = \frac{P \times V}{S \times H} \qquad (n^o 4)$$

en désignant par P le poids en kilogrammes du décimètre cube du corps dont le vase est fait ;

  V le volume total du décimètre cube du corps dont le vase est fait,

  S la surface extérieure du fond, en décimètres cubes ;

  H la hauteur du vase en décimètres.

Pour les vases ayant toute autre forme, les calculs dits de déplacement sont indiqués dans des livres spéciaux sur la construction des navires ou des embarcations.

APPAREILS ET MACHINES A ÉLEVER L'EAU.

PAR M. JUHEL.

464. Les systèmes de machines destinées à élever l'eau sont très-nombreux, et quoique le principe de leur action reste le même pour le très-grand nombre d'elles, la forme diffère souvent. La partie de l'hydraulique qui traite spécialement des appareils destinés à l'élévation des eaux comprend :

1° Les machines simples, telles que l'écope, le van, le seau, les auges, etc.;

2° Les machines d'épuisement et les machines élévatoires autres que les pompes ;

3° Les pompes à piston ;

4° Les pompes rotatives et celles à force centrifuge;

5° Le bélier hydraulique.

Machines simples à élever l'eau.

465. La force musculaire de l'homme est généralement appliquée à la manœuvre de ces machines ; il convient donc de chercher, suivant le cas, le meilleur moyen de l'utiliser, afin d'éviter la fatigue produite par un mouvement incessant des organes qui supportent la charge à remuer.

Les machines simples sont employées pour les assèchements de peu de durée, lorsque la quantité d'eau à épuiser n'est pas considérable et que son peu de profondeur empêche l'établissement d'une pompe. On s'en sert rarement pour élever l'eau au-dessus de 1 mètre.

Les instruments de ce genre les plus répandus sont : l'écope, le seau, le van et les auges.

466. *Ecope à main* (*fig.* 1, *pl.* **24**). — C'est une espèce de pelle creuse ordinairement de petite dimension, en tôle ou en bois, munie d'un manche ; l'extrémité qui pénètre dans le liquide forme un angle très-aigu. L'écope se remplit en la faisant glisser dans l'eau la pointe en bas, puis on élève cette extrémité tout en projetant le liquide à l'extérieur et à la hauteur convenable. On estime qu'avec cet instrument un homme peut élever en une heure de 6 à 8 mètres cubes d'eau, ce qui constitue un travail utile de 6 à 8000 kilogrammètres (§ 288).

Baquetage. — Le procédé connu sous le nom de baquetage consiste à épuiser l'eau au moyen de seaux, à de petites profondeurs ; il est fréquemment employé dans les travaux de fondation.

467. *Van* (*fig.* 2). — Le van est une espèce de grande écope manœuvrée par deux hommes, ses formes courbes facilitent l'entrée du liquide et atténuent l'effet des chocs pendant la manœuvre.

468. *Auge mobile* (*fig.* 3). — C'est une espèce de gouttière fermée à une de ses extrémités, ouverte et légèrement arrondie à l'autre, elle s'appuie par son extrémité ouverte sur le bord du talus vers lequel doit avoir lieu l'écoulement, on abaisse l'autre extrémité jusqu'à ce qu'elle soit couverte par l'eau, puis élevant cette partie qui porte une ou deux poignées, l'eau s'écoule par la partie ouverte. Quelquefois, près de la partie fermée et dans le fond de l'auge, on place une soupape qui, s'ouvrant de dehors en dedans, laisse pénétrer le liquide lorsqu'on abaisse la partie fermée, et se ferme aussitôt qu'on soulève l'auge pour produire l'écoulement. A moins de donner une forme courbe à cet instrument, il est aisé de reconnaître qu'il ne peut élever l'eau qu'à une très-faible hauteur.

469. *Seau à bascule (fig. 4).* — Dans beaucoup de localités rurales, pour élever l'eau d'un puits dont la profondeur n'est que de 2 à 3 mètres, on emploie un levier, connu sous le nom de perche, suspendu en un point O de sa longueur; l'une de ses extrémités A est munie d'un contre-poids, l'autre B porte une corde à laquelle s'attache le seau; c'est sur cette corde qu'on agit pour produire la montée ou la descente du seau. On peut régler le contre-poids de façon à n'avoir que fort peu d'efforts à exercer pour produire l'ascension du seau, sans trop augmenter l'effort nécessaire pour opérer son immersion, la fatigue étant moindre pour agir de haut en bas que pour soulever de bas en haut.

Supposons que le bras du levier du côté du seau ait $3^{mt},40$ de longueur, et que du côté du contre-poids il ait 2^{mt}, le poids du seau étant 3^{kg} et celui de l'eau à élever 15^{kg}.

La relation d'équilibre sera, pendant la montée, en appelant x le poids équilibrant :

$$3,40 \cdot (15 + 3) = 2 \times x,$$

ou

$$x = \frac{61,2}{2} = 30^{k},6,$$

et celle de la descente sera :

$$3,40 \times 3 = 2 \times x$$

$$x = \frac{10,2}{2} = 5^{\text{k}},1 \cdot$$

Le poids x nécessaire pour qu'il y ait égalité d'efforts sera donc :

$$x = 30,6 + 5,1 = \frac{35,7}{2} = 17^{\text{kg}},05.$$

Et si on veut que l'effort E nécessaire pour élever le seau plein, soit la moitié de celui qui produit l'immersion du seau vide, on a :

$$E = \frac{17,85}{4} = 4^{\text{k}},462.$$

Ajoutant ce poids à celui déjà trouvé pour l'égalité d'efforts, on aura $22^{\text{kg}},312$ pour le poids propre à remplir cette dernière condition.

On estime qu'à l'aide de la perche, un homme peut élever dans une heure environ 7000^{kg} d'eau à 1^{mt} de hauteur.

Ecope hollandaise. — On donne ce nom à de grandes écopes suspendues par leur manche à une espèce de chèvre et qui oscillent sous l'action de la main autour d'un point de suspension ; le travail utile de ces écopes est augmenté de ce que l'homme qui les fait agir ne supporte pas le poids de l'eau qu'elles contiennent, sa force est tout entière employée à l'élévation du liquide.

470. *Siphon.* — On se sert souvent pour les transvasements de liquides du *siphon*, instrument en verre (*fig.* 26 du texte) ou en métal, composé simplement d'un tube courbé formant les deux branches I, S. Pour l'*amorcer* on le remplit de liquide, directement et en le tenant les deux branches en haut, puis on le plonge dans le vase ; l'écoulement se fait par le côté S qui est le plus long et continue jusqu'au déjaugement du côté I ou jusqu'à ce que la hauteur du niveau de l'eau au sommet du siphon soit de $10^{\text{mt}},33$. — Il est nécessaire pour que l'instrument fonctionne que le niveau du liquide dans le vase soit toujours plus élevé que l'orifice de la grande branche. Afin d'obtenir un écoulement constant par le siphon, on l'installe comme l'indique la figure 26 : le flotteur 1 tenu au

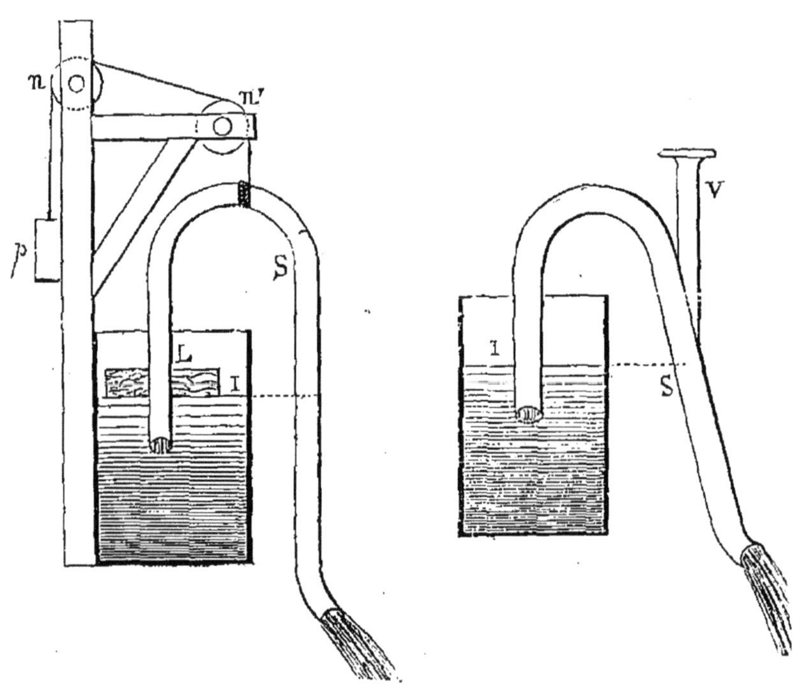

Fig. 25.   Fig. 26.

siphon est équilibré et le poids du siphon lui-même, par le contre-poids p dont la corde passe sur les poulies nn', il descend avec le niveau de l'eau I en entraînant le siphon ; la distance entre I et le sommet de l'instrument reste alors constante.

On amorce le siphon, comme il vient d'être dit, en le remplissant de liquide, ou bien encore en faisant le vide par aspiration et par la branche V. On a établi des siphons d'une très grande puissance pour des travaux d'assèchement ou comme machines motrices hydrauliques, telles que les appareils qui servent à imprimer la force aux outils qui percent le roc, dans le creusement du tunnel du Mont-Cenis

Machines d'épuisement et machines élévatoires autres que les pompes.

471. *Seaux et poulies.* — Lorsque les puits n'ont que peu de profondeur, on emploie souvent une poulie dans la gorge de laquelle passe une corde portant un seau à chacune de ses extrémités (*fig. 5, pl.* **24**). La chape de cette poulie est presque toujours disposée de façon à pouvoir tourner autour de son point de suspension O, afin qu'il ne soit pas nécessaire de faire le tour du puits chaque fois que l'on doit agir sur l'un des bouts de la corde.

L'un des deux seaux sur la corde duquel on agit, remonte plein tandis que l'autre descend vide; on n'a donc ainsi à élever que le poids de l'eau du seau plein; mais à cause de l'inégalité de longueur des deux bouts de la corde, lorsque les deux seaux ne sont pas à la même hauteur, il faut ajouter à ce poids celui de la longueur de la corde qui se trouve comprise au-dessus des deux seaux. La plus grande longueur de cette corde est égale à la distance comprise entre la margelle et le niveau de l'eau dans le puits. L'inégalité de poids influe nécessairement davantage lorsque le puits a une grande profondeur; dans ce cas, on attache au-dessous de chaque seau une corde dont la longueur est égale à la distance comprise entre les deux seaux lorsque l'un d'eux est au fond du puits; de cette façon, on évite une dépense de force inutile en rétablissant l'équilibre.

472. *Système à treuil* (*fig.* 6). — Il est plus avantageux de faire usage du treuil que de la perche lorsque les puits ont une grande profondeur. Il se compose d'un rouleau A disposé au-dessus de l'orifice du puits; une corde est fixée sur ce rouleau par l'une de ses extrémités, elle porte un seau à l'extrémité opposée; en agissant sur la manivelle M, la corde s'enroule et le seau monte; lorsqu'il est vide on le laisse descendre et la **corde** du treuil se déroule sous l'action de son poids.

473. On emploie le treuil à engrenages lorsque le poids

d'eau à élever est très-grand et que l'effort d'un homme agissant sur la manivelle du treuil simple est insuffisant pour vaincre les résistances utiles. Il est prudent, dans ce cas, afin d'éviter les accidents, de placer sur l'arbre du treuil une roue à rochet avec un déclic à ressort.

La disposition à treuil est avantageuse comme utilisation du travail de l'homme; elle lui permet d'enlever en une heure environ 20^{mt} cubes d'eau à 1^{mt} de hauteur, le double environ du résultat obtenu avec le système à double seau ou à perche, ce qui correspond presque au maximum du travail produit à l'aide de la manivelle. Ce travail est représenté par 172^{kgmt} par jour en travaillant pendant 8 heures (§ 288).

474. *Manége des maraîchers (fig. 7, pl. 24).* — Cette machine élévatoire est presque uniquement employée pour l'arrosage aux environs de Paris; elle est fort simple : un treuil vertical T sur lequel s'enroule une corde dont chacune des extrémités porte un seau, est mû alternativement à l'aide d'un levier L sur lequel on fait agir ordinairement un cheval; lorsqu'un des seaux est élevé et vidé, le cheval habitué à cet exercice reprend sa marche en sens contraire et produit l'élévation du second seau. En **8** heures de travail, à l'aide de cet appareil, on peut élever à 1^{mt} de hauteur en faisant agir :

1 homme.	200^{mt3}	d'eau.
1 cheval.	1166	—
1 bœuf.	1120	—
1 âne.	334	—

475. *Chapelet (fig. 8, pl. 24).* — Le chapelet se compose d'une espèce de chaîne dont chaque maillon porte une palette perpendiculaire à son axe; deux poulies munies de saillies sur leur circonférence lui donnent le mouvement; cet appareil est le plus souvent placé verticalement, et quelquefois dans une inclinaison variable de 30 à 40° vers l'horizon. Le chapelet incliné (*fig.* 8) se meut dans une auge de section rectangulaire MN dont la largeur est généralement double de la hauteur; le canal formé par l'auge est ouvert aux deux extrémités; la partie supérieure sert de déversoir. Les planchettes suivent le mouvement de chaîne sous l'action des poulies à dents A et A', disposées aux deux extrémités de l'auge, et élèvent le liquide jusqu'à la partie supérieure du canal, d'où il s'écoule dans la rigole.

Afin de faciliter le passage des palettes dans l'auge, on les fait plus étroites de 3 à 4^{mm} que la section de celle-ci. Cette obligation de laisser un certain jeu pour la circulation des palettes, détermine une perte de liquide d'autant plus considérable que le jeu est grand et que le mouvement est lent, de sorte qu'il paraîtrait avantageux d'accélérer la vitesse des palettes; mais l'expérience prouve qu'au delà de la limite de 1^{mt},10, les pertes de travail occasionnées par le choc des palettes sur l'eau sont supérieures à la quantité de travail correspondant aux pertes d'eau par les côtés des palettes.

D'après diverses observations, la quantité d'eau que peut élever un homme à l'aide d'un chapelet est égale à 85^{mt} cubes, à 1^{mt} de hauteur en 10 heures de travail; or, pour apprécier le travail utilisé au point de vue de l'élévation de l'eau, il faut se rappeler que le maximum de travail développé par l'homme agissant sur une manivelle est égal en une journée de travail de 10 heures, à 216000^{kgmt}, de sorte que le rendement de cette machine, c'est-à-dire la quantité de travail qu'elle utilise sera égal à $\dfrac{85000}{216000}$ ou aux 0,393 du travail moteur.

Le travail produit par un cheval conduisant un manége pendant le même temps est égal à 1458000^{kgmt}; attelé à un manége destiné à conduire un chapelet incliné, le cheval peut élever environ 57^{mt3},300 en 10 heures, à 1^{mt}, c'est-à-dire accomplir un travail utile égal à 57300^{kgmt}. Le rendement sera encore

$$\frac{57300}{1458000} = 0,393.$$

Outre les désavantages comparatifs qui naissent de ce faible rendement, le chapelet incliné a l'inconvénient d'être difficile à établir et d'occuper beaucoup d'espace, aussi lui préfère-t-on la plupart des autres machines élévatoires.

476. Le chapelet vertical (*fig.* 9, *pl.* **24**) est généralement composé d'un tube cylindrique AB, évasé à sa partie inférieure afin de faciliter l'entrée des palettes *p*, P qui sont formées dans ce cas d'un morceau de cuir pressé entre deux rondelles de métal ; elles forment ainsi une espèce de piston suffisamment étanche, lorsque le cuir est en bon état et que le mouvement du chapelet est assez rapide.

Les avantages du chapelet vertical sur le chapelet incliné sont de nature à le faire préférer dans tous les cas : il occupe moins de place, il est facile à transporter et son rendement est égal aux 0,67 du travail moteur.

Un homme agissant sur la manivelle peut avec cette machine élever à 1^{mt} de hauteur 140^{mt3} d'eau en 10 heures de travail.

477. *Norias ou chaînes à pots* (*fig.* 10, *pl.* **24**). — Depuis très longtemps on emploie dans le midi de la France et en Algérie, pour élever l'eau destinée aux irrigations, un appareil connu sous le nom de *noria*. Il se compose d'une roue R sur laquelle on fait agir à l'aide d'un engrenage à lanterne L, un cheval ou un âne ; la roue est destinée à faire mouvoir un assemblage de deux cordes sans fin, parallèles, sur lesquelles sont fixés des pots en terre *p* ; la longueur du système dépend de la profondeur du puits. Lorsqu'un mouvement de rotation est communiqué à la roue, elle entraîne les pots qui se remplissent pendant leur immersion et qui, arrivés près de la partie supérieure de la roue, versent l'eau qu'ils contiennent dans un conduit en bois C, disposé aussi près que possible du sommet de la roue. Il résulte de cette disposition que l'eau doit être élevée à une hauteur plus grande que la distance comprise entre le niveau du puits et celui de l'écoulement. A cette première cause de perte de travail, vient s'ajouter celle qui provient du balancement des pots pendant la montée ; on estime que la quantité d'eau qui retombe dans le puits, sous l'influence de ce balancement auquel on donne le nom de *baquetage*, est égale à environ 1/10 de la capacité du pot.

La hauteur d'élévation non utilisée varie entre $0^{mt},50$ et $0^{mt},80$; elle dépend du diamètre de la roue, et elle a d'autant moins d'influence que la différence des niveaux entre l'eau du puits et le déversoir est grande.

La quantité d'eau élevée pendant une journée de travail de 10 heures par un cheval est, avec la noria, d'environ 60000 litres élevés à 8^{mt} de hauteur; d'où l'on peut conclure que son rendement est égal à $\dfrac{60000 \times 8}{1166400} = 0,411$ environ du travail moteur; en admettant que ce diviseur représente le travail, en 10 heures, d'un cheval attelé à un manége.

Quoique ce rendement soit faible, la facilité d'entretien et de réparation des norias les fait préférer, pour certains travaux d'irrigation et de jardinage, à des machines d'une meilleure utilisation.

478. *Noria de M. Gateau (fig.* 11, *pl.* **25**). — On a construit plusieurs systèmes de norias dans le but d'éviter les inconvénients du système primitif décrit plus haut. Les constructeurs se sont attachés surtout à diminuer le baquetage et à faire déverser l'eau aussi près que possible de la hauteur totale à laquelle elle est élevée. Dans la noria représentée figure 11, les seaux S sont en tôle et munis d'un couvercle à charnière qui est fermé pendant la montée et qui s'ouvre sous l'action de son poids aussitôt que par suite de la position du seau sur le tambour T, il dépasse la verticale; le liquide s'écoule dans une auge A, engagée sous le tambour supérieur, aussi près que possible du point de versement; un rouleau force la chaîne à s'écarter de l'auge lorsque le seau s'est vidé. Une soupape qui s'ouvre de dehors en dedans est placée au fond de chaque récipient afin de laisser évacuer l'air pendant le remplissage; le poids de l'eau, aussitôt qu'il agit sur cette soupape, la ferme et au moment même où la partie supérieure du seau se trouve en haut.

On calcule le rendement R des norias du système Gateau au moyen de la formule suivante :

$$R = 0,80 \cdot \frac{H}{H \times 0^{mt},75} \qquad \text{(n}^\circ 5)$$

H désigne la profondeur du puits au-dessous de l'auge, et $0^{mt},75$ la perte de hauteur.

EXEMPLE. Soit $H = 5^{mt}$.

On a :

$$0,80 \times \frac{5}{5,75} = 0,69.$$

On n'emploie généralement les norias que pour élever l'eau à des hauteurs supérieures à 4^{mt}.

479. *Roue chinoise* (*fig.* 12, *pl.* **25**).—Cette roue est formée d'une couronne annulaire C légèrement conique, sur la surface extérieure de laquelle sont placés des godets p, p ayant la forme d'un tronc de cône à bases quadrangulaires et fermé par leur base la plus large. Les godets forment avec la génératrice de la surface tronc-conique de la roue, un angle de 30° à 40°, ils versent le liquide dans un conduit D, placé près de la partie supérieure de la roue.

L'inclinaison des godets facilite leur entrée dans la masse d'eau et le dégagement de l'air qu'ils contiennent. La roue est placée dans la meilleure condition d'utilisation, lorsque le niveau de l'eau est tangent à la surface extérieure de la couronne.

Le rendement de cette machine peut varier suivant le diamètre de la roue, et par conséquent la hauteur d'élévation entre 0,55 et 0,60 du travail employé à la faire tourner.

La vitesse de la roue à la circonférence extérieure ne doit pas dépasser $0^{mt},30$ en une seconde.

480. *Roue à tympan* (*fig.* 13, *pl.* **25**). — Cette roue, d'un usage fréquent chez les anciens pour élever l'eau à de faibles hauteurs, est formée de deux plateaux circulaires réunis par une enveloppe cylindrique C; elle est divisée intérieurement en huit ou dix compartiments par des cloisons S placées dans le sens du rayon ; le cylindre qui sert d'enveloppe est percé d'autant d'ouvertures O qu'il y a de secteurs. Le moyeu de la roue est formé d'un arbre en bois, sur lequel sont entaillées autant de cannelures o^1 qu'il y a de compartiments dans la roue ; les orifices ainsi formés communiquent chacun avec le secteur qui lui correspond.

Lorsque la roue est en mouvement, l'eau s'introduit par les ouvertures percées dans l'enveloppe, puis elle s'étend sur chaque rayon et arrive à la hauteur de la cannelure ; elle s'écoule par l'orifice o^1 dans une auge disposée au-dessous de l'arbre. Quelquefois, l'arbre qui sert de moyeu, au lieu d'être entaillé, comme nous venons de le dire, est formé d'une seconde enveloppe creuse c', réunie par le prolongement des rayons de la roue à l'axe de rotation (*fig.* 14) ; les ouvertures a, ménagées sur ce cylindre creux, en face de chaque secteur, le mettent en communication avec les autres, et l'eau s'écoule par les ouvertures a pratiquées sur un des plateaux.

La vitesse à la circonférence extérieure de la roue est ordinairement égale à 1^{mt}.

Il est à remarquer que, pour élever l'eau à une hauteur donnée, le diamètre du tympan doit être le double de celui de la roue chinoise (§ 479), et qu'à cause de la petitesse relative des orifices d'introduction de l'eau, on est obligé de donner beaucoup de largeur à cette machine, d'où résulte un encombrement très-grand.

481. L'effet utile E du tympan peut se déduire de la formule empirique :

$$E = 0,80 \times \frac{H}{H + 0,50}, \qquad (n^o\ 6)$$

dans laquelle H désigne la hauteur comprise entre le niveau de l'eau et le point de versement, et 0,50 la perte de hauteur sur l'élévation totale.

Si H $= 2^{mt}$, on aura pour valeur du rendement E,

$$E = 0{,}80 \times \frac{2}{2{,}50} = 0{,}64.$$

482. Vers le commencement du siècle dernier, un académicien français, Lafaye, courba les cloisons du tympan en développantes du cercle du moyeu, afin probablement d'obtenir plus de régularité dans le mouvement, par suite d'une meilleure division de la charge à élever à chaque position

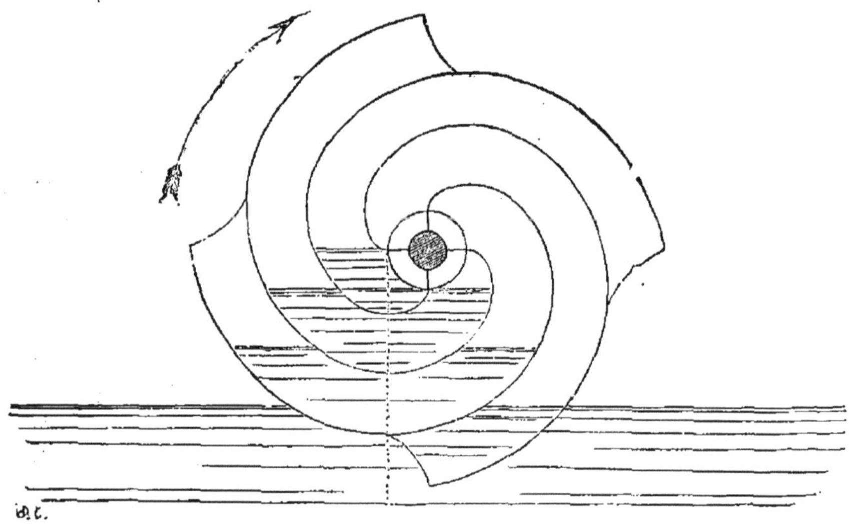

Fig. 27.

de la roue ; il supprima dès lors l'enveloppe extérieure. La figure 27 du texte représente cette disposition.

L'avantage que procure ce changement est faible quant à la dépense de travail moteur. Comme rendement, le tympan à développantes est inférieur à celui des anciens ; d'ailleurs, les inconvénients de ces lourdes machines qui n'élèvent l'eau qu'à de faibles hauteurs et occupent un grand espace, sont de nature à en faire limiter l'emploi à des cas particuliers.

483. *Vis d'Archimède (fig.* **15,** *pl.* **25).** — La vis d'Archimède actuelle diffère peu de celle que l'on employait il y a 4000 ans. Elle se compose de deux cylindres concentriques C et C', dont l'un C' est plein et forme le noyau de la vis ; le noyau est creusé à sa surface de manière à former un ou plusieurs sillons hélicoïdes qui en font plusieurs fois le tour; dans ces sillons, sont encastrées des douves en bois ou en tôle, qui sont aussi fixées au cylindre extérieur, lequel est souvent formé de planches étroites serrées au moyen de cercles en fer et formant un conduit étanche.

L'inclinaison du filet ou le pas de l'hélice (§ 309) varie suivant la pente sous laquelle agit l'appareil, pente qui est entre 45° et 80°; la vis fonctionne sous un angle de 35° à 50° à l'horizon.

Cette machine est souvent employée pour l'épuisement dans les endroits où on veut poser à sec les fondations d'une construction ; sa forme et son peu de volume permettent d'en placer plusieurs agissant presque au même point.

L'influence que la hauteur d'immersion et le nombre de tours de cet appareil exercent sur le rendement de la vis, peut être déduite du tableau suivant qui contient les résultats d'expériences faites sur un petit appareil construit avec soin.

Le diamètre de la vis était de.... $0^{mt},156$
Longueur   —   — $1^{mt},10$
Diamètre du noyau............ $0^{mt},072$

La vis était formée de deux filets hélicoïdaux formant avec la génératrice du cylindre un angle de 78°,21; l'inclinaison de cette vis était de 50° à l'horizon, de sorte que la hauteur d'élévation de l'eau était de $0^{mt},75$.

INFLUENCE DE LA HAUTEUR D'IMMERSION au-dessus ou au-dessous DE L'AXE.		INFLUENCE DU NOMBRE DE RÉVOLUTIONS sur la production.		
HAUTEUR du niveau.	PRODUIT par révolution.	NOMBRE de révolutions.	EAU ÉLEVÉE par révolution.	EAU ÉLEVÉE par 1°.
m.	lit.		lit.	lit.
+ 0,109	0,230	(1) 22	0,283	6,226
+ 0,042	0,260	41	0,267	10,947
+ 0,012	0,276	51	0,252	12,852
+ 0,002	0,297	74	0,230	17,020
0,000	0,344	121	0,195	23,595
— 0,003	0,387	(2) 56	0,322	18,032
— 0,008	0,315	60	0,337	20,220
— 0,019	0,306	73	0,344	25,112
»	»	85	0,351	29,835
»	»	98	0,351	34,398
»	»	120	0,337	40,440

(1) La base du cylindre étant complétement immergée.
(2) Le niveau de l'eau étant à 0,003 au-dessous de l'axe de la vis.

Il résulte des chiffres de ce tableau, que le plus grand produit correspond à l'immersion de la vis jusqu'à 0,003 au-dessous de son axe et à la vitesse moyenne de 90 tours à la minute.

Le mouvement est communiqué à la vis d'Archimède au moyen d'une manivelle ou d'une poulie, suivant ses dimensions et la quantité d'eau à élever. La longueur est presque toujours égale à 12 fois le diamètre, lequel est égal à 3 fois celui du cylindre intérieur ou noyau. Le rendement varie de 0,65 à 0,70 du travail moteur.

184. *Pompe en spirale (fig.* 16, *pl.* **25**).— Dans cette pompe, l'élévation de l'eau est produite au moyen d'un tube T enroulé sur un cylindre C, de façon à former autant de spires hélicoïdes qu'il y a de tours et auquel on communique un mouvement de rotation. Le cylindre est immergé jusqu'à quelques centimètres au-dessous de son axe; le tube est recourbé à la fin de la dernière spire dans le sens de l'axe et communique avec le tuyau de refoulement R, auquel il est réuni au moyen d'un presse-étoupe p; il sert ainsi d'arbre creux à l'appareil, du côté du tuyau de refoulement.

En agissant sur la manivelle M et en supposant que le niveau du liquide soit à la hauteur de l'axe, pour chaque révolution de la pompe, on introduira dans le tube une quantité d'eau égale au volume de l'air qui y pénètre, par suite du mouvement du liquide dans les spires lorsque l'extrémité ouverte du tube se trouve hors de l'eau : au bout d'un nombre de révolutions égal au nombre des spires, le tube contiendra des quantités égales d'eau et d'air, mais à partir du moment où le liquide aura commencé à s'élever dans le tuyau d'ascension, la pression qu'il exercera sur l'air de la dernière spire ira croissant avec la hauteur d'ascension; cette pression se transmettant d'une spire à l'autre, l'espace occupé par l'air, à la partie supérieure des spires, diminuera en même temps que croîtra sa force élastique; et lorsque cette dernière sera plus grande que la pression exercée par la colonne d'eau du tuyau d'ascension, elle forcera cette eau à s'élever; l'air contenu dans la dernière spire, cédant à l'action de la pression ainsi produite, passera dans le tuyau d'ascension et sa force élastique sera employée à aider à l'élévation du liquide sous la pression duquel elle a été produite.

La limite de hauteur d'élévation de l'eau au moyen de la pompe spirale est égale à la somme des diamètres des spires, moins un rayon.

Exemple. Supposons que le diamètre du cylindre sur lequel sont enroulées les spires soit égal à $1^{mt},20$, et le diamètre du tube $0^{mt},040$; le diamètre moyen des spires, sera $1^{mt},24$, et la plus grande hauteur d'élévation sera égale, s'il y a 8 spires, à $8 \times 1,24 - 0,62 = 9^{mt},30$.

La vitesse qui convient le mieux à cette machine est celle de $0^{mt},40$ à la surface des spires. Son rendement, d'après des expériences faites au Conservatoire des Arts et métiers, serait de 0,64 du travail moteur.

La pompe spirale est peu dispendieuse et pourrait rendre

de bons services dans un grand nombre de cas, et particulièrement lorsque l'eau à élever est à peu près au niveau du sol. Le presse-étoupes *p* est muni d'une garniture en cuir facile à remplacer, et cette pièce est la seule partie de la pompe qui réclame quelque soin.

POMPES ÉLÉVATOIRES.

485. Les pompes diffèrent de la plupart des autres machines élévatoires, en ce qu'elles agissent par l'influence de l'excès de la pression atmosphérique sur celle de l'air raréfié au-dessous d'un piston, par suite de l'élévation de celui-ci dans un cylindre creux; ou bien par la raréfaction de l'air et le choc du liquide par des palettes tournant avec une grande vitesse dans un tambour; tel est le cas des pompes dites rotatives. Une démonstration (§ suivant) complétera la définition élémentaire donnée au § 450.

Les pompes dont l'action est due au mouvement rectiligne alternatif d'un piston se divisent en trois catégories

1° Pompe aspirante ;

2° Pompe foulante ;

3° Pompe aspirante et foulante.

486. *Pompe aspirante* (*fig.* 17, *pl.* **26**). — La pompe aspirante, dont le cylindre ou corps de pompe C communique par sa partie supérieure avec le tuyau d'écoulement R, porte à sa partie inférieure une soupape ou un clapet *s'* destiné à établir ou à empêcher sa communication avec le tuyau d'aspiration A ; le piston P de cette pompe est également muni d'une soupape *s* s'ouvrant comme la première de bas en haut. Elle fonctionne de la manière suivante :

Supposons que le piston P soit au bas de sa course, c'est-à-dire aussi près que possible du fond du cylindre ; si on soulève ce piston, l'air contenu dans la partie inférieure du cylindre augmentera de volume (§ 450), sa pression sera donc moindre ; la soupape *s*, au-dessous de laquelle la pression est égale à la pression atmosphérique, se soulèvera, et, à mesure que le piston commencera à monter, la pression diminuera dans le corps de pompe et dans le tuyau d'aspiration ; alors la pression atmosphérique, agissant sur la surface de l'eau , forcera le liquide à s'élever dans le tuyau d'aspiration jusqu'à une hauteur telle, que lorsque le piston sera arrivé au haut de sa course, le poids de cette eau augmenté de la pression de l'air raréfié du corps de pompe fasse équilibre à la pression atmosphérique ; pendant la période de descente du piston, l'air renfermé dans le corps de pompe se trouvant comprimé, la soupape s' se fermera et aussitôt que la pression exercée par le piston sera supérieure à la pression atmosphérique, la soupape s s'ouvrira pour donner passage à l'air comprimé par l'abaissement du piston ; il est facile de comprendre, qu'après un certain nombre de courses du piston, l'eau pourra arriver dans le corps de pompe, à condition toutefois que la hauteur de la soupape d'aspiration au-dessus du niveau du liquide à élever ne dépasse pas celle de la colonne d'eau qui fait équilibre à la pression de l'air libre, puisque c'est sous l'influence de cette pression que l'eau s'élève dans la pompe (la hauteur de la colonne d'eau qui équilibre la pression atmosphérique est de $10^{mt},33$ au niveau de la mer); aussitôt que le piston viendra presser sur la surface de l'eau emprisonnée dans le corps de pompe, l'air sera complétement expulsé au-dessous du piston, et la soupape s en s'ouvrant donnera passage à une certaine quantité de liquide qui pourra s'écouler par le tuyau R pendant la course ascendante ; de cette manière, à chaque course, le piston élèvera un volume d'eau égal à sa course multipliée par sa surface, c'est-à-dire au volume qu'il engendre dans l'intérieur du cylindre.

487. *Avec des pompes aspirantes,* on peut élever l'eau à de très-grandes hauteurs ; la limite de l'ascension dépend de la force dont on peut disposer ; les salines de Bavière offrent l'exemple de pompes qui portent leur eau à 370 mètres d'élévation.

Une coupe faite par l'axe d'une pompe aspirante est représentée (*fig.* 38, *pl.* **28**).

P, piston.

s, soupape articulée sur le piston.

s', soupape d'aspiration.

A, tuyaux d'aspiration.

R, déversoir.

C, clapet qui retient l'eau du déversoir, pendant la descente.

488. *Pompe foulante (fig. 18, pl.* **26***).* — La pompe foulante diffère de la pompe aspirante en ce qu'elle ne porte pas de tuyau d'aspiration ; la partie inférieure du corps de pompe, qui reçoit aussi une soupape *s'*, est placée au-dessous du niveau du réservoir ; le piston P est plein, et l'élévation de l'eau a lieu par un tuyau de refoulement R fixé à la partie inférieure du corps de pompe avec lequel il communique, lorsque la soupape *s* est soulevée.

La pression atmosphérique ne joue aucun rôle dans cette pompe, puisque le cylindre est en partie plongé dans l'eau ; l'élévation du liquide dans le tuyau de refoulement a lieu par l'action directe du piston qui en descendant presse le niveau dans le cylindre et fait fermer la soupape d'arrivée *s'*.

489. *Pompes à incendie (fig.* 19, *pl.* **26***).* — Les anciennes pompes à incendie des villes étaient foulantes. Elles se composaient en général de deux cylindres C, C, munis d'une soupape *s'* destinée à empêcher l'eau élevée pendant la course ascendante du piston de retourner au réservoir R ; les soupapes *s, s* établissaient la communication avec un récipient commun K, d'où l'eau s'écoulait par le tuyau de refoulement *g* ; la manœuvre des pistons était faite au moyen d'un double levier, dont le centre était supporté par des montants boulonnés sur la plaque qui supportait l'appareil.

Supposons l'un des pistons au bas de sa course ; aussitôt que par la manœuvre du levier on le fera monter, le poids de l'eau du réservoir agissant de bas en hant sur la soupape *s'* la soulèvera ; une partie de cette eau pénétrera dans l'intérieur du corps de pompe jusqu'à une hauteur peu différente de celle du niveau du réservoir ; lorsque le piston descendra, la force élastique de l'air contenu entre le niveau de l'eau du corps de pompe et le dessous du piston augmentant avec la pression, forcera la soupape s à s'ouvrir et la soupape s' à retomber sur son siége; ainsi l'air et une partie de l'eau du corps de pompe seront refoulés dans le récipient K; au mouvement ascendant suivant du piston, la soupape s se fermera et la soupape s' se lèvera pour livrer passage à une nouvelle quantité d'eau sur laquelle le piston agira cette fois directement pendant la descente.

Le réservoir K a pour but de rendre aussi uniforme que possible l'écoulement par le tuyau g, et cela par la force élastique de l'air contenu dans sa partie supérieure, force qui s'accumule pendant les périodes de refoulement pour réagir ensuite sur le niveau du liquide lorsque cesse la compression. Si le mouvement de la pompe est assez accéléré, l'écoulement sera continu, bien qu'avec des vitesses différentes dépendantes de la grandeur du réservoir et de la vitesse de mouvement des pistons; un autre résultat obtenu à l'aide de ce régulateur d'air est d'éviter les chocs brusques produits par les changements de direction du mouvement et les variations de vitesse de l'eau dans les conduits. Ces avantages ne sont obtenus qu'au détriment d'une partie de la force nécessaire au fonctionnement de la pompe à cause de la perte de force vive, c'est-à-dire d'une partie de la vitesse du volume d'eau refoulée qui est presque nulle en arrivant au réservoir, vitesse qu'il faut lui communiquer de nouveau afin de produire l'élévation du liquide. Cependant, cette perte de travail n'est pas aussi grande qu'elle le paraît d'abord, puisqu'elle a provoqué la force élastique de l'air du réservoir, laquelle, agissant sur l'eau, restitue une partie du travail nécessaire à la compression du gaz.

490. De l'effet produit dans le récipient d'une pompe à simple effet, composée d'un seul cylindre, on peut déduire la capacité du régulateur en tenant compte de la variation que subit l'air qui s'y trouve renfermé pendant chaque période de refoulement : si l'on suppose la section du tuyau déterminée de façon à laisser échapper une quantité d'eau égale pendant chacun des mouvements de montée et de descente du piston, il faudra que l'air soit comprimé de la moitié du volume de l'eau introduite pendant la deuxième de ces périodes ; et comme la pression de ce gaz varie en raison inverse du volume qu'il occupe, les variations de ces pressions sont d'autant moins grandes, que le volume sera considérable relativement à celui engendré par le piston.

Il est donc nécessaire d'augmenter, autant que possible, dans ce cas, le volume du récipient ; on se borne en pratique à la limite de 23 fois le volume engendré par le piston. Lorsque la pompe est à double cylindre, comme celle que nous avons prise ici pour exemple, l'un des pistons opérant toujours le refoulement, les irrégularités de vitesse du liquide seront suffisamment réduites en faisant le volume du réservoir égal à 12 ou 15 fois le volume engendré par un des pistons pendant une course simple.

491. *Pompe aspirante et foulante (fig.* 20, *pl.* **26**). — La pompe aspirante et foulante réunit, ainsi que son nom l'indique, les conditions des deux systèmes (§ 486 et § 488) ; son piston P est plein, elle est munie d'un tuyau d'aspiration A et ses clapets sont disposés à peu près de la même façon que dans la pompe foulante ; elle fonctionne exactement comme la première pendant les périodes d'élévation et refoule l'eau au-dessous de son piston pendant la descente, ainsi que cela a lieu dans la pompe foulante. La figure 41, *pl.* **28** représente une coupe longitudinale dans une pompe aspirante et foulante :

s, soupape d'aspiration ;

s, soupape de refoulement ;

P, piston.

492. La fig. 27 du texte représente en coupe verticale la pompe aspirante et foulante, système Castraise ; le cylindre A, en bronze, est fixé dans le corps de l'appareil qui est en fonte de fer ; les soupapes sphériques D, D' en caoutchouc massif sont au nombre de quatre (la coupe verticale figurée n'en fait paraître que deux), leurs sièges E, E' sont en bronze, ceux des soupapes d'aspiration se prolongent vers le bas, dans l'enveloppe de fonte pour former réservoir d'air à l'aspira-

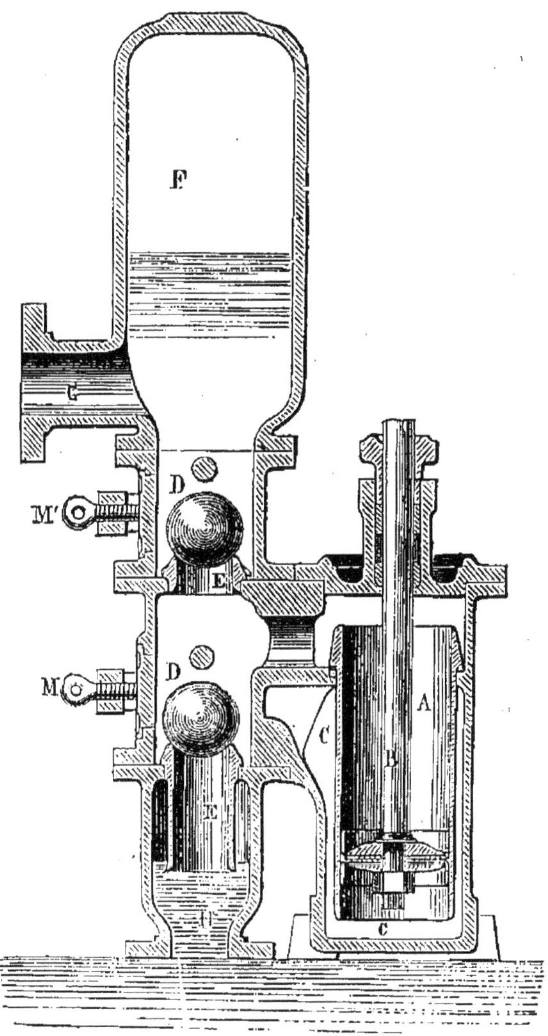

Fig. 28.

tion; au-dessus de chaque soupape se trouve un buttoir formé par une tige de fer encastrée dans les parois de l'enveloppe. M et M' sont des portes de visite ou regards. Le tuyau d'aspiration s'adapte en H; le tuyau de refoulement se branche en G sur le réservoir F.

10.

Les réservoirs d'air établis à l'aspiration comme au refoulement, permettent de donner de grandes vitesses à ces pompes, sans occasionner des coups de bélier qui ébranlent les appareils les plus solidement construits : la vitesse, dans les conditions normales, est de $0^m,25$ par seconde et celle de l'eau dans les tuyaux de 1^m ; elle peut devenir double sans inconvénients.

La complication de la partie intérieure n'est qu'apparente ; d'ailleurs elle procure un résultat important : l'eau aspirée ne passe qu'en partie dans le cylindre, de sorte que les détritus dont elle pourrait être chargée ne sauraient nuire au fonctionnement ; en effet la quantité de liquide emmagasiné dans l'enveloppe CC, est à peu près égale à celui engendré par le piston, et dans le cylindre il n'arrive qu'une très-petite quantité de la *nouvelle eau aspirée*. La flexibilité des boules en caoutchouc, outre qu'elle facilite la fermeture étanche et sans chocs, permet l'obturation, alors même que des graviers, des détritus, etc., resteraient sur les siéges.

La pompe Castraise est donnée ici comme exemple d'un excellent appareil.

493. La limite extrême de $10^{mt},33$ de hauteur d'aspiration de l'eau au moyen des pompes, ne peut pas être atteinte dans la pratique ; il existe toujours entre le piston au bas de sa course et le fond du corps de pompe un espace nuisible dans lequel l'air raréfié ne peut être sans pression ; de la grandeur relative de cet espace par rapport à la course du piston, dépend en grande partie la longueur du tuyau d'aspiration ; le poids de la soupape dormante et la disposition des passages du liquide, influent également sur la hauteur à laquelle l'eau peut être aspirée.

Il est facile de se rendre compte de l'influence de l'espace nuisible : désignons par l sa hauteur (*fig.* 20, *pl.* **26**) en supposant le piston au bas de sa course et occupant la position P', et par L la course du piston ; soient H la hauteur de la colonne d'eau qui fait équilibre à la pression atmosphérique du lieu, et S la **surface du piston** ; le volume de l'air renfermé au-dessous du piston au bas de sa course, et dont la force élastique est **peu** supérieure à la pression atmosphérique, sera exprimé par $S \times l$ et deviendra, lorsque le piston sera rendu au haut de sa course :

$$S \times (L + l).$$

Sa force élastique F, diminuant proportionnellement à l'augmentation de volume, sera donc, à la fin de la course montante, d'après la loi de Mariotte :

$$F = H \times \frac{S \times (L + l)}{S \cdot l}.$$

Supprimant le facteur commun S,

$$F = H \times \frac{L + l}{l}. \qquad (\text{n}° \ 7)$$

L'eau ne pourra donc s'élever dans le tuyau d'aspiration, qu'à une hauteur H′ égale à la différence entre le résultat numérique de cette expression et la pression atmosphérique du moment, mesurée en colonne d'eau; on aura donc :

$$H' = H - \left(H \times \frac{l}{L + l} \right). \qquad (\text{n}° \ 8)$$

Exemple : si $L = 0,60$ et $l = 0,05$, on aura :

$$H' = 10,33 - \frac{10,33 \times 0,05}{0,65} = 9^{\text{mt}},54 ;$$

Si on faisait $L = 0,30$ et $l = 0,30$, c'est-à-dire si l'espace nuisi le était égal à la course du piston, on aurait pour la hauteur H′ de la colonne d'eau élevée :

$$H' = 10,33 - \frac{10,33 \times 0,30}{0,60} = 10,33 - 5,165 = 5^{\text{mt}},165.$$

Ces deux résultats suffisent pour faire voir combien il importe de faire arriver le piston aussi près que possible **du** fond du corps de pompe, et font voir l'avantage des **grandes** courses du piston afin de diminuer la proportion de la hauteur de la course par rapport à l'espace nuisible.

La hauteur d'ascension que l'eau peut atteindre, dépend encore du poids de la soupape dormante, qui doit être aussi légère que possible, tout en assurant la fermeture hermétique de l'orifice ; on peut comparer le poids de cette soupape à celui d'une colonne d'eau H'' dont la base serait égale à la surface de l'orifice qu'elle recouvre. Soient S la surface de cette base et P le poids de la soupape, le poids d'un mètre cube d'eau étant de 1000^{kg}, on aura

$$1000 \, S . H'' = P, \qquad (n° 9)$$

d'où

$$H'' = \frac{P}{1000 . S}. \qquad (n° 10)$$

Cette expression devra être retranchée de la valeur déjà trouvée pour la hauteur d'ascension, de sorte que pour le premier exemple on aurait, en supposant que $P = 1^{kg},200$ et que le diamètre de la soupape soit égal à $0^{mt},08$:

$$H' = 10,33 - \frac{10,33 \times 0,05}{0,65} - \frac{1200}{1000 \times 0,005024},$$

ou

$$H' = 9,54 - 0,23 = 9^{mt},31,$$

et pour le deuxième exemple

$$H' = 5,165 - 0,23 = 4^{mt},935.$$

Les valeurs obtenues à l'aide de ces formules sont plus grandes que celles exprimant les longueurs à donner aux tuyaux d'aspiration ; la contraction qu'éprouve l'eau, et le frottement dans les conduits, obligent à rester un peu au-dessous de la limite donnée par le calcul ; c'est en disposant tous les passages de l'eau de façon à ce que sa vitesse ne soit pas trop grande, en arrondissant convenablement les coudes que l'on se rapprochera des meilleurs résultats.

494. Le diamètre du tuyau d'aspiration varie généralement des 2/3 aux 3/4 de celui du corps de pompe, suivant la vitesse du piston ; la surface de l'orifice de la soupape d'aspiration est souvent égale à la moitié de celle du corps de pompe.

495. *Rendement et travail des pompes.* — La pression exercée par un liquide dans un vase est égale au produit de sa densité (§ 454) par la hauteur verticale qui existe entre le niveau supérieur de ce liquide et le fond du vase et par la surface du fond de ce vase.

L'application de ce principe qui résulte de l'égalité des pressions d'un liquide dans toutes les directions (§ 456), rendra facile le calcul de la pression exercée par la colonne liquide sur le piston des pompes, et par suite la détermination de l'effort nécessaire à leur fonctionnement.

Soient p la pression de l'eau agissant directement sur le piston lorsque la pompe est en marche ;

p', la pression de la colonne d'eau agissant au-dessous ;

H, la pression atmosphérique.

La pression totale exercée sur le piston sera $H + p$, et la pression exercée au-dessous sera $H + p'$: la différence de ces deux pressions, soit :

$$(H + p) - (H - p') \text{ ou } p + p',$$

c'est-à-dire la charge totale de la colonne d'eau sur le piston, (que nous désignerons par P) exprimera l'effort à vaincre ; si h représente la hauteur de cette colonne d'eau en mètres, r le rayon du corps de pompe en mètres, on aura en kilogrammes :

$$P = 1000\,\pi \,.\, r^2 \times h\ldots\ldots \qquad (n^\circ\ 11)$$

Le travail étant égal au produit de la charge d'eau à élever par la vitesse d'écoulement, si v désigne cette vitesse par minute, elle sera égale au nombre de courses doubles ou n multiplié par la longueur de la course c exprimée en mètres ou

$$v = \frac{2 \cdot n \cdot c}{60} ;$$

par conséquent, le travail utile théorique en secondes sera exprimé en kilogrammètres par

$$T = 1000 \times \pi \cdot r^2 \cdot h \times \frac{2 \cdot n \cdot c}{60} . \qquad (\text{n}^o\ 12)$$

496. Dans cette recherche du travail des pompes, il n'a été question que du travail résistant dû à l'action de la charge utile sur le piston ; mais, outre le poids de l'eau à élever, le travail moteur doit encore vaincre les résistances dues au frottement des diverses pièces qui forment l'ensemble de l'appareil, et particulièrement du piston sur les parois du cylindre (§ 314) et de sa tige dans la boîte à étoupes ; à cette première cause d'augmentation de résistance, il faut ajouter l'action du poids propre de la soupape d'aspiration, le travail consommé par le frottement de l'eau dans les conduits et dans le corps de pompe, celui dû à la contraction que l'eau éprouve à son passage par les orifices d'aspiration et de refoulement, et celui qui résulte des changements de direction et de vitesse qu'elle subit dans son mouvement.

Ces diverses résistances nuisibles augmentent de 1/5 environ la force motrice à employer, de sorte que l'expression du travail devient en réalité

$$T = 1200 \cdot \pi \cdot r^2 \cdot h \times v \dots \dots \qquad (\text{n}^o\ 13)$$

La quantité d'eau fournie par une pompe est théoriquement égale à $\pi \cdot r^2 \cdot c$, c'est-à-dire au cylindre d'eau élevé par course ; mais dans les pompes ordinaires ce produit doit être réduit environ aux 0,7 ou aux 0,8 du rendement théorique. Cette différence provient du passage de l'eau entre le corps de pompe et le piston et de la quantité du liquide qui s'écoule par la soupape dormante, laquelle ne retombe pas sur son siége à l'instant précis où le piston commence à descendre.

Le produit pratique des pompes grossièrement fabriquées est souvent inférieur aux 0,6 du volume théorique, surtout

lorsque les garnitures des pistons sont vieilles, et que l'intérieur des corps de pompe est rugueux ; dans ce cas le frottement est aussi considérablement augmenté au détriment
d'une partie de la force motrice (§ 314).

D'après ces données, pour avoir la quantité Q d'eau fournie par une pompe pendant un temps défini, on aura

$$Q = 0,8.\pi.r^2 \times c \times n \times t\ldots\ldots \qquad (\text{n}^\text{o}\ 14)$$

t, exprimant le temps en minutes, et n, le nombre de coups
doubles du piston par minute.

Le coefficient 0,8 se rapporte au cas où la pompe serait en
très-bon état d'entretien.

497. *Exemples de calculs sur les pompes :*
Quelle sera la force nécessaire pour faire mouvoir une
pompe dont les dimensions seraient les suivantes :

r, rayon du cylindre $= 0^{\text{mt}},12$;
h, hauteur verticale de la colonne d'eau, $= 20$ mètres ;
n, nombre de courses par $1'$, $= 16$ mètres ;
c, course du piston, $= 0^{\text{mt}},45$.

La charge sur le piston ou la formule n° 11, donne :

$$P = 1000 \times \pi.r^2.h$$

ou

$$P = 1000 \times 3,14 \times 12^2 \times 20 = 906^{\text{kg}},60,$$

et le travail ou $T = 1200\,\pi.r^2.h \times v$;

en se rappelant que $v = \dfrac{2n.c}{60}$ on écrit :

$$T = 1200 \times 3,14 \times 0,12^2 \times 20 \times \frac{2 \times 16 \times 0,45}{60},$$

$$T = 1085,184 \times 0,24 = 260^{\text{kgmt}},444,$$

ou en force de chevaux de 75 kilogrammètres (§ 289) :

$$T = 3^{\text{chx}},472.$$

Soit maintenant à déterminer la quantité d'eau Q' élevée au

moyen de la même pompe, en 8 heures de travail. Appliquant la formule (n° 14),

$$Q' = 0,8\pi.r^2 \times c \times n \times t,$$

on a :

$$Q' = 0,8 \times 3,14 \times 12^2 \times 0,45 \times 16 \times 480,$$

et finalement :

$$Q' = 156^{mt3},266.$$

Le diamètre du corps de pompe peut se déduire de la même formule ; en effet, la quantité d'eau Q que doit élever la pompe à chaque course du piston est représentée par

$$Q = 0,8.\pi.r^2 \times c ;$$

d'où :

$$r^2 = \frac{Q}{0,8.\pi \times c},$$

et

$$r = \sqrt{\frac{Q}{0,8.\pi \times c}}.$$

En prenant les chiffres de l'exemple précédent, nous pourrons vérifier l'exactitude de la formule ; il viendra :

$$r = \sqrt{\frac{0,016277}{0,8 \times 3,14 \times 0,45}}.$$

0,016277 étant la valeur de Q,

$$r = \sqrt{0,0144} = 0^{mt},12,$$

et c, course du piston de la pompe est :

$$c = \frac{Q}{0,8.\pi.r^2} = 0,45.$$

498. *Métal des pompes.* — Différentes matières sont employées pour la construction des corps de pompe, suivant l'usage auquel ces machines sont destinées ; on se sert souvent, pour les travaux agricoles, de cylindres en bois d'une seule pièce, grossièrement façonnés et dans lesquels se meuvent des pistons à garnitures de cuir construits avec la plus grande simplicité, ou bien d'une réunion de quatre planches assemblées à l'aide de rainures et clouées ou vissées entre elles ; la figure 21, *pl.* **26**, représente une de ces dernières pompes. Le frottement est très-grand dans ces appareils primitifs (§ 314). La fonte et le bronze présentant les meilleures conditions pour des travaux de longue durée, sont à peu près les seules matières qu'emploie l'industrie ; le bronze est préférable comme offrant beaucoup moins de prise à l'oxyde. Dans beaucoup de cas, on revêt la partie du cylindre des pompes en fonte sur laquelle frotte le piston, d'une chemise en bronze fixée à l'intérieur du corps de pompe.

499. *Pistons des pompes.* — Les pistons des pompes offrent beaucoup de variété dans leur forme. On emploie comme garnitures destinées à empêcher le passage de l'eau d'un côté à l'autre du piston le cuir, les tresses de chanvre, le caoutchouc, ou bien encore des bagues métalliques, s'appliquant, au moyen de ressorts ou en raison de leur élasticicité, sur la paroi intérieure du corps de pompe.

Les figures de 24 à 30, *pl.* **27**, représentent une vue des systèmes de pistons qui sont le plus généralement employés.

Fig. 24 et 26. Pistons avec garnitures en tresses de chanvre.

p, corps du piston relié à la tige au moyen d'un écrou ;

a, presse-garnitures ;

s, soupape du piston (*fig.* 26) s'ouvrant de bas en haut : cette soupape est guidée par la tige du piston.

Fig. 25 et 30. Pistons formés de trois disques en bronze a, b, c, servant à fixer les garnitures en cuir embouti g et g'.

Fig. 27. Piston des pompes Le Testu.

a, corps du piston, cône en métal percé de trous, fixé au moyen d'un écrou à la tige t et servant de siége au cône de cuir g, qui s'applique par sa partie supérieure sur les parois du corps de pompe pendant les mouvements de montée, et qui s'en écarte pour laisser passer le liquide par les trous u, lorsque le piston descend et produit le refoulement.

Fig. 28 et 29. Piston creux formé d'une couronne en métal réunie par six bras à la douille qui reçoit la tige.

c, garniture en cuir maintenue à l'aide du presse-garniture *p;*

s, soupapes inclinées formées d'une lame de cuir *a,* maintenue par une plaque en métal *m,* destinées à fermer les trois grands orifices parallèles du piston ;

b, buttoir des soupapes *s.*

Le clapet *ma,* est ouvert, les autres sont fermés. (Cette *nouvelle disposition* appliquée par M. Farcot, laisse de trèslarges passages pour l'écoulement du liquide.

Fig. 31. Assemblage de deux pistons P et P', destiné à produire un refoulement continu.

P, piston plongeur réuni à la tige du second piston au moyen de la tige *t* et maintenu par la clavette *c.*

P', piston creux avec garnitures en chanvre ;

g, soupape flexible en caoutchouc, analogue à celles des pompes Le Testu ; elle est appuyée sur le siége *s* pendant l'aspiration, et en se rapprochant du centre sur tout son con-tour pendant que le refoulement est opéré, elle laisse passer le liquide par l'orifice *o.*

Fig. 32. P, piston.

a, rainures circulaires dans lesquelles se placent des bagues élastiques en bronze ou en acier.

Presque toutes les pompes destinées à opérer de fortes pressions, telles que celles qui fournissent l'eau d'alimentation des chaudières à vapeur, et celles des presses hydrauliques sont munies d'un piston de forme particulière appelé piston plongeur (*fig.* 46, *pl.* **29**) ; c'est un cylindre P dont le diamètre diffère peu de celui du corps de pompe C, glissant dans un presse-étoupe pour la garniture duquel on emploie le chanvre ou le caoutchouc. Cette forme particulière permet de ne pas alézer le cylindre de la pompe et d'exercer des pressions supérieures à celles que l'on pourrait obtenir avec les pistons ordinaires sans courir le risque de les détériorer rapidement ; elle permet également d'entretenir en marche le joint étanche entre l'intérieur du cylindre et l'air libre ; ce qui ne peut être obtenu sur les pistons en forme de disque, sans arrêter le mouvement ou même sans démontrer l'organe. Lorsque les pompes à piston plongeur sont exécutées avec précision, on estime que leur rendement est supérieur aux 0,90 du volume engendré par le piston.

500. *Vitesse du piston.* — La vitesse du piston des pompes bien conditionnées varie entre $0^{mt},16$ et $0^{mt},25$ par seconde ; cette vitesse peut être augmentée lorsque la circulation de l'eau n'est pas gênée dans les divers passages et que son mouvement ascensionnel n'est pas soumis à des changements de direction qui influent sur la vitesse que l'on peut lui communiquer.

501. Les *clapets* diffèrent des soupapes en ce qu'ils sont articulés à charnière sur une section de leur contour, tandis que ces dernières, guidées par une tige centrale, montent verticalement jusqu'à la rencontre de l'arrêt ou buttoir destiné à limiter leur course.

Les figures de I à X, *pl.* **26**, et la légende suivante suffisent pour faire connaître les principales formes en usage.

Fig. I et II. S, S, clapets, l'un rectangulaire et l'autre circulaire oscillant autour du tourillon *o* ; la base *b* de ces clapets parfaitement dressée, s'applique sur le siège de l'orifice qu'ils sont destinés à fermer. *n* est une nervure de consolidation.

Fig. III, IV, VIII, IX. Soupapes S guidées par une tige centrale *t*, jusqu'à la rencontre du buttoir *b*. Les diverses formes données aux sièges des soupapes sont représentées dans ces figures (il est bon de donner à ces soupapes une aussi petite surface de portage que possible sur leur siège, 1 ou 2 millimètres suffisent).

Fig. VI. S. soupape à boulet **ou** sphérique

a, siège de la soupape.

Fig. VII. S, soupape en caoutchouc ;

b, buttoir de la soupape ;

a, siège.

Fig. X, S, soupape formée d'une plaque de cuir et de deux

disques lenticulaires en métal ; la plaque de cuir, fixée par des boulons près du siége *a*, sert de charnière.

La soupape à double siége (*fig.* 23), d'invention anglaise, est construite dans le but de faciliter le passage de l'eau en limitant autant que possible sa vitesse afin d'éviter ou d'atténuer les chocs résultant des moments d'ouverture et de fermeture des obturateurs ; lorsque cette soupape est soulevée, l'eau passe en même temps par les ouvertures *ef* et *e'f'* au-dessus de chacun des siéges S et S', entre les nervures N qui supportent le siége supérieur ; on emploie ce genre d'obturateur pour les pompes destinées à élever de grandes quantités d'eau.

502. *Pompes à double effet* (*fig.* 36, *pl.* **28**). — Les pompes à double effet sont celles qui, sous l'action d'un seul piston, aspirent et refoulent l'eau en même temps, pendant chacune des périodes de la course du piston : telle est la disposition des pompes à air employées dans un grand nombre de machines marines. La figure indiquée représente la coupe faite par l'axe d'une de ces pompes : pendant l'une des périodes de la course du piston, les clapets en caoutchouc *a* et *b'* sont ouverts, les premiers pour laisser passer l'eau aspirée, les autres pour l'évacuation de l'eau refoulée par le piston dans la bâche ; pendant la période suivante de la course, les clapets *b* et *a* s'ouvriront ; *b* pour l'aspiration au condenseur et *a'* pour laisser évacuer l'eau aspirée pendant la première partie de la course, de sorte que d'un côté du piston il y a aspiration, pendant que le côté opposé opère le refoulement, et alternativement.

503. *Pompe des prêtres.* — On désigne sous le nom de pompe des prêtres une pompe aspirante dans laquelle le piston est remplacé par un morceau de cuir ou de caoutchouc *ab*, de forme tronc-conique, fixé dans l'intérieur d'un cylindre et qui en se développant sous l'action d'une tige T' produit l'aspiration et le refoulement. La *fig.* 34, *pl.* **27**, représente une pompe de ce genre perfectionnée par M. Nillus ; la partie de la tige qui guide le piston, est construite en forme de fourche à trois branches et sert de buttoir au clapet sphérique A ou piston. Ce système convient pour aspirer des eaux bourbeuses ou mêlées de sable, à des profondeurs modérées ; son effet utile comparé au travail moteur est d'environ les 0,50 de ce travail.

504. *Pompes Le Testu (fig.* 37, *pl.* **28**). — Les clapets et les pistons de ces pompes offrent une disposition particulière. Les pistons P se composent d'un cône en métal percé de trous et d'un diamètre un peu moindre que celui du corps de pompe ; le sommet de ce cône, tourné vers le bas, est fixé à la tige au moyen d'un écrou *e* ; un second cône en cuir *c*, en deux parties, est adapté à l'intérieur du cône en métal qu'il dépasse de $0^{mt},04$ à $0^{mt},05$ et vient s'appuyer sur les parois du corps de pompe pendant l'aspiration, sous l'action du poids de l'eau qu'il soulève ; le clapet d'aspiration C est également conique, il est fixé par la base du cône en métal à la partie inférieure du corps de pompe. Pendant la période d'aspiration, les deux parties du cône en cuir qui forment le clapet s'écartent du cône métallique qui leur sert de siége et laissent ainsi pénétrer le liquide dans la partie inférieure du corps de pompe ; aussitôt que le mouvement inverse commence, ces deux parties se rapprochent et laissent un passage libre au liquide entre eux et la paroi du cylindre. Pendant cette période du mouvement, la pression du piston exercée sur l'eau force le cuir qui forme la soupape d'aspiration à s'appuyer sur son siége, jusqu'au moment où commence une nouvelle course montante.

Les pistons de ces pompes aspirantes et foulantes sont formés de deux de ces cônes réunis par leur sommet, de cette façon l'un des cuirs est toujours appliqué contre la surface intérieure du cylindre. Celui dont la base est tournée vers la clapet d'aspiration agit pour opérer le refoulement, et l'autre produit l'aspiration pendant la montée du piston.

Les chocs et les ébranlements qu'occasionnent les clapets métalliques, dans les autres pompes, sont évités dans celle-ci.

Le rapport entre le volume engendré par le piston et le volume d'eau fourni par course a été trouvé égal pour une pompe aspirante et foulante à 0,843. L'effet utile de la pompe Le Testu mesuré au dynamomètre, est les 0,45 du travail moteur.

505. *Pompes à double piston (fig. 38, pl. 28).*—Ces pompes, dont l'origine est très-ancienne, ont pour avantage principal de produire l'écoulement continu du liquide avec un seul corps de pompe ; plusieurs dispositifs ont été imaginés pour arriver à ce résultat, un des plus simples est représenté figure 38. Les deux pistons P et P' marchent en sens contraire et reçoivent leur mouvement d'un arbre à manivelles. Pendant la partie de la course dans laquelle les deux pistons se rapprochent, l'eau comprimée entre eux soulève la soupape *s* du piston supérieur, et s'écoule en ouvrant le clapet C placé sur le tuyau de refoulement R, tandis que le piston inférieur P' dont la soupape *s'* est maintenue fermée par la pression, aspire l'eau du réservoir par l'intermédiaire du tuyau A ; pendant la deuxième période de la course (celle indiquée par la figure), les pistons s'écartent, la soupape *s* du piston supérieur se ferme sous l'action du poids de l'eau qu'elle refoule et le vide se faisant entre les deux pistons, la soupape *s'* du piston inférieur est soulevée et laisse passer entre eux l'eau aspirée pendant la course précédente ; de cette façon, le refoulement est contin ᴄ ainsi que l'aspiration.

Le frottement considérable auquel donne lieu le mouvement des pistons dans ces pompes, et le rétrécissement obligé des orifices des soupapes, influent beaucoup sur le rendement qui ne dépasse guère les 0,21 du travail moteur. Ces raisons font préférer les pompes ordinaires à ce système. Un autre dispositif de pompe à double piston est représenté *fig.* 40, *pl.* **28.** Elle est encore employée dans la marine ; les deux pistons P et P' dont les bielles conductrices *b* et *b'* des tiges *t* et *t'* sont recourbées pour s'articuler aux extrémités du double levier L, sont munis de soupapes *s* et *s'*. Lorsqu'on soulève l'extrémité *a'* du levier L, le piston P' monte et produit l'aspiration, la soupape q se soulève, les soupapes s' sont alors fermées ; le piston P descend et l'eau comprimée entre les deux pistons, soulève les soupapes s et pénètre dans la partie supérieure du corps de pompe. Si le mouvement est renversé, le piston P monte, et en même temps qu'il élève dans le tuyau de refoulement l'eau contenue à sa partie supérieure, il opère l'aspiration au-dessous de lui ; le piston P', dont les soupapes s' s'ouvrent, descend et laisse pénétrer entre les deux pistons l'eau qui pendant la course précédente a pénétré dans le bas du corps de pompe. Ainsi qu'on le voit, le refoulement et l'aspiration ont lieu d'une façon continue dans cette pompe, comme dans la précédente ; le but de la soupape q est d'empêcher l'eau, pendant les arrêts de la pompe, de retomber dans le puisard. L'action de cette eau est plutôt nuisible qu'utile à cause de son poids, puisque, lorsque le piston P' descend, l'eau ne peut retomber dans le tuyau d'aspiration, le piston P l'entraînant par les orifices ouverts des soupapes s' vers la partie supérieure du corps de pompe.

506. *Pompe d'épuisement et de compression des gaz (fig. 42, pl. 28).* — Les pompes sont employées non-seulement pour produire l'élévation des liquides, mais elles servent aussi à augmenter ou à diminuer la pression d'un gaz contenu dans un espace clos ; tel est le but des pompes de compression et de la machine dite *pneumatique*; une disposition particulière des soupapes est le seul changement que nécessitent ces deux nouvelles applications.

La pompe de compression se compose d'un piston P muni d'une garniture g en tresses de chanvre ou de coton ; sa soupape s s'ouvrant de haut en bas, est maintenue sur les bords de l'orifice o au moyen d'un faible ressort ; la soupape s' munie également d'un ressort est placée à la partie inférieure du corps de pompe, elle est destinée à mettre ce dernier en communication avec le tuyau de refoulement r, qui aboutit au récipient dans lequel doit être comprimé le gaz.

Lorsqu'on élève le piston, la soupape s' se ferme, et, aussitôt que la tension de l'air au-dessous du piston devient inférieure à la pression atmosphérique, la soupape *s* s'ouvre, et l'air extérieur pénètre dans le corps de pompe. Si l'on vient à abaisser le piston, la soupape *s* se ferme, et lorsque la tension exercée au-dessous du piston est supérieure à celle du gaz contenu dans le récipient, la soupape *s'* s'ouvre et livre passage à une nouvelle quantité d'air ou de gaz; la tension s'ajoute à celle qui existait déjà dans le récipient. On parvient ainsi, après un certain nombre de coups de piston, à accumuler dans le récipient un volume de gaz, dont la tension peut être élevée jusqu'à 25 ou 30 atmosphères.

507. La pompe pneumatique produit l'effet contraire de la précédente ; elle fonctionne de la même manière qu'une pompe aspirante et foulante, et par son jeu on arrive à faire un vide d'air plus ou moins parfait au-dessous d'une cloche mise en communication avec les deux cylindres où agissent les pistons. Un semblable appareil fait partie des instruments d'un cabinet de physique. Son emploi dans les travaux industriels ne peut être que très-exceptionnel. La figure 35, *pl.* **27**, représente la disposition d'un piston de pompe pneumatique.

POMPES ROTATIVES ET A FORCE CENTRIFUGE.

508. L'origine des pompes dans lesquelles on a essayé d'utiliser les avantages résultant de l'emploi du mouvement rotatif, à l'aide de palettes tournant dans l'intérieur d'un cylindre court, est très-ancienne ; vers l'an 1600 on connaissait déjà l'appareil représenté *fig.* 49, *pl.* **29**. Quoique les moyens de construction dont on disposait à cette époque fussent loin d'atteindre la perfection actuelle, les divers systèmes que l'on emploie aujourd'hui sont à peu de chose près la reproduction d'essais tentés antérieurement et ne paraissent pas présenter des avantages plus marqués que ceux que l'on a délaissés à cause du peu de profits qu'ils procuraient.

La pompe représentée *fig.* 49) se compose de quatre

palettes P ajustées dans les rainures d'un cylindre; elles
viennent s'appliquer constamment, à l'aide de ressorts *r*, sur
la surface intérieure d'un second cylindre bien alézé, dont
l'axe se trouve placé à une certaine distance de celui du premier cylindre, de telle sorte qu'il y ait contact en un point C
de la surface des deux cylindres; celui qui porte les palettes
est mobile autour de son axe, l'autre est fixe et présente à sa
partie inférieure une ouverture O par laquelle s'introduit
l'eau du réservoir; un ou deux autres orifices sont disposés à
l'opposé du premier; le tuyau de refoulement *rr* y aboutit.

Si le mouvement est communiqué dans le sens de la flèche
au cylindre porteur des ailes, soit à l'aide d'une manivelle,
soit au moyen d'une poulie fixée sur l'arbre, chaque fois que
les palettes rencontreront l'orifice O, elles entraîneront vers
le tuyau de refoulement l'eau qui, par suite de la différence
des niveaux, aura pénétré dans l'intérieur du corps de
pompe, et comme, à mesure que les palettes se rapprocheront
du tuyau de refoulement, l'espace se rétrécira, elles forceront
l'eau à s'élever dans le conduit; l'action de cet appareil est
la même que celle d'une pompe foulante.

De nombreux systèmes ont été produits, nous nous bornerons à décrire celui qui est représenté (*fig.* **45**).

L'anneau extérieur A qui forme le corps de pompe se rapproche, sur une partie de sa circonférence, du cylindre intérieur C avec lequel il est mis en contact au moyen d'une
garniture ordinairement en caoutchouc; les palettes sont
disposées de la même façon que dans l'appareil précédemment décrit, mais elles obéissent ici à l'action d'un ressort *r* qui provoque leur adhérence contre la surface intérieure du corps de pompe; deux ouvertures *a* et *a*, pratiquées
de chaque côté de la partie du cylindre qui est aplatie,
correspondent l'une *a* au tuyau d'aspiration, et l'autre *a'* au
tuyau de refoulement, suivant le sens du mouvement de la
pompe. Si le mouvement a lieu dans le sens de la flèche A, à
mesure que les palettes s'écarteront du point de contact des
deux cylindres, elles tendront, en augmentant l'espace par
eur déplacement, à produire l'aspiration par *a*; après avoir

déterminé la raréfaction de l'air dans le tuyau d'aspiration, elles entraîneront l'eau dont elles se seront chargées en passant en face de l'orifice a : l'action continue de ce mouvement aura pour résultat le refoulement du liquide dans le tuyau a', jusqu'à une hauteur dépendant toujours de la force employée et de la solidité des organes de la pompe.

509. Plusieurs motifs empêchent l'emploi des pompes rotatives de se généraliser ; elles offrent de nombreuses difficultés d'exécution et peu de garanties d'un fonctionnement actif et prolongé, surtout pour l'élévation des eaux bourbeuses et de celles qui contiennent du sable, à cause des dégradations que subiraient les parties frottantes ; elles se détériorent rapidement, et, arrivées à un degré d'usure correspondant à un temps de marche assez court, elles ne produisent plus que de faibles résultats.

510. *Pompes oscillantes* (*fig*. 33, *pl.* **27**). — La pompe oscillante diffère de la pompe dite rotative, en ce que la palette qui forme le piston est animée d'un mouvement alternatif autour d'un axe a ; une ouverture e située près de la cloison verticale du corps de pompe est destinée à laisser pénétrer le liquide, qui, sous l'influence de la pression exercée par la palette P, soulève la soupape s et s'élève dans le tuyau de refoulement.

Ce système présente les mêmes inconvénients que les pompes rotatives : usure rapide des garnitures de la palette et faible rendement lorsque ces garnitures ne sont pas parfaitement étanches.

511. La *fig*. 43, *pl.* **29**, représente la pompe oscillante *de Bramah*. Le corps de pompe C est sphérique et divisé en deux compartiments, par une cloison a qui supporte l'axe du piston-vanne P, lequel est muni de deux soupapes s, s ; les soupapes d'aspiration s' sont articulées à charnière au bas du corps de pompe ; le mouvement est transmis à l'aide d'une manivelle recourbée M agissant sur la tige T du piston-vanne, pour venir s'articuler au point O, à côté de la soupape s.

Le jeu de cette pompe est facile à comprendre ; elle est à double effet avec un seul corps.

512. Un autre dispositif de la pompe oscillante est représenté *fig.* 44, *pl.* **29.** Le piston P, dont l'axe est le même que celui du corps de pompe cylindrique C, reçoit un mouvement alternatif ; les soupapes d'aspiration s', s', sont fixées sur le support du piston qui est à cet effet divisé en deux parties inclinées a et a'.

Le jeu de cette pompe est le même que celui de la précédente, elle est aussi à double effet.

Les principales causes qui empêchent la propagation de l'usage des pompes oscillantes, proviennent du piston dont la garniture se détériore rapidement avec des eaux bourbeuses et n'offre pas une *étanchéité* suffisante après un temps de fonctionnement assez court ; l'exécution de la garniture est très-difficile dans la pratique, et par suite, quoique les premiers résultats obtenus avec l'emploi de ces appareils lorsqu'ils sont en bon état, soient satisfaisants, on ne peut les employer que lorsqu'on a à sa portée les moyens de réparation nécessaires, tout en se bornant à leur faire élever des eaux claires, de sorte que leur emploi est restreint à des cas particuliers.

513. *Pompes à force centrifuge.* — Les pompes de ce nom ont pour but d'élever l'eau qui s'accumule vers leur centre de rotation, sous l'action d'un mouvement rapide communiqué au système.

Un des plus anciens modèles est représenté (*fig.* 48, *pl.* **29**). Le système se compose d'un tube incliné T recourbé à sa partie supérieure et portant un clapet à l'extrémité inférieure qui plonge dans le liquide ; ce tube est fixé par deux bras b et b' à un arbre vertical **A,** auquel on communique un mouvement de rotation.

Si l'on suppose le tube T rempli d'eau, l'action de la force centrifuge (§ 293) tendra à le vider en éloignant le liquide de l'axe de rotation ; l'aspiration se produira ainsi dans ce tube et

l'eau s'écoulera d'un mouvement continu dans l'auge circulaire disposée pour la recevoir.

Le rendement d'une semblable machine est certainement
très-faible à cause de la perte de vitesse communiquée inutilement au liquide à sa sortie du tube.

514. *Pompe d'Appold (fig. 47, pl. **29**).* — Nous nous
bornerons à décrire la pompe d'Appold parmi les divers systèmes de pompes à force centrifuge en usage comme une de
celles qui, sous le rapport du rendement, ont produit le meilleur résultat.

Elle se compose d'une roue verticale R à palettes courbes
p, réunies par deux plateaux latéraux, C et C', figure 45 ; une
cloison qui forme le moyeu de la roue la divise en deux parties distinctes et égales ; les deux couronnes extérieures sont
percées à l'admission de l'eau en O, et communiquent avec
les tuyaux d'aspiration A munis de clapet de pied.

Les aubes curvilignes *p*, sont au nombre de six et disposées
de façon à recevoir l'eau sans qu'elle occasionne de chocs à
son entrée, et à la renvoyer à peu près tangentiellement à la
circonférence extérieure de façon à éviter les pertes de
vitesse.

La roue se meut dans une enveloppe annulaire ou tambour
qui l'emboîte exactement sur ses deux faces latérales, et
qui communique avec le tuyau de refoulement R.

Les tuyaux d'aspiration sont munis de soupapes de retenue.

Si nous supposons la pompe amorcée, c'est-à-dire la roue
entièrement recouverte par l'eau, et animée d'un mouvement
circulaire continu, l'action de la force centrifuge, en repous-
sant le liquide vers la circonférence de la roue, produira vers
l'axe une diminution de pression en vertu de laquelle l'eau
du réservoir s'élèvera dans les tuyaux d'aspiration, pour être
renvoyée à la circonférence de la roue, et de là dans le tuyau
de refoulement. La hauteur du tuyau de refoulement et la
puissance d'aspiration dépendent nécessairement de la vitesse
communiquée à la roue.

Ces pompes sont, ainsi qu'on le voit, aspirantes et foulantes, mais il convient de placer la roue aussi près que possible du niveau de l'eau à élever, afin qu'elle soit facile à amorcer en cas d'arrêt, et que l'on puisse lui imprimer une vitesse aussi grande qu'il sera nécessaire. La grande vitesse augmente nécessairement le produit de la pompe et fait éviter l'arrêt qui résulte souvent de ce que la vitesse de l'eau, dans le tuyau d'aspiration, ne peut être aussi grande que celle qui lui est imprimée dans le tuyau de refoulement.

515. Il résulte d'expériences faites au Conservatoire des arts et métiers, sur une pompe centrifuge, qu'à la vitesse de 800 tours à la minute, son rendement varie entre 0,65 et 0,70 du travail moteur ; le diamètre de la roue communiquant le mouvement aux palettes était de $0^{mt},35$, et sa largeur de $0^{mt},079$; la quantité d'eau élevée par minute à cette vitesse a été en moyenne de 6000 litres à $5^{mt},40$ de hauteur.

Ces résultats, supérieurs à ceux que l'on obtient de l'emploi de la plupart des autres machines élévatoires font de cette pompe, dont l'installation est facile, un des moyens d'épuisement les plus avantageux ; toutefois il est bon d'en limiter l'emploi à des élévations inférieures à 10 mètres à cause de la vitesse trop grande qu'il faudrait à la roue pour élever l'eau à des hauteurs plus considérables.

516. Le seul inconvénient de l'emploi des pompes centrifuges est l'obligation de donner aux palettes une très-grande vitesse ; la machine à vapeur est presque indispensable comme moteur de cet appareil.

La figure 29 du texte donne la vue de l'installation générale d'une pompe centrifuge mue par une locomobile.

517. *Bélier hydraulique (fig.* 50, *pl.* **30**). — L'ingénieux appareil connu sous le nom de bélier hydraulique a été inventé vers 1796 par Mongolfier. Il a pour but d'élever l'eau en employant la réaction produite à la suite d'une brusque interruption du mouvement de ce liquide s'écoulant dans un conduit.

Le bélier hydraulique se compose d'un long conduit C, qui

Fig. 29.

forme le corps du bélier, destiné à amener l'eau d'un réservoir supérieur avec une vitesse dépendante de la hauteur de la chute ; une soupape S, dite soupape d'arrêt, s'ouvrant de dehors en dedans, est disposée vers l'extrémité de ce conduit ; elle a pour but d'arrêter l'écoulement du liquide par l'orifice O ; à l'extrémité du corps du bélier, se trouve un récipient A qui peut être mis eu communication avec lui au moyen de la soupape p placée à la base de ce réservoir d'air ; le tuyau d'élévation g est fixé vers le bas du récipient A. Cet ensemble de pièces placées à l'extrémité du corps du bélier porte le nom de *tête du bélier*.

Lorsque l'appareil est au repos, la soupape d'arrêt S découvre l'orifice O et la soupape d'ascension p est fermée ; si l'eau est introduite dans le corps du bélier, elle s'écoule d'abord par l'orifice O, mais, à mesure que la vitesse d'écoulement s'accroît, la pression augmente au-dessous de la soupape S et bientôt cette soupape, dont la densité est peu supérieure à celle de l'eau, est repoussée sur son siége et ferme brusquement l'orifice sous l'action de la vitesse de la masse du liquide, la soupape d'ascension p est ouverte et l'eau pénètre dans le récipient A et dans le tuyau d'élévation. Mais, à partir du moment où le liquide pénètre dans le récipient, sa vitesse diminue par suite de la résistance qu'elle doit vaincre, résistance produite par la hauteur de la colonne d'eau qui s'est élevée dans le tuyau d'ascension et par l'augmentation de la force élastique provoquée par celle de l'air du récipient A, comprimé pendant l'arrivée du liquide. Aussitôt que la pression exercée sur la soupape d'arrêt S par la vitesse d'écoulement du liquide n'agit plus avec assez d'énergie pour l'appuyer sur son siége, cette soupape retombe par son poids, la soupape p se ferme sous l'action de la pression exercée par l'air dans le réservoir A et l'écoulement recommence par l'orifice O, jusqu'au moment où, sous l'influence de la vitesse croissante du liquide, la soupape S vienne à se fermer de nouveau ; alors les phénomènes précédents se renouvellent et une nouvelle quantité d'eau pénètre dans le tuyau d'élévation.

L'intervalle compris entre deux interruptions de l'écoulement par l'orifice O se nomme *coup de bélier.*

D'après la description qui précède, on comprend que l'eau s'élève dans le tuyau d'ascension sous l'action de la vitesse du liquide dans le corps du bélier, après la fermeture de la soupape S, action qui augmente en même temps la force élastique de l'air du récipient A ; mais le travail résultant de cette augmentation de force élastique est en partie restitué pour produire l'élévation de l'eau en excès dans le récipient, après la fermeture de la soupape *p*, non sans qu'il y ait entraînement mécanique à chaque coup de bélier d'une partie de l'air du récipient A ; on parvient à restituer à ce réservoir d'air la quantité qui s'en échappe ainsi à chaque coup de bélier, au moyen d'un second réservoir *a*, alimenté par la petite soupape *r* ; voici de quelle façon ce résultat est obtenu :

Au moment de la fermeture de la soupape *p*, une réaction correspondante à l'ouverture de la soupape s'opère dans la masse liquide, de sorte qu'en vertu du vide qui s'établit dans l'espace *a*, la soupape *r* soumise extérieurement à la pression atmosphérique laisse pénétrer dans le réservoir *a* une petite quantité d'air, qui, entraînée au coup de bélier suivant, remplace dans le grand récipient l'air qui s'échappe par le tuyau d'élévation ; de cette façon, le fonctionnement du bélier est automatique, quoique soumis sous le rapport du rendement à certaines conditions relatives au poids et à la course des soupapes suivant la hauteur de la chute.

Dans les bons appareils de ce genre, l'effet utile peut être porté aux 0,65 du travail moteur, c'est-à-dire que sur 100 litres d'eau motrice, un bélier établi dans de bonnes conditions peut en élever 65.

Le nombre de coups de bélier par minute varie de 30 à 60 ; la hauteur de la chute, celle du réservoir supérieur et enfin la course de la soupape d'arrêt influent sur le nombre de coups.

518. D'heureuses modifications tendant à assurer le bon

fonctionnement du bélier hydraulique ont été exécutées par M. Bollée, mécanicien du Mans ; les changements qu'a opérés ce constructeur consistent en l'addition d'un balancier compensateur, lequel permet de régler à volonté, suivant la hauteur de la chute, la course de la soupape d'arrêt qui est disposée de façon à diminuer les chocs violents qui se produisent au moment de la fermeture de la soupape d'arrêt des anciens béliers. A cet effet, la soupape d'arrêt a pour siége une cannelure circulaire, dans laquelle l'eau forme un bourrelet qui amortit la violence des chocs. La soupape r est remplacée, dans le bélier de M. Bollée, par un long tube fixé sur le corps du bélier ; dans ce tube se produisent les variations de niveau du liquide à la suite de la réaction dont nous avons parlé précédemment ; l'aspiration qui en résulte est utilisée pour distribuer, au moyen d'une soupape placée à l'extrémité d'un long tuyau qui débouche près de la soupape d'ascension, l'air nécessaire au bon fonctionnement de l'appareil.

MACHINES MOTRICES HYDRAULIQUES

PAR M. G. BONNEFOY.

ÉCOULEMENT DES EAUX.

519. *Vitesse avec laquelle l'eau s'écoule d'un orifice de minces parois.*

Premier cas. L'orifice débouche à l'air libre dans une paroi latérale (*fig.* 1, *pl.* **31**).

La formule

$$V = \sqrt{2g.h} \qquad\qquad (\text{n}^\circ\ 1)$$

donne la vitesse d'écoulement ; V est la vitesse cherchée, g la gravité (§ 262) et h la hauteur du centre de gravité de l'orifice au niveau supérieur de l'eau dans le vase. Cette formule qui n'est qu'approximative, parce que les molécules de l'eau n'ont pas toutes la même vitesse, se rapprochera d'autant plus de la vérité que les dimensions de l'orifice seront petites, par rapport à la hauteur h.

EXEMPLE. — *Premier cas.* Trouver la vitesse d'écoulement par un orifice, dont la hauteur du centre de gravité au-dessous du niveau supérieur du vase est de 3^{mt},80.

La formule du n° 1, étant mise en nombres, donne

$$V = \sqrt{2 \times 9^{mt},81 \times 3,80} = 8^{mt},63,$$

g, la gravité, étant égale à 9^{mt},81 (§ 262).

Deuxième cas. L'orifice est placé au fond du vase (*fig.* 2).

La même formule (n° 1) donne la vitesse d'écoulement; h, représente la hauteur du fond du vase au niveau supérieur. Comme dans le cas précédent, on n'a qu'une approximation.

Troisième cas. L'orifice est noyé (*fig.* 3).

La vitesse est donnée par la même formule n° 1. Mais ici h, la hauteur, est égale à H — H', c'est-à-dire la différence de niveau dans les deux vases.

Dans les trois cas, il est sous-entendu que le niveau est toujours le même dans les récipients, ou en d'autres termes qu'il arrive autant d'eau qu'il en sort.

520. *Dépenses d'eau dans les différents cas de la pratique.* — Il est impossible de calculer exactement la dépense d'eau par un orifice quelconque, car les filets d'eau qui forment la veine fluide ne conservent pas leur parallélisme; on l'obtient d'une façon approximative en multipliant la vitesse d'écoulement par la surface de l'orifice. La formule qui donne cette dépense est

$$Q = S . \sqrt{2g.h} \ldots\ldots \qquad (\text{n° 2})$$

dans laquelle Q représente la quantité d'eau dépensée par seconde de temps; S, la surface de l'orifice en mètres carrés;

h, la hauteur en mètres de la chute et $\sqrt{2.g.h}$ (n° 1) la vitesse d'écoulement. La dépense ainsi calculée est ce qu'on appelle la *dépense théorique*, qui diffère d'autant plus de la dépense pratique que la veine fluide se contracte davantage à sa sortie de l'orifice.

On corrige cette formule au moyen d'un coefficient pratique m, qui varie suivant que la forme des vases occasionne une plus ou moins grande contraction de la veine fluide.

Ainsi, dans le vase A (*fig.* 4, 5, 6, 7, *pl.* **31**), la veine fluide se contracte bien plus que dans le vase B ; dans le vase C, la contraction est presque nulle, et elle est le plus grande possible dans le vase D.

Les valeurs de m sont données au paragraphe suivant.

La formule d'application est finalement :

$$Q = m \cdot S \cdot \sqrt{2.g.h}\ldots\ldots \qquad (\text{n° } 3)$$

521. Les valeurs de m, dans les différents cas de la pratique, sont les suivantes :

Premier cas. Orifice à minces parois $m = 0,61$ environ et la formule n° 3 devient

$$Q = 0,61 \cdot S \cdot \sqrt{2.g.h}\ldots\ldots \qquad (\text{n° } 4)$$

EXEMPLE. — Trouver la dépense Q d'eau en une seconde, par un orifice de minces parois, les dimensions de l'orifice étant $0^{mt},20$ sur $0^{mt},08$ et la hauteur du centre de gravité de cet orifice au niveau d'eau supérieur du vase de $3^{mt},80$.

La mise en nombres de la formule n° 4 devient dans cette application

$$Q = 0,61 \times 0^{mt},20 \times 0^{mt},08 \times \sqrt{2 \times 9,81 \times 3,80,}$$

et en effectuant les calculs $Q = 0^{mt3},084^{dcmt3},228^{cmt3}$.

Trois circonstances peuvent se présenter :

1° Si l'orifice touche à une des faces du vase (*fig.* 8), la contraction n'a lieu que sur trois côtés, et le coefficient devient $1,035 \times m$ et l'on a :

$$Q = 1{,}035 \times 0{,}61 \quad S.\sqrt{2 \times 9{,}81 \times h.} \qquad (n^o\ 5)$$

2° Si l'orifice touche à deux côtés du vase (*fig.* 9), la contraction n'a plus lieu que sur deux côtés, le coefficient devient $1{,}072 \times m$ et on a :

$$Q = 1{,}072 \times 0{,}61 \times S.\sqrt{2 \times 9{,}81 \times h} \dots \qquad (n^o\ 6)$$

3° Si l'orifice touche à trois côtés du vase (*fig.* 10) la contraction n'a lieu que sur un côté, et le coefficient devient $1{,}125 \times m$ et l'on a :

$$Q = 1{,}125 \times 0{,}61 \times S\sqrt{2 \times 9{,}81 \times h} \dots \dots \qquad (n^o\ 7)$$

Deuxième cas. Orifices à parois épaisses, l'épaisseur de celles-ci dépassant la plus petite dimension de l'orifice (*fig.* 11), ou bien contre la paroi sur l'orifice il y a un tuyau additionnel (*fig.* 12); le coefficient m est alors égal à 0,815. La dépense Q d'eau par seconde devient :

$$Q = 0{,}815 \times S \times \sqrt{2 \times 9{,}81 \times h} \dots \qquad (n^o\ 8)$$

Si l'épaisseur des parois, ou les tuyaux additionnels, sont compris entre 1 fois et demie et 3 fois la plus petite dimension de l'orifice, le coefficient m est égal à 0,82 et la dépense Q devient :

$$Q = 0{,}82 \times S \times \sqrt{2 \times 9{,}81 \times h} \dots \qquad (n^o\ 9)$$

Troisième cas. Le tuyau additionnel a la forme conique ou pyramidale (*fig.* 13).

Dans ce troisième cas le coefficient $m = 0{,}90$ et la formule devient :

$$Q = 0{,}90 \times S \times \sqrt{2 \times 9{,}81 \times h} \dots \qquad (n^o\ 10)$$

Quatrième cas. Le tuyau additionnel a la forme indiquée (*fig.* 14), qui se rapproche le plus de la forme de la veine fluide.

Dans ce quatrième cas le coefficient $m = 0{,}96$ et la formule devient :

$$Q = 0,96 \times S \times \sqrt{2 \times 9,81 \times h} \dots \qquad (n^o\ 11)$$

Cinqnième cas. L'orifice est en déversoir, comme l'indique la figure 15, *pl.* **32**.

Dans ce cinquième cas la dépense pratique est donnée par la formule :

$$Q = m'.L.h.\sqrt{2g.h} \dots$$

et, mettant en nombres les quantités connues :

$$Q = 0,424 \times L \times h \times \sqrt{2 \times 9,81 h} \dots \qquad (n^o\ 12)$$

dans laquelle L est la largeur de l'orifice ; h, la hauteur du niveau de l'eau au-dessus du seuil du déversoir, dans un endroit du réservoir où le liquide n'est pas déprimé, et m', le coefficient qui varie suivant les hauteurs du liquide au-dessus du seuil.

Ainsi : pour

$$
\begin{aligned}
h &= 0^{mt}\!,01, \text{ on a } m' = 0,424 \\
h &= 0\ \ ,02, \quad - \quad m' = 0,417 \\
h &= 0\ \ ,03, \quad - \quad m' = 0,412 \\
h &= 0\ \ ,04, \quad - \quad m' = 0,407 \\
h &= 0\ \ ,06, \quad - \quad m' = 0,401 \\
h &= 0\ \ ,08, \quad - \quad m' = 0,397 \\
h &= 0\ \ ,10, \quad - \quad m' = 0,395 \\
h &= 0\ \ ,15, \quad - \quad m' = 0,393 \\
h &= 0\ \ ,20, \quad - \quad m' = 0,390 \\
h &= 0\ \ ,22, \quad - \quad m' = 0,385
\end{aligned}
$$

522. Si on avait un dispositif comme celui représenté (*fig.* 16, *pl.* **32**) qui est employé assez fréquemment pour les roues à augets, on prendrait la dépense pour chaque orifice, et on ferait la somme.

Ainsi pour les deux orifices A et B, en appelant L la largeur commune, en représentant *ab* par l, et *cd* par l' et les hauteurs au-dessous du niveau de l'eau par h et h', on aurait pour les dépenses d'eau partielles Q' et Q'', et par seconde :

$$Q' = l \times L . \sqrt{2.g.h},$$

$$Q'' = l' \times L . \sqrt{2.g.h'},$$

et pour la dépense théorique totale :

$$Q = l \times L . \sqrt{2.g.h} + l' \times L . \sqrt{2.g.h'} \dots \quad (\text{n}^o 13)$$

le coefficient m' à employer dans ce cas est 0,75, et la dépense pratique devient :

$$Q = 0,75 \times \left(l \times L . \sqrt{2.g.h} + l' \times L . \sqrt{2.g.h'} \right) .. \quad (\text{n}^o 14)$$

Dans cette formule $l \times L$ donne la surface S' de l'orifice A (§ 216), et $l' \times L$ donne la surface S'' de l'orifice B ; en remplaçant ces facteurs l, l', L dans la formule n° 14, il vient :

$$Q = 0,75 . \left(S' . \sqrt{2.g.h} + S'' . \sqrt{2.g.h'} \right) \dots \quad (\text{n}^o 15)$$

On opérerait de même dans le cas où on aurait un plus grand nombre d'orifices.

523. Si on avait un dispositif, comme celui (*fig.* 17, *pl.* **32**), c'est-à-dire pour une roue R recevant l'eau au moyen d'une vanne à clapet C, le coefficient m serait 0,59, et la dépense pratique Q serait donnée par la formule :

$$Q = 0,59 . S . \sqrt{2.g.h} \dots \quad (\text{n}^o 16)$$

524. Si l'orifice était complétement noyé comme dans la *fig.* 3, *pl.* **31**, le coefficient m serait 0,625, et la formule de la dépense pratique Q deviendrait :

$$Q = 0,625 . S . \sqrt{2.g.(H - H')} \dots \quad (\text{n}^\bullet 17)$$

dans laquelle H et H' sont les hauteurs mesurées du centre de gravité de l'orifice, au-dessous du niveau supérieur dans chacun des vases.

Si l'orifice n'était qu'en partie noyé, il faudrait le supposer divisé en deux, la partie noyée et la partie débouchant à l'air libre, prendre la dépense pour chacun de ces cas d'après les formules données n° 4 et n° 17 et faire la somme des dépenses.

525. *Dépense d'eau à l'extrémité d'un coursier* (*fig.* 18, *pl.* **32**). — Le fluide se contracte d'abord à sa sortie de l'orifice, se dilate ensuite et remplit tout le coursier.

La vitesse en mètres par seconde V' aux points *cd*, c'est-à-dire aux points où la contraction de la veine fluide cesse, est donnée par la formule :

$$V' = \frac{\sqrt{2\,g.H}}{1 + \left(\dfrac{1}{m} - 1\right)^2}, \qquad n° 18)$$

dans laquelle H est la hauteur du liquide prise du centre de gravité de l'orifice au niveau supérieur du réservoir, et *m* le coefficient pratique.

La vitesse V, à l'extrémité du coursier, est plus grande que la vitesse V' en raison de la petite hauteur de chute *h*, qui produit une augmentation de vitesse représentée par $\sqrt{2.g.h}$; elle est donnée par la formule :

$$V = \sqrt{V'^2 + 2.g.h}, \qquad (n° 19)$$

dans laquelle V' est la vitesse donnée par la formule n° **18**, et *h* la hauteur de chute de *cd* en O.

Cette vitesse V, multipliée par la section de l'eau à l'extrémité du coursier, donne la dépense Q qui est alors exprimée par la formule :

$$Q = S \sqrt{V'^2 + 2.g.h}, \qquad (n° 20)$$

et en remplaçant V'² par sa valeur donnée au n° 18, il vient :

$$Q = S \sqrt{\frac{2.g.H}{1 + \left(\dfrac{1}{m} - 1\right)^2} + 2.g.h.} \qquad (n° 21)$$

La petite perte de vitesse, occasionnée par le frottement de l'eau dans le coursier, est habituellement négligée dans la pratique.

526. *Dépenses d'eau par les déversoirs.* — La dépense d'eau avec les déversoirs fixes en maçonnerie, ou mobiles, par le moyen de vannes dont on fait varier à volonté l'abaissement au-dessous du niveau du bief, peut être calculée d'une manière très-approximative, connaissant la hauteur *h* de la lame d'eau qui passe par-dessus, le coefficient de débit et L la largeur du déversoir.

La table ci-dessous contient la valeur des coefficients pour les différentes grandeurs de h.

VALEURS DE h	COEFFICIENTS de débit. h	VALEURS DE h	COEFFICIENTS de débit. h	VALEURS DE h	COEFFICIENTS de débit. h	VALEURS DE h	COEFFICIENTS de débit. h	VALEURS DE h	COEFFICIENTS de débit. h
0m.01	0.00179	0m.29	0.2801	0m.57	0.7720	0m.85	1.406	1m.65	3.802
0 .02	0.00507	0 .30	0.2947	0 .58	0.7925	0 .86	1.431	1 .70	3.977
0 .03	0.00932	0 .31	0.3096	0 .59	0.8129	0 .87	1.458	1 .75	4.153
0 .04	0.01435	0 .32	0.3247	0 .60	0.8337	0 .88	1.481	1 .80	4.332
0 .05	0.02005	0 .33	0.3400	0 .61	0.8547	0 .89	1.506	1 .85	4.514
0 .06	0.02636	0 .34	0.3556	0 .62	0.8757	0 .90	1.532	1 .90	4.598
0 .07	0.03322	0 .35	0.3714	0 .63	0.8970	0 .91	1.557	1 .95	4.885
0 .08	0.04035	0 .36	0.3874	0 .64	0.9184	0 .92	1.583	2 .00	5.074
0 .09	0.04849	0 .37	0.4037	0 .65	0.9401	0 .93	1.609	2 .05	5.265
0 .10	0.05672	0 .38	0.4202	0 .66	0.9618	0 .94	1.635	2 .10	5.459
0 .11	0.06544	0 .39	0.4369	0 .67	0.9839	0 .95	1.661	2 .15	5.655
0 .12	0.07457	0 .40	0.4538	0 .68	1.006	0 .96	1.687	2 .20	5.854
0 .13	0.08408	0 .41	0.4709	0 .69	1.028	0 .97	1.714	2 .25	6.054
0 .14	0.09397	0 .42	0.4882	0 .70	1.051	0 .98	1.740	2 .30	6.257
0 .15	0.10420	0 .43	0.5058	0 .71	1.073	0 .99	1.767	2 .35	6.463
0 .16	0.11481	0 .44	0.5235	0 .72	1.095	1 .00	1.794	2 .40	6.669
0 .17	0.12574	0 .45	0.5413	0 .73	1.119	1 .05	1.930	2 .45	6.882
0 .18	0.13699	0 .46	0.5596	0 .74	1.142	1 .10	2.069	2 .50	7.091
0 .19	0.14857	0 .47	0.5780	0 .75	1.165	1 .15	2.212	2 .55	7.305
0 .20	0.16045	0 .48	0.5965	0 .76	1.189	1 .20	2.358	2 .60	7.521
0 .21	0.1726	0 .49	0.6153	0 .77	1.212	1 .25	2.501	2 .65	7.738
0 .22	0.1851	0 .50	0.6342	0 .78	1.236	1 .30	2.659	2 .70	7.959
0 .23	0.1979	0 .51	0.6533	0 .79	1.260	1 .35	2.814	2 .75	8.181
0 .24	0.2109	0 .52	0.6726	0 .80	1.283	1 .40	2.971	2 .80	8.405
0 .25	0.2242	0 .53	0.6921	0 .81	1.308	1 .45	3.132	2 .85	8.611
0 .26	0.2378	0 .54	0.7118	0 .82	1.332	1 .50	3.295	2 .90	8.860
0 .27	0.2516	0 .55	0.7317	0 .83	1.357	1 .55	3.462	2 .95	9.089
0 .28	0.2657	0 .56	0.7517	0 .84	1.383	1 .60	3.630	3 .00	9.321

Application. — Quel est le débit par un déversoir dont la longueur L $= 0^{mt},50$ la hauteur h du niveau du déversoir à celui du canal étant de $0^{mt},20$? Chercher dans la table, colonne h, le coefficient de débit qui correspond à $0^{mt},20$; il est 0,16045 ; multiplier ce coefficient par la largeur L, on obtient 0,16045 $\times 0^{mt},50 = 0^{mt3},080$ ou 80 litres par seconde.

La table est dressée pour les déversoirs en maçonnerie ; pour ceux à minces parois, il faut augmenter le produit de l'opération indiquée ci-dessus des 0,012. Ainsi le débit, dans le cas d'un réservoir à minces parois et dans les conditions de l'exemple précédent serait $80^{lit.} + (80 \times 0,012) = 81$ en nombre rond.

527. *Dépense d'eau par une ouverture pratiquée au fond d'un canal et dont la hauteur est réglée par une vanne.* — Appelant h la hauteur de l'orifice dont la vanne V (*fig.* 24, *pl.* **32**), peut faire varier la grandeur ; H, la hauteur d'eau en mètres ou la charge d'eau sur le centre de l'orifice h ; L, la longueur de l'orifice dans le sens horizontal et Q le volume d'eau en mètres cubes qui s'écoule par cet orifice, en une seconde de temps ; on a très-approximativement :

$$Q = 0,625 \times h \times L . \sqrt{19,62 \times H}.$$

La table (p. 374) est calculée pour la pratique dans le cas dont il s'agit : multiplier la largeur L de l'orifice par sa hauteur h, ce qui donne sa surface ; multiplier cette surface par le coefficient de débit k qui correspond à la charge H sur le centre de l'orifice, le produit donne Q le nombre de mètres cubes débité dans une seconde.

Exemple. — La hauteur h de l'orifice est de $0^{mt},50$; la largeur L est de $1^{mt},20$ et la charge sur le centre de l'orifice ou la hauteur H est de 3 mètres ; quel est le débit Q de l'eau ?

$$Q = h \times L \times k = 0,50 \times 1^{mt},20 \times 4,795 = 2^{mt3},877$$
$$\text{ou 2877 litres.}$$

CHARGE sur le centre de l'orifice. h	COEFFICIENT DE DÉBIT. k	CHARGE sur le centre de l'orifice. h	COEFFICIENT DE DÉBIT. k	CHARGE sur le centre de l'orifice. h	COEFFICIENT DE DÉBIT. k
0ᵐ.05	0.6187	0ᵐ.46	1.877	0ᵐ.87	2.582
0 .06	0.6781	0 .47	1.897	0 .88	2·597
0 .07	0.7325	0 .48	1.918	0 .89	2.611
0 .08	0.7831	0 .49	1.938	0 .90	2.626
0 .09	0.8306	0 .50	1.958	0 .91	2.641
0 .10	0.8754	0 .51	1.977	0 .92	2.655
0 .11	0.9182	0 .52	1.996	0 .93	2.669
0 .12	0.9590	0 .53	2.015	0 .94	2.684
0 .13	0.9982	0 .54	2.034	0 .95	2.705
0 .14	1.034	0 .55	2.053	0 .96	2.713
0 .15	1.072	0 .56	2.072	0 .97	2.726
0 .16	1.107	0 .57	2.090	0 .98	2.740
0 .17	1.141	0 .58	1.108	0 .99	2.754
0 .18	1.174	0 .59	2.126	1 .00	2.768
0 .19	1.205	0 .60	2.144	1 .05	2.836
0 .20	1.238	0 .61	2.162	1 .10	2.904
0 .21	1.269	0 .62	2.179	1 .15	2.968
0 .22	1.298	0 .63	2.197	1 .20	3.033
0 .23	1.327	0 .64	2.215	1 .25	3.095
0 .24	1.356	0 .65	2.232	1 .30	3.157
0 .25	1.384	0 .66	2.249	1 .35	3.216
0 .26	1.411	0 .67	2.266	1 .40	3.275
0 .27	1.439	0 .68	2.282	1 .45	3.334
0 .28	1.468	0 .69	2.299	1 .50	3.390
0 .29	1.491	0 .70	2.316	1 .55	3.446
0 .30	1.516	0 .71	2.333	1 .60	3.501
0 .31	1.541	0 .72	2.349	1 .65	3.556
0 .32	1.566	0 .73	2.365	1 .70	3.610
0 .33	1.593	0 .74	2.381	1 .75	3.662
0 .34	1.614	0 .75	2.397	1 .80	3.714
0 .35	1.637	0 .76	2.413	1 .85	3.766
0 .36	1.661	0 .77	2.429	1 .90	3.816
0 .37	1.684	0 .78	2.445	1 .95	3.866
0 .38	1.706	0 .79	2.463	2 .00	3.915
0 .39	1.729	0 .80	2.476	2 .05	3.964
0 .40	1.751	0 .81	2.491	2 .10	4.012
0 .41	1.772	0 .82	2.507	2 .15	4.060
0 .42	1.797	0 .83	2.522	2 .20	4.106
0 .43	1.817	0 .84	2.537	2 .25	4.153
0 .44	1.838	0 .85	2.552	2 .30	4.198
0 .45	1.857	0 .86	2.567	2 .35	4.244

CHARGE sur le centre de l'orifice. h	COEFFICIENT DE DÉBIT. k	CHARGE sur le centre de l'orifice. h	COEFFICIENT DE DÉBIT. k	CHARGE sur le centre de l'orifice. h	COEFFICIENT DE DÉBIT. k
2^m.40	4.289	3^m.30	5.029	4^m.20	5.673
2 .45	4.334	3 .35	5.067	4 .25	5.707
2 .50	4.377	3 .40	5.104	4 30	5.741
2 .55	4.420	3 .45	5.142	4 .35	5.774
2 .60	4.464	3 .50	5.179	4 .40	5.807
2 .65	4.507	3 .55	5.216	4 .45	5.839
2 .70	4.549	3 .60	5.252	4 .50	5.872
2 .75	4.591	3 .65	5.289	4 .55	5.905
2 .80	4.633	3 .70	5.325	4 .60	5.937
2 .85	4.674	3 .75	5.361	4 .65	5.969
2 .90	4.715	3 .80	5.397	4 .70	6.001
2 .95	4.755	3 .85	5.432	4 .75	6.033
3 .00	4.795	3 .90	5.467	4 .80	6.065
3 .05	4.835	3 .95	5.502	4 .85	6.096
3 .10	4.875	4 .00	5.536	4 .90	6.127
3 .15	4.913	4 .05	5.571	4 .95	6.158
3 .20	4.953	3 .10	5.615	5 .00	6.190
3 .25	4.991	4 .15	5.639		

52σ. *Dépense d'eau dans un canal de grande longueur à pente uniforme (fig. 19).*

La vitesse V en mètres par seconde est donnée par la formule pratique, due à M. de Prony :

$$V = 0,07185 + 56,86 . \sqrt{\overline{R.I}} \dots \qquad (n^o\ 22)$$

dans laquelle R représente le rapport $\dfrac{a}{c}$ de l'aire de la section de l'eau dans le canal, à son *périmètre mouillé;* et I le rapport $\dfrac{H}{L}$ de la pente totale à la longueur du canal.

La vitesse multipliée par la section de l'eau dans le canal donne la dépense Q, on a donc :

$$Q = S . (0,07185 + 56,86 . \sqrt{\overline{R.I}}) \dots \qquad (n^o\ 23)$$

Le périmètre mouillé est le développement du contour liquide qui touche le fond et les berges du canal ou de la rivière ; ainsi, si la surface de la tranche d'eau ou l'aire de sa section verticale est de 3 mètres carrés, et que le développement de la courbe qui forme le fond du canal et remonte de chaque côté jusqu'au niveau de l'eau soit de 6 mètres, R sera égal à :

$$\frac{3}{6} = 0,50.$$

Si, dans ce cas, la longueur L du canal est de 50 mètres et la hauteur totale H de $0^{mt},02$, la valeur de I sera

$$\frac{0,02}{50} = 0,0004,$$

et la valeur de R.I $= 0,50 \times 0,0004 = 0,0002$.

Dans son *Traité de la construction des roues hydrauliques*, M. Laffineur (1) a inséré une table qui donne les vitesses moyennes des cours d'eau dont on connaît la valeur de R.I.

Soit à déterminer au moyen de cette table le cours d'eau dont les données sont les précédentes, c'est-à-dire dont le périmètre mouillé est de 6 mètres, l'aire de la section moyenne de l'eau de 3 mètres carrés, la longueur de 50 mètres et la pente totale de $0^{mt},02$; R.I étant, comme il vient d'être calculé, de 0,0002, on cherchera sur la table ce nombre ou celui qui s'en rapproche le plus, et le nombre écrit vis-à-vis, dans l'autre colonne, exprimera la vitesse moyenne v de l'eau. Dans l'exemple on trouvera $0^{mt},75$.

529. *Jeaugeage des cours d'eau.* — Pour jauger un cours d'eau, on peut en mesurer la vitesse au moyen d'un corps flottant, et multiplier cette vitesse par l'aire de la section de l'eau ; ou bien construire un barrage, y pratiquer un orifice, soit à minces parois, soit à déversoir, etc., etc., augmenter petit à petit les dimensions de cet orifice, jusqu'à ce que sa dépense soit égale à celle du canal, et se servir d'une des formules données plus haut, du n° 4 au n° 7, suivant la nature de l'orifice pratiqué dans le barrage.

M. Laffineur, dans son excellent *Traité de la construction des*

(1) Librairie Lacroix, bibliothèque des professions industrielles.

roues hydrauliques, donne un moyen très-pratique et très-expéditif. Pour faire le jaugeage d'un ruisseau, on établit en travers du cours d'eau un barrage en planches minces, dans la partie supérieure duquel on pratique une échancrure rectangulaire; l'écoulement se fera en déversoir et le débit réel Q sera donné par la formule :

$$Q = 1{,}77b \cdot h^{\frac{3}{2}} \ldots \ldots \qquad (\text{n}^\text{o}\,24)$$

dans laquelle b indique la largeur de l'échancrure et h l'épaisseur de la lame d'eau qui en sort, en supposant que $b = 1$, c'est-à-dire que la largeur de l'échancrure soit de 1 décimètre, ou de 1 mètre, l'épaisseur h étant exprimée en unité de même espèce. La table suivante dressée par M. Laffineur rend le calcul excessivement simple. (*Voir table IV*.)

Exemple. — Soit à déterminer le débit réel d'un cours d'eau dont la largeur du déversoir est de $0^\text{mt}{,}60$, et dont la hauteur h de la lame d'eau qui s'en échappe est de $0^\text{mt}{,}25$ d'épaisseur; il suffira de multiplier le nombre $0{,}22125$ qui correspond dans la table à la hauteur h donnée, c'est-à-dire à $0^\text{mt}{,}26$, par la longueur $0^\text{mt}{,}60$; il viendra:

$$Q = 0{,}22125 \times 0{,}60 = 0^\text{mt3}{,}132,$$

ou 132 litres environ par seconde.

530. *Force des cours d'eau.* — Nous avons vu comment on calculait la dépense d'eau dans les différents cas qui peuvent se présenter dans la pratique (§ 519 à 528); si maintenant nous appelons Q cette dépense d'eau par seconde de temps, et exprimée en mètres cubes, 1000.Q, représentera le poids de cette eau, en mètres cubes. Ce poids d'eau, descendant du canal d'arrivée au canal de fuite, aura développé un travail qui sera représenté par 1000 Q.H; H étant la différence des niveaux ou la hauteur de chute (*fig.* 20, *pl.* **32**). En divisant cette expression par 75, on a la force en chevaux dans une seconde (§ 289), et en désignant par F cette force exprimée en chevaux kilogrammétriques, elle sera :

$$F = \frac{1000 \cdot Q \cdot H}{75} \ldots \ldots \qquad (\text{n}^\text{o}\,25)$$

12.

Cette formule donne ce qu'on appelle le *travail absolu* fourni par un cours d'eau.

VALEURS DE		VALEURS DE		VALEURS DE	
h	$1.77 h^{\frac{3}{2}}$	h	$1.77 h^{\frac{3}{2}}$	h	$1.77 h^{\frac{3}{2}}$
0.01	0.00177	0.35	0.36651	0.68	0.[illegible]
0.02	0.00499	0.36	0.37361	0.69	1.0145
0.03	0.00918	0.37	0.39836	0.70	1.0366
0.04	0.01416	0.38	0.41414	0.71	1.0589
0.05	0.01965	0.39	0.43109	0.72	1.0792
0.06	0.02601	0.40	0.44778	0.73	1.1039
0.07	0.03274	0.41	0.46467	0.74	1.1268
0.08	0.04000	0.42	0.48178	0.75	1.1496
0.09	0.04779	0.43	0.49909	0.76	1.1727
0.10	0.05593	0.44	0.51659	0.77	1.1959
0.11	0.06443	0.45	0.53431	0.78	1.2193
0.12	0.07345	0.46	0.55222	0.79	1.2428
0.13	0.08284	0.47	0.57032	0.80	1.2666
0.14	0.09257	0.48	0.58862	0.81	1.2904
0.15	0.10283	0.49	0.60711	0.82	1.3143
0.16	0.11328	0.50	0.62579	0.83	1.3384
0.17	0.12390	0.51	0.64465	0.84	1.3627
0.18	0.13505	0.52	0.66371	0.85	1.3871
0.19	0.14656	0.53	0.68295	0.86	1.4116
0.20	0.15824	0.54	0.70237	0.87	1.4363
0.21	0.17009	0.55	0.72197	0.88	1.4612
0.22	0.18231	0.56	0.74175	0.89	1.4861
0.23	0.19594	0.57	0.76170	0.90	1.5112
0.24	0.20797	0.58	0.78184	0.91	1.5365
0.25	0.22125	0.59	0.80214	0.92	1.5619
0.26	0.23452	0.60	0.82263	0.93	1.5875
0.27	0.24813	0.61	0.84327	0.94	1.6131
0.28	0.26225	0.62	0.86409	0.95	1.6389
0.29	0.27642	0.63	0.88508	0.96	1.6649
0.30	0.29084	0.64	0.90624	0.97	1.6910
0.31	0.30553	0.65	0.92756	0.98	1.7172
0.32	0.32041	0.66	0.94905	0.99	1.7436
0.33	0.33554	0.67	0.97070	1.00	1.7700
0.34	0.35091				

530 [1]. *Débit par une canalisation en tuyaux cylindriques en fonte de fer ou en fer étiré.* Les formules de Prony modifiées pour l'application par Darcy donnent des résultats suffisamment approchés de la vérité des faits. Désignant par :

D, diamètre de la conduite en mètres,

L, longueur de la conduite en mètres,

H, hauteur de chute en mètres, donnée par la différence de hauteur entre le point de départ et celui de l'arrivée de l'eau à l'extrémité de la conduite.

J, pente par mètre donnée par $\dfrac{H}{L}$.

Q, débit par seconde en mètres cubes, à l'extrémité de la conduite.

Q′, débit en litres, à l'extrémité de la conduite,

1000. — Contenance en litres d'un mètre cube d'eau.

a. coefficient déduit des observations, dont la valeur est indiquée au tableau ci-après (page 456) et pour des variations du diamètre D,

b, valeur de l'ensemble des quantités que représente

$6{,}4846 \cdot \dfrac{a}{\mathrm{D}^5}$ dans la formule du n° 3, et qui est portée à la table (page 456) pour différentes valeurs de D.

v, vitesse de l'eau en mètres, par seconde.

$$Q = \frac{\pi}{8} \sqrt{\frac{J\,\mathrm{D}^5}{a}} \qquad (\text{n}^\circ\ 1)$$

$$D = \sqrt{6{,}4846\, a\, \frac{Q^2}{\mathrm{D}^5}}. \qquad (\text{n}^\circ\ 2)$$

$$J = 6{,}4846\, \frac{a}{\mathrm{D}^5}\, Q^2. \qquad (\text{n}^\circ\ 3)$$

En désignant par b, les quantités qui figurent dans la formule n° 3 (voir cette lettre), il vient

$$J = b Q^2. \qquad (\text{n}^\circ\ 4)$$

$$b = \frac{J}{Q^2}. \qquad (\text{n}^\circ\ 5)$$

$$Q = \sqrt{\frac{J}{b}}. \qquad\qquad \text{(n° 6)}$$

$$H = b\,Q^2 L; \qquad L = \frac{H}{b\,Q^2};$$

$$v = 53,58\sqrt{\frac{DJ}{4}} - 0,025.$$

Les valeurs de a et de b, dans la table, sont calculées pour le cas de tuyaux de fonte ou de fer étiré incrustés par les dépôts des eaux qui y circulent, c'est-à-dire pour le débit après un temps de service de plus de deux années. — Pour les conduites neuves, ou dont les surfaces, sont lisses, le débit est plus grand; il faut alors le calculer Q, en ne prenant que la moitié de la valeur de b portée dans la table (page 456).

Exemple : *Calcul du diamètre d'une conduite d'eau en tuyau de fonte.* Longueur L = 3000 mètres; différence de niveau entre le départ, et l'arrivée ou hauteur H = 60 mètres; le débit par seconde doit être $Q = 0^{m3},100$ décimètres cubes ou 100 litres, quelle sera la grandeur du diamètre D ?

1° Chercher quelle est la valeur de b, par la formule du n° 5, dans laquelle J est représenté dans le cas actuel par $J = \dfrac{H}{L} = 0,02$, soit 2 centimètres de pression d'eau par mètre de longueur de la conduite.

La mise en nombre de la formule n° 5 donne ainsi

$$b = \frac{0,02}{0,100 + 0,100} = 1,999.$$

La table ne porte pas ce nombre dans la colonne des valeurs de b, il est compris entre 2,083 et 1,742, correspondant à des diamètres, 0,28 et 0,29, le premier serait trop faible, et le second trop fort. Pour obtenir plus d'exactitude on pourrait appliquer la formule du n° 3 qui est relativement un peu compliquée. Mais on peut admettre ce qui est suffisamment exact, que les variations du diamètre D sont proportionnelles à celles de b, on aurait dans l'exemple

$$(2,083 - 1,999) : (2,083 - 1,742) : : (0,29 - 0,28) : x$$

$$x = \frac{0,084 \times 0,01}{0,3416} = 0,0024.$$

Ajoutant la variation ainsi détermiée à 0,28, on aura pour le diamètre cherché :

$$D = 0,28 + 0,0024 = 0^{mt},2824$$

au lieu de $0^{mt},2800$.

La perte de charge due aux coudes que fait la conduite est proportionnelle au carré de la vitesse v et à la longueur de l'arc de la courbe. Le diamètre du tuyau de conduite a une très petite influence. Dans la pratique les coudes étant en petit nombre, leur influence peut être négligée.

DIAMÈTRE D en mètres.	VALEUR de a.	VALEUR de b.
0,01	0,001801	116790000
0,02	0,001154	2338500
0,027	0,000986	445600
0,03	0,000938	250310
0,04	0,000830	52561
0,05	0,000765	15874
0,054	0,000746	10535
0,06	0,000722	6020,9
0,07	0,000691	2666,1
0,08	0,000668	1321,9
0,081	0,000666	1238,6
0,09	0,000650	713,81
0,10	0,000636	412,42
0,108	0,000626	276,27
0,11	0,000624	251,25
0,12	0,000614	160,01
0,13	0,000606	105,84
0,135	0,000602	87,058
0,14	0,000599	72,222
0,15	0,000593	50,639
0,16	0,000587	36,301
0,162	0,000586	34,057
0,17	0,000583	26,626
0,18	0,000578	19,836
0,19	0,000575	15,059
0,20	0,000571	11,571
0,21	0,000568	9,0185
0,216	0,000566	7,8061
0,22	0,000565	7,1092
0,23	0,000563	5,6722
0,24	0,000560	4,5610
0,25	0,000558	3,7052
0,26	0,000556	3,0345
0,27	0,000554	2,5036
0,28	0,000553	2,0836

DIAMÈTRE D en mètres.	VALEUR de a.	VALEUR de b.
0,29	0,000551	1,7420
0,30	0,000550	1,4677
0,31	0,000548	1,2412
0,32	0,000547	1,0571
0,325	0,000546	0,97647
0,33	0,000546	0,90470
0,34	0,000545	0,77783
0,35	0,000543	0,67042
0,36	0,000542	0,58126
0,37	0,000541	0,50591
0,38	0,000541	0,44275
0,39	0,000540	0,38811
0,40	0,000539	0,34134
0,41	0,000538	0,30112
0,42	0,000537	0,26645
0,43	0,000537	0,23687
0,44	0,000536	0,21076
0,45	0,000535	0,18801
0,46	0,000535	0,16844
0,47	0,000534	0,15099
0,48	0,000533	0,13565
0,49	0,000533	0,12236
0,50	0,000532	0,11039
0,55	0,000530	0,068288
0,60	0,000528	0,044031
0,65	0,000526	0,029397
0,70	0,000525	0,020256
0,75	0,000524	0,014319
0,80	0,000523	0,010350
0,85	0,000522	0,0076289
0,90	0,000521	0,0057215
0,95	0,000520	0,0034615
1,00	0,000519	0,0033655

530². L'épaisseur e de matière du tuyau en fonte de fer est donnée par les formules suivantes :

Fonte coulée horizontalement : $e = 0^m,100 + 0,002\ D\ N.$

— verticalement : $e = 0,008 + 0,0016\ D\ N.$

e, épaisseur du tuyau en mètres.

D, diamètre du tuyaux en mètres.

n, Pression d'essai en atmosphères.

EXEMPLE. — Pour un diamètre de 15 centimètres quelle sera l'épaisseur de fonte, coulée horizontale, et pour une pression de 1C atmosphères?

1° : $0^m,002 \times 0^m,15 \times 10 = 0,003.$

2° : $0^m,003 + 0^m,10 = 0^m,013$ millimètres.

Le tableau ci-dessous donne les épaisseurs de matière pour les essais de 10 atmosphères et la longueur de chaque tuyau, avec emboitement.

Diamètre des tuyaux en centimètres	Épaisseur en millimètres	Longueur en mètres	Diamètre des tuyaux en centimètres	Épaisseur en millimètres	Longueur en mètres
5	11	1,60	25	15	2,65
6	11,2	1,60	30	16	2,65
8	11,6	2,00	35	17	
10	12	2,00	40	18	2,70
15	13	2,65	45	19	2,70
20	14	2,65	50	20	2,70

531. *Récepteurs hydrauliques.* — On donne le nom de récepteurs hydrauliques aux machines dans lesquelles l'eau agit comme force motrice, et qui sont destinées à transmettre une partie du travail absolu de l'eau (§ 287), dans la plus grande proportion possible.

Les récepteurs hydrauliques le plus généralement employés sont :

1° Les roues à palettes planes, qui reçoivent l'eau en dessous, et se meuvent dans un coursier ; on les appelle *roues en dessous.*

2° Les roues à palettes planes, emboîtées dans des coursiers circulaires sur une partie de la chute totale, et qui reçoivent l'eau sur le côté supérieur.

3° Les roues à palettes planes, emboîtées dans des coursiers circulaires sur toute la hauteur de chute ; on leur donne le nom de roues de côté.

4° Les roues à aubes courbes dites à la Poncelet, qui reçoivent l'eau à leur partie inférieure.

5° Les roues à augets qui reçoivent l'eau à leur sommet.

6° Les roues pendantes, qui se meuvent dans un courant continu.

7° Les roues à axe vertical appelées turbines.

532. *Mouvement des récepteurs. Formule générale.* — Supposons que l'eau arrive sur le récepteur A (*fig.* 20, *pl.* **32**) avec une vitesse V ; elle possède alors une force vive représentée par $M.V^2$ (*voir* § 290) ; après son introduction, l'eau suit le mouvement du récepteur, et arrive au bas ayant parcouru la hauteur h ; le travail de l'eau, dû à cette hauteur de chute h, est égal à P, son poids en kilogrammes, multiplié par h, l'espace parcouru : on a $P.h$; or, $P = M.g$; g étant la gravité (§ 262) et égal à 9,81, d'où :

$$P.h = M.g.h. \qquad\qquad (\text{n° } 26)$$

La force vive $M.V^2$, que possède l'eau en arrivant sur le récepteur, représente un travail égal à $\frac{1}{2}M.V^2$.

Le travail total développé par l'eau arrivée à la sortie du récepteur est donc représenté par :

$$\frac{1}{2} \cdot \mathrm{M} \cdot \mathrm{V}^2 + \mathrm{M} \cdot g \cdot h. \qquad\qquad (\text{n}^\circ\ 27)$$

D'un autre côté, l'eau rencontre les organes du récepteur animés d'une vitesse généralement plus petite ; il y a donc choc et, par conséquent, perte de force vive ; la diminution de vitesse étant u, la perte de force vive occasionnée par le choc sera $\mathrm{M} \cdot u^2$, qui correspond à un travail égal à $\frac{1}{2} \cdot \mathrm{M} \cdot u^2$.

L'eau abandonnant le récepteur est encore animée d'une certaine vitesse W, qui correspond à une force vive $\mathrm{M} \cdot \mathrm{W}^2$ et qui représente un travail égal à $\frac{1}{2} \cdot \mathrm{M} \cdot \mathrm{W}^2$.

Le travail utile, c'est-à-dire le travail transmis à l'opérateur, et le travail de frottement de la transmission du mouvement peuvent être représentés par un poids P kilogrammes, appliqué tangentiellement à la roue ou au récepteur et se mouvant avec une vitesse v, égale à celle de la roue ; ce travail sera représenté par :

$$\mathrm{P} \cdot v. \qquad\qquad (\text{n}^\circ\ 28)$$

Établissons maintenant l'équation d'équilibre. Nous avons, d'après le n° 27, comme somme de travail développé par l'eau :

$$\frac{1}{2} \cdot \mathrm{M} \cdot \mathrm{V}^2 + \mathrm{M} \cdot g \cdot h;$$

ce travail doit faire équilibre à celui de la résistance $\mathrm{P} \cdot v$ (n° 28), à la perte $\frac{1}{2} \cdot \mathrm{M} \cdot u^2$ occasionnée par le choc de l'eau en arrivant sur le récepteur, et au travail $\frac{1}{2} \cdot \mathrm{M} \cdot \mathrm{W}^2$ dû à la vitesse que possède encore l'eau à sa sortie du récepteur ; nous aurons donc pour la relation d'équilibre (§ 294) :

$$\mathrm{P} \cdot v + \frac{1}{2} \cdot \mathrm{M} \cdot u^2 + \frac{1}{2} \cdot \mathrm{M} \cdot \mathrm{W}^2 = \frac{1}{2} \cdot \mathrm{M} \cdot \mathrm{V}^2 + \mathrm{M} \cdot g \cdot h,$$

et, en dégageant de cette expression $\mathrm{P} \cdot v$, qui, comme on vient de le dire, exprime le travail disponible sur l'opérateur, plus celui dû aux frottements, il viendra :

$$\mathrm{P} \cdot v = \frac{1}{2} \cdot \mathrm{M} \cdot \mathrm{V}^2 + \mathrm{M} \cdot g \cdot h - \frac{1}{2} \cdot \mathrm{M} \cdot u^2 - \frac{1}{2} \cdot \mathrm{M} \cdot \mathrm{W}^2, \qquad (\text{n}^\circ\ 29)$$

qui est là formule générale exprimant le travail total développé par les roues ou récepteurs hydrauliques.

On doit établir une roue hydraulique de manière à obtenir le plus grand travail utile possible ; c'est donc le produit P.v que l'on doit rendre le plus grand possible, en diminuant la valeur des termes soustractifs $\frac{1}{2}$. M.W et $\frac{1}{2}$. M. u^2 ; si on parvenait à rendre ces deux derniers termes nuls, la roue utiliserait tout le travail développé par l'eau.

Pour produire le plus grand travail utile possible, il faut que l'eau arrive, sur le récepteur, sans choc et qu'elle le quitte sans vitesse.

Dans la formule générale (n° 29), en remplaçant V^2, la vitesse d'arrivée de l'eau sur le récepteur, par sa valeur $2.g.h'$ due à la hauteur de chute h' (*fig.* 20, *pl.* **32**), on aura :

$$ P . v = \frac{1}{2} . M \times 2 . g . h' + M . g . h - \frac{1}{2} . M . u^2 - \frac{1}{2} . M . W $$

et, en éliminant le facteur 2 :

$$ P . v = M . g . h' + M . g . h - \frac{1}{2} . M . u^2 - \frac{1}{2} . M . W^2 ; $$

en remplaçant M.g par sa valeur P qui égale 1000 Q (Q étant le volume d'eau dépensé, exprimé en mètres cubes, il vient :

$$ P . v = 1000 \, Q . h' + 1000 \, Q . h - \frac{1}{2} . M . u^2 - \frac{1}{2} . M . W^2 ; $$

mettant 1000 . Q en facteur commun (§ 80), on a en dernier lieu la formule générale n° 29 ainsi simplifiée :

$$ P . v = 1000 \, Q . (h' + h) - \frac{1}{2} . M u^2 - \frac{1}{2} . M . W^2 . \qquad (\text{n}^\circ\ 30) $$

Représentant par T le second membre de l'égalité dans la formule n° 30, on a, pour la valeur de P et de v :

$$ P = \frac{T}{v} \text{ et } v = \frac{T}{P} . \qquad (\text{n}^\circ\ 31) $$

533. Dans la formule n° 30, l'expression $1000.Q.(h' + h)$ représente le travail absolu de l'eau ; mais la hauteur h', du niveau supérieur de l'eau au récepteur (*fig.* 20), est plus grande que la vraie hauteur à considérer, car la contraction de la veine liquide, lorsque l'eau passe par l'orifice, et le frottement dans le coursier occasionnent toujours une certaine perte de · force vive ; on doit donc s'attacher, par de bonnes dispositions d'orifices et de coursiers, à diminuer ces pertes autant que possible, ou, en d'autres termes, à faire rapprocher le plus possible la somme des hauteurs ($h + h'$) à considérer, que l'on appelle hauteur disponible, de la hauteur totale H.

534. *Vitesse perdue à l'entrée de l'eau sur les roues hydrauliques.* — Soient (*fig.* 21, *pl.* **32**) V, la vitesse d'arrivée de la veine fluide sur l'aube qu'elle rencontre ; a, l'angle que forme la direction de cette veine fluide avec l'aube ; v, la vitesse avec laquelle l'aube tourne, et b l'angle que forme la direction de cette vitesse avec l'aube : en décomposant chacune de ces vitesses en deux autres, dont l'une sera perpendiculaire à la direction de l'aube, et l'autre lui sera tangente, nous aurons, pour la vitesse V, les deux composantes Vn et mn, et, pour la vitesse v, les deux composantes mr et rv.

$$\text{La composante } Vn = V \cdot \sin a,$$
$$- \qquad mn = V \cdot \cos a,$$
$$- \qquad mr = v \cdot \sin b,$$
$$- \qquad rv = v \cdot \cos b.$$

Les deux composantes $V \sin a$ et $v \sin b$ sont dirigées dans le même sens, et leur différence $V \sin a - v \sin b$ exprime la vitesse normale avec laquelle la veine fluide vient choquer l'aube ; toute cette vitesse normale se trouve détruite, et l'effet utile de la roue diminue.

Pour qu'il n'y ait pas de vitesse perdue, il faut que les deux composantes soient égales, ou que $V \sin a - v \sin b = 0$.

On peut arriver à ce résultat de plusieurs manières, suivant que l'on connaît les quantités v ou a et b et la direction de l'aube, la vitesse V de l'eau étant toujours connue.

EXEMPLE I. Supposons que les vitesses soient données de direction, ou, en d'autres termes, que les angles a et b soient donnés, et qu'il faille trouver v.

La vitesse V étant connue, prenons sur la direction, $mc = V$ (*fig.* 21), menons cd parallèle à la direction mk de l'aube, et md ou ck représentera la vitesse que doit avoir l'aube pour qu'il n'y ait pas de choc à l'arrivée de l'eau. En effet, la perpendiculaire cq représente la composante de V, qui est normale à l'aube : elle est égale à $V \cdot \sin a$; la perpendiculaire xd représente la composante de v qui est aussi normale à l'aube et est égale à $v \sin b$; or, ces deux perpendiculaires sont égales, et, par conséquent,

$$V . \sin a = v . \sin b,$$

d'où :

$$V . \sin a - v . \sin b = 0.$$

EXEMPLE II. Supposons que les vitesses V et v soient données de grandeur et de direction, et qu'il faille trouver la direction de l'aube.

La vitesse V étant connue, prenons sur sa direction (*fig.* 22) $mp = V$; la vitesse v étant connue, prenons sur sa direction $mq = v$; joignons les points p et q, menons mn parallèle à pq : mn sera la direction que devra avoir l'aube pour qu'il n'y ait pas de choc normal. En effet, les deux composantes perpendiculaires à l'aube pp' et qq', ou $V . \sin a$ et $v . \sin b$, sont égales, et il vient :

$$V . \sin a = v . \sin b,$$

d'où

$$V . \sin a - v . \sin b = 0.$$

535. *Vitesse avec laquelle l'eau arrive sur l'aube (fig. 21).* — Les deux composantes de V et v dans le sens de l'aube sont mn et r,v ou $V . \cos a$ et $v . \cos b$; et la différence $V . \cos a - v . \cos b$ est la vitesse avec laquelle l'eau glisse sur l'aube.

536. *Vitesse de sortie de l'eau quand elle quitte les aubes.* — Lorsque l'eau s'est introduite sur les aubes de certains récepteurs dont les formes n'altèrent pas brusquement sa vitesse, elle y circule et elle arrive à l'extrémité de ces aubes, étant encore animée d'une vitesse u' (*fig.* 23) dans le sens de la tangente au dernier élément ; elle est, de plus, animée de la vitesse de l'aube autour de l'axe : si donc nous représentons par mu' la vitesse de l'eau sur l'aube, et par mv' la vitesse de l'aube tangentiellement à la circonférence de la roue, et que nous construisions le parallélogramme des vitesses, nous aurons mw, qui représentera la vitesse absolue avec laquelle l'eau abandonnera la roue.

On peut voir facilement, sur la figure, que la vitesse w sera d'autant plus petite que le dernier élément de l'aube se rapprochera davantage de la tangente à la circonférence de la roue ; ou, en d'autres termes, que l'angle des deux vitesses u' et v' sera plus obtus.

D'un autre côté, plus les composantes seront faibles et plus la résultante le sera aussi.

Roues à aubes planes recevant l'eau en dessous.

537. Pour appliquer la formule générale des récepteurs hydrauliques (n° 28) aux roues à *aubes planes* recevant l'eau en dessous (*fig. 24, pl.* **32**), il faut remarquer que la hauteur h parcourue par l'eau avec la roue est nulle, puisque celle-ci reçoit le liquide en dessous ; la vitesse perdue par le choc de l'eau rencontrant la palette est évidemment $V - v$, c'est-à-dire la vitesse de l'eau moins celle de la roue, car, après le choc, l'eau marche avec la roue et a par conséquent la même vitesse qu'elle ; la vitesse de sortie w est la même que celle de l'eau à très-peu de chose près ; l'équation générale n° 28 devient donc, pour le cas qui nous occupe et après simplification :

$$P.v = M.(V - v).v.$$

En remplaçant M par sa valeur $\dfrac{P}{g}$ ou $\dfrac{1000\,Q}{g}$, Q étant le volume d'eau dépensée dans une seconde, on aura pour formule définitive des roues en dessous à aubes planes, le travail total T en kilogrammètres par seconde ou $P.v$:

$$Pv = \frac{1000.Q}{9,81}\,(V - v).v. \qquad (\text{n}^\circ\ 32)$$

dans laquelle P, est le poids en kilogrammes appliqué tangentiellement à la roue et dû à l'action de l'eau sur la palette ; v, la vitesse de la roue par seconde, ou le chemin parcouru par une pale dans une seconde ; V, la vitesse en mètres par seconde avec laquelle l'eau arrive sur la palette, elle est donnée par la formule n° 19.

Pour exprimer ce travail en chevaux-vapeur, il faudrait le diviser par 75, nombre de kilogrammètres développés par seconde que représente cette unité dynamique (§ 289), on aura donc la force en chevaux-vapeur, F :

$$F = \frac{1000\,Q}{9,81 \times 75} \times (V - v) \times v\ldots\ldots \qquad (\text{n}^\circ\ 33)$$

538. Dans les formules n°s 32 et 33, il est facile de voir que le travail P.v ou la force F seront d'autant plus grands que le produit $(V - v).v$ sera plus grand, car le facteur $\dfrac{1000Q}{g}$ est constant ; et P.v sera un maximum lorsque le produit $(V - v).v$ sera le plus grand possible. Or, ce produit sera le plus grand possible lorsque $V - v$ sera égal à v.

En effet, étant donné une somme à décomposer en deux facteurs dont le produit soit un maximum, il faut que les deux facteurs soient égaux ; il faut donc que $V - v = v$ ou que $V = 2v$ pour que P.v soit au maximum.

On peut, par une construction graphique, démontrer que cette conclusion est exacte. Prenons la ligne AB (*fig.* 25, *pl.* **32**) égale à V la vitesse de l'eau et BC égale à v, celle de la roue; élevons la perpendiculaire CD jusqu'à la rencontre de la demi-circonférence décrite sur AB comme diamètre; nous aurons évidemment :

$$AC : CD :: CD : BC ;$$

d'où

$$AC \times BC = \overline{CD}^2.$$

Or

$$AC = V - v \quad \text{et} \quad BC = v;$$

donc

$$(V - v).v = \overline{CD}^2,$$

et $\overline{CD}^2$ sera un maximum lorsque CD sera égal au rayon de la demi-circonférence décrite sur AB comme diamètre, et nous aurons aussi

$$V = 2v.$$

Si, maintenant, nous remplaçons v par sa valeur $\dfrac{V}{2}$, dans la formule n° 32, qui est :

$$P.v = \frac{1000\,Q}{g}(V - v).v,$$

nous aurons :

$$P.v = \frac{1000\,Q}{g}\left(V - \frac{V}{2}\right) \cdot \frac{V}{2},$$

et, après simplification,

$$P.v = \frac{1}{4} \cdot \frac{1000\,Q}{g} \cdot V^2;$$

Or,

$$V^2 = 2gh',$$

et, en remplaçant dans la formule, nous avons :

$$P \cdot v = \frac{1}{4} \cdot \frac{1000\,Q}{g} \times 2 \cdot g \cdot h',$$

et, en simplifiant :

$$Pv = \frac{1}{2}\,1000\,Q \cdot h' ;$$

or, h' est ici la hauteur-totale H, et par conséquent :

$$P \cdot v = \frac{1}{2} \cdot 1000\,Q \cdot H. \qquad\qquad (\text{n}^\circ\ 34)$$

539. En résumé de ce qui est exposé dans les paragraphes précédents on déduit que la force en chevaux-vapeur F, développés par une roue à aubes planes, doit être exprimée théoriquement par :

$$F = \frac{\frac{1}{2} \cdot 1000 \cdot Q \cdot H}{75} \ldots\ldots \qquad (\text{n}^\circ\ 35)$$

Q, représentant le volume d'eau écoulé dans une seconde et exprimé en mètres cubes, et H, la hauteur en mètres, mesurée de la surface du canal au centre de l'orifice.

Les formules n° 34 et n° 35 fon tvoir qu'avec ce système de roue, le plus grand travail possible est égal à la moitié du travail absolu de l'eau.

L'emploi de ce système de moteur hydraulique est donc très-désavantageux théoriquement ; il est encore plus désavantageux en pratique, car on est obligé de tenir compte des pertes occasionnées par le jeu qu'on est obligé de laisser aux aubes dans le coursier, jeu qui varie de 0^{mt},01 à 0^{mt},03.

540. Il a été fait un grand nombre d'expériences pour établir le rapport entre le travail théorique et le travail pratique ; elles peuvent se résumer ainsi :

1° Le coefficient, dont la formule théorique n° 32 doit être affectée pour exprimer le travail pratique, varie de 0,64 à 0,65, pour les roues qui ont très-peu de jeu dans leur coursier.

2° La vitesse de la roue, pour le maximum d'effet, doit être d'environ les 0,45 de la vitesse de l'eau affluente, et elle peut varier dans des limites assez étendues, sans que l'effet utile diminue sensiblement.

3° Les pertes de force vive dans les coursiers d'amont sont très-considérables, et il faut employer tous les moyens possibles pour les diminuer, tels que l'inclinaison des vannes, leur rapprochement des roues, et la diminution de la contraction à l'orifice.

Il suit des observations ci-dessus, que, pour les roues qui ont peu de jeu dans leur coursier, la formule d'application devient, en désignant par T le travail en kilogrammètres développé dans une seconde de temps :

$$T = 66,2 \times Q \cdot (V - v) \cdot v \ldots \quad (\text{n}° 36)$$

V et v expriment les mêmes éléments que dans la formule n° 32.

La force F en chevaux vapeur, serait :

$$F = \frac{66,2 \times Q \cdot (V - v) \cdot v}{75} \ldots \quad (\text{n}° 37)$$

Pour les roues qui ont de 2 à 3 centimètres de jeu, dans leur coursier, on prend 0,60 pour coefficient pratique, et la formule d'application devient :

$$T = 61 \cdot Q \cdot (V - v) \cdot v \ldots \quad (\text{n}° 38)$$

et en chevaux-vapeur F :

$$F = \frac{61 \cdot Q \cdot (V - v) \cdot v}{75} \ldots \quad (\text{n}° 39)$$

541. *Cas où la roue a un jeu considérable dans son coursier* (*fig.* 26, *pl.* **33**). — Soient L, la largeur du coursier ; l, la largeur de la roue ; h, la hauteur de l'eau dans le coursier ; i, le jeu au-dessous de la roue ; Q, le volume d'eau en mètres cubes, dépensé par l'orifice dans une seconde ; A, la surface de la section mouillée du coursier exprimée en mètres carrés, et V, la vitesse d'arrivée de l'eau en mètres et par seconde.

Nous avons :

$$A \cdot V = Q,$$

d'où :

$$A = \frac{Q}{V} ;$$

or, l'aire de la section mouillée est encore égale à $L \times h$, et par conséquent :

$$L \times h = \frac{Q}{V} ,$$

d'où :

$$h = \frac{Q}{VL} ;$$

h est donc connu, et du reste on pourrait trouver cette hauteur sans calculs, par le sondage. On peut alors déterminer la hauteur i, du dessous de la roue au fond du coursier ; la hauteur mouillée des aubes est donc $h - i$; et $(h - i) . l$, est l'aire mouillée, que nous désignerons par a. Cette quantité a étant déterminée, le volume de l'eau qui agira utilement sur la roue sera $a.V$, et la formule théorique deviendra :

$$Pv. = \frac{1000}{9,81} a . V . (V - v) . v \ldots \qquad (\text{n}^\circ\ 40)$$

542. Dans la pratique, on affecte la formule théorique n° 40 du coefficient de correction 0,75 et on, a pour exprimer le travail T en kilogrammètres par seconde :

$$T = 0,75 . \frac{1000}{9,81} a . V . (V - v) . v \ldots \qquad (\text{n}^\circ\ 41)$$

a étant la surface de la partie immergée des aubes exprimée en mètres carrés.

Et en chevaux-vapeur F :

$$F = 0,75 . \frac{100}{9,81 \times 75} . a . V . (V - v) . v \ldots \qquad (\text{n}^\circ\ 39)$$

543. *Résumé des conditions que doit remplir une roue à palettes planes.* 1° Vitesse à la circonférence de la roue égale aux 2/3 de la vitesse d'affluence de l'eau.

2° Chute maxima de l'eau, $1^{mt},50$; au-dessus de cette limite le choc est violent et il y a une grande perte de force.

3° Le diamètre de la roue peut varier de 3 à 10 mètres sans que le rendement (§ 322) soit diminué d'une manière très-sensible.

4° La vitesse, au tiers environ de la largeur des pales à partir du bord de la pale, doit être au moins de 1 mètre par seconde.

5° La pale, dans la partie verticale, doit plonger d'une quantité égale au moins aux deux tiers de l'épaisseur de la lame d'eau.

6° La hauteur des pales qui convient le mieux est entre deux et trois fois la hauteur de l'orifice laissé à l'écoulement de l'eau du canal, par la levée de la vanne, mesurée verticalement.

7° La distance d'une pale à l'autre, mesurée entre la ligne d'immersion sur l'une et l'autre, ne doit pas être plus grande qu'une fois 1/2 la hauteur de la pale même.

8° Un jeu de 2 centimètres entre le fond du coursier et la pale et le même jeu sur les côtés de la pale, donnent une condition de bonne utilisation.

9° Par l'inclinaison de la vanne, conduire l'eau le plus près possible du tiers de la largeur de la pale, à partir de la circonférence extérieure.

544. *Roues à aubes planes emboîtées dans des coursiers circulaires ou roues de côté (fig. 27, pl. 33).* — Ces roues sont construites comme les précédentes, seulement le coursier emboîte une partie de la roue, et le jeu sur les côtés et au fond du coursier varie de 4 à 10 millimètres ; il varie de 4 ou 5 millimètres pour les roues en bois, et de 1 millimètre pour les roues en fonte et fer. Le coursier circulaire dans lequel la roue est emboîtée est terminé par une sorte de marche, ou ressaut de $0^{mt},25$ à $0^{mt},30$ de hauteur pour faciliter l'écoulement de l'eau dans le canal de fuite, lorsqu'elle a produit son effet sur la roue. Il est préférable de prolonger le coursier par un plan incliné d'environ 1/12.

545. Il y a deux sortes de roues de côté quant à la manière dont elles reçoivent l'eau ; les unes sont chargées par l'eau, s'échappant d'un orifice dont l'ouverture est graduée au moyen d'une vanne V (*fig.* 24, *pl.* **32**), les autres sont chargées par le liquide tombant de A sur les pales lorsqu'on baisse la vanne V au moyen d'un système quelconque gV, système dit à déversoir (*fig.* 27, *pl.* **33**). Les roues de côté recevant l'eau en déversoir donnent de meilleurs résultats que celles qui la reçoivent lorsqu'elle arrive par le dessous du coursier, parce qu'alors l'eau agit non-seulement par impulsion, mais aussi en vertu de son poids jusqu'au bas du coursier. Les chutes variant entre $1^{mt},25$ et $2^{mt},50$, sont parfaitement utilisées avec ce système de moteurs hydrauliques. On obtient le travail utile T des roues de côté, en appliquant la formule pratique très-approximative.

$$T = 0,75.Q.h.1000.....$$ (n° 43)

h, indiquant la hauteur de chute totale exprimée en mètres, Q, le nombre de mètres cubes d'eau dépensé par seconde et exprimé en mètres cubes.

546. *Influence de la direction des pales.* — Les roues ont ntôt les pales dans le sens du rayon, et tantôt inclinées de façon à se présenter presque horizontalement devant l'orifice ; expérience a démontré que cette dernière disposition n'offrait aucun avantage, sous le rapport du travail utilisé, et compliquait seulement la construction.

Dans certaines roues motrices, on place au fond des palettes un plan incliné, qui forme un angle obtus avec la palette et avec le fond de la roue, dans le but de diminuer la perte de force vive qui se produit à l'introduction de l'eau : dans ce cas, comme dans le précédent, on a inutilement compliqué la construction.

547. *Trouver la vitesse d'arrivée de l'eau sur les récepteurs hydrauliques. Construction de la courbe parabolique décrite par le filet fluide moyen.* — Le filet fluide moyen (*fig.* 28, *pl.* **33**) est celui qui part du point m, centre de figure de l'orifice. Il suit une direction mn parallèle à ut, et arrive en n; chacune de ses molécules se trouve animée d'une vitesse V dans le sens de mn prolongé. Prenons $nk = $ V, et décomposons cette vitesse en deux autres nr et np, la première horizontale et l'autre verticale ; désignons ces deux vitesses par H et H'; par α l'angle que fait le fond ut du coursier avec l'horizontale, par h la pente totale us et par L la longueur ut du coursier.

En considérant le triangle rectangle ust, nous avons $h = $ L $\sin \alpha$, d'où $\sin \alpha = \dfrac{h}{L}$, et par conséquent, l'angle α est déterminé ; connaissant cet angle qui est égal aux angles knr et pkn, nous aurons, en considérant le triangle pnk :

$$nr \text{ ou } pk \text{ ou } H = V \cdot \cos \alpha,$$

et

$$np \text{ ou } H' = V \cdot \sin \alpha.$$

Supposons maintenant qu'une molécule d'eau, partie du point n, se meuve horizontalement pendant un temps élémentaire T ; le mouvement, dans ce sens, pourra être considéré comme uniforme, et nous aurons x ou le chemin parcouru pendant le temps T, qui sera :

$$x = V \cdot \cos \alpha \cdot T, \qquad\qquad (n° \ 41)$$

d'où l'on tire :

$$T = \frac{x}{V \cdot \cos \alpha}.$$

Désignons par y le chemin parcouru par la même molécule d'eau dans le sens de la verticale et pendant le même temps élémentaire T, et cherchons la valeur de y : dans ce cas, à la vitesse H' s'ajoutera la gravité, le mouvement sera uniformément accéléré, et nous aurons :

$$y = H' \cdot T + \frac{1}{2} g \cdot T^2 ;$$

or

$$H' = V \cdot \sin \alpha ; \quad T = \frac{x}{V \cdot \cos \alpha},$$

donc,

$$y = V \cdot \sin \alpha \cdot \frac{x}{V \cdot \cos \alpha} + \frac{1}{2} g \cdot \frac{x^2}{V^2 \cdot \cos^2 \alpha} ;$$

en simplifiant et remplaçant $\dfrac{\sin \alpha}{\cos \alpha}$ par sa valeur tang α, nous aurons:

$$y = x . \tan \alpha + \frac{1}{2} \cdot \frac{gx^2}{V^2 . \cos^2 \alpha} . \qquad \text{(n° 45)}$$

Avec les formules n° 44 et n° 45, on peut construire la courbe que décrit le filet fluide, en procédant de la façon suivante :

On cherche la valeur de x pendant un temps quelconque avec la formule n° 44 ; on porte cette valeur de n au point 1, et on élève une perpendiculaire à nr ; on cherche la valeur correspondante de y, et on porte cette longueur du point 1 au point 1' ; ce point 1' est un des points de la courbe ; on fait de même pour les points 2, 3, etc., et on obtient les points 2', 3', etc. ; on fait passer une courbe par tous les points ainsi obtenus, et on a la courbe décrite par le filet d'eau moyen. Cette courbe est une parabole, comme l'indique l'équation n° 45 dans laquelle y est proportionnel au carré de x ; et elle vient rencontrer la circonférence extérieure de la roue au point O, qui est le point d'introduction de l'eau sur la roue. On mesure la distance de ce point O au niveau supérieur de l'eau dans le réservoir, et c'est cette hauteur qui sert à trouver la vitesse d'arrivée de l'eau sur la roue hydraulique par la formule $V = \sqrt{2g.h}$.

Si l'orifice était en déversoir, ce qui arrive le plus ordinairement, l'angle α serait nul, tang α égalerait aussi o et cos $\alpha = 1$; en remplaçant dans les formules n° 44 et n° 45, on aurait :

$$x = V \times 1 \times T = VT,$$

d'où :

$$T = \frac{x}{V} ;$$

$$y = x \times o + \frac{gx^2}{2V^2 \times 1},$$

et, en réduisant :

$$y = \frac{gx^2}{2V^2} .$$

Soit donné maintenant une roue dont le centre est O (*fig.* 29, *pl.* **33**) ; la courbe parabolique décrite par le filet moyen étant xx', le point a sera le point d'introduction de l'eau ; appelons V, la vitesse d'introduction de l'eau et représentons-la par la longueur am, sur la tangente à la parabole au point a ; décomposons-la ensuite en deux autres, an tangente à la circonférence de la roue, ak dans la direction du centre O, et appelons α l'angle formé par la tangente à la roue et par la tangente à la parabole : en considérant le triangle rectangle *mna*, nous avons :

$$na = \text{V} \cdot \cos \alpha, \quad \text{et} \quad ak = \text{V} \cdot \sin \alpha.$$

Cette dernière composante V sin α est détruite par la résistance du point fixe O ; V.cos α étant la composante dans le sens de *an*, et *v* la vitesse de la roue, il en résulte que l'eau, marchant avec la même vitesse que la roue, aura perdu une partie de sa vitesse propre, représentée par V.cos α — *v* ; la vitesse perdue par l'eau à son introduction sera donc la résultante des vitesses composantes V.cos α — *v* et V.sin α ou l'hypoténuse d'un triangle rectangle dont ces deux composantes sont les côtés. Nous avons donc :

$$u^2 = (\text{V} \cdot \cos \alpha - v)^2 + (\text{V} \cdot \sin \alpha)^2.$$

L'eau quitte ensuite la roue avec la vitesse *v*, après avoir parcouru, avec la roue, la hauteur *h*, et développé le travail M.*g*.*h*.

548. Prenons d'abord la formule générale n° 28 :

$$\text{P} \cdot v = \frac{1}{2}\text{M} \cdot \text{V}^2 + \text{M} \cdot g \cdot h \cdot \frac{1}{2}\text{M} \cdot u^2 - \frac{1}{2}\text{M}w^2,$$

et appliquons-la au cas qui nous occupe. L'eau arrive avec une vitesse V et une force vive M.V² qui représente un travail $\frac{1}{2}\text{M} \cdot \text{V}^2$; elle marche ensuite avec la roue, en fournissant le travail M.*g*.*h* ; à son introduction, elle perd en vitesse V sin α + V cos α — *v*, et elle sort avec la vitesse *v*.

La formule générale n° 28 appliquée à ce cas devient après simplification et en effectuant les calculs indiqués :

$$\text{P} \cdot v = \text{M} \cdot g \cdot h - \text{M} \cdot v^2 + \text{M} \cdot \text{V} \cdot v \cdot \cos \alpha,$$

et, en mettant M et *v* en facteur commun dans les deux derniers membres, on a :

$$\text{P} \cdot v = \text{M} \cdot g \cdot h + \text{M} \cdot (\text{V} \cos \alpha - v) \cdot v.$$

Cette équation ne diffère de celle des roues en dessous que par le terme M.*g*.*h*, dû au travail développé par l'eau depuis le point d'introduction jusqu'au point de sortie.

En remplaçant M par sa valeur $\frac{\text{P}}{g}$ ou $\frac{1000\,\text{Q}}{g}$, il vient finalement, pour expression théorique du travail T en kilogrammètres, développé en une seconde de temps :

$$T = 1000\,Q.h + \frac{1000.Q}{g} \cdot (V.\cos\alpha - v).v.$$

Comme pour les roues en dessous, il faut, pour les roues de côté, afin que le travail soit le plus grand possible, que le produit $(V.\cos\alpha - v).v$ le soit aussi, ou, en d'autres termes, que $v = \frac{1}{2}V.\cos\alpha$.

Si on pouvait rendre l'angle α nul, on aurait $\cos\alpha = 1$ et $v = \frac{1}{2}V$; la formule deviendrait alors :

$$T \text{ ou } Pv = 1000\,Q.h + \frac{1000\,Q}{g} \cdot \left(V - \frac{V}{2}\right) \cdot \frac{V}{2},$$

ou :

$$P.v = 1000\,Q.h + \frac{1000\,Q}{g} \cdot \frac{V^2}{4};$$

or, V est la vitesse due à la hauteur h' mesurée du niveau du réservoir au point où l'eau rencontre la roue, et est égale à $\sqrt{2.g.h}$. Remplaçant, dans la formule, V^2 par sa valeur $2gh'$, il viendra :

$$P.v = 1000\,Q.h + \frac{1000\,Q}{g} \cdot \frac{2gh'}{4},$$

ou bien :

$$P.v = 1000\,Q.h + 1000\,Q \cdot \frac{h'}{2}.$$

Mettant $1000\,Q$ en facteur commun, on aura en dernier lieu :

$$P.v = 1000\,Q \cdot \left(h + \frac{h'}{2}\right).$$

Cette formule montre que, même dans les conditions les plus avantageuses, le travail théorique est toujours moindre que le travail absolu de l'eau, car la somme $h + \frac{h'}{2}$ est toujours moindre que H. Si on admet même qu'il n'y ait aucune perte de force vive, dans le trajet de l'eau de l'orifice au point d'arrivée sur la roue, ce qui donnerait $h + h' = H$, il faudrait, pour arriver au travail absolu de l'eau, que $h' =$ car alors la formule deviendrait $Pv = 1000\,Q.h$; mais si $h' = 0$, on a aussi $V = 0$, et par suite, $v = 0$, c'est-à-dire que la roue ne tournerait pas. La condition $h' = 0$ est donc impossible à remplir.

549. Il est facile de conclure de ce qui précède, que le travail théorique augmentera à mesure que la hauteur h' diminuera, ou, en d'autres termes, que pour une roue dite de côté l'on doit prendre l'eau le plus près possible de la surface du réservoir ; par conséquent avoir une vanne à déversoir et donner à la roue une faible vitesse. La vitesse moyenne de roues de côté doit être de 1 mètre par seconde.

550. De nombreuses expériences ont été faites pour trouver le rapport entre le travail théorique et le travail pratique des roues de côté ; les résultats obtenus sont les suivants :

1° Pour les roues avec charge sur le sommet de l'orifice par lequel a lieu l'écoulement (*fig.* 24, *pl.* **32**), le coefficient de correction dont doit être affectée la formule du travail théorique est 0,756, et, par conséquent, pour la formule pratique, on a T travail en kilogrammètres par seconde :

$$T = 756\,Q \cdot \left(h + \frac{(V \cos \alpha - v)\,v}{9,81} \right) \ldots \quad (n° 46)$$

Diviser par 75 pour avoir la puissance en chevaux-vapeur.

2° Pour les roues avec vannes en déversoir (*fig.* 27, *pl.* **33**), le coefficient de correction est de 0,797, et par conséquent la formule pratique est :

$$T = 797\,Q \cdot \left(h + \frac{(V \cos \alpha - v)\,v}{9,81} \right) \ldots \quad (n° 47)$$

Diviser par 75 pour avoir la puissance en chevaux-vapeur.

551. Il a été reconnu que la vitesse à la circonférence extérieure pouvait sans inconvénients atteindre $1^{mt},50$ et 2 mètres, tandis qu'on limitait autrefois cette vitesse à 1 mètre ou $1^{mt},30$ au plus.

Les deux formules pratiques ci-dessus ne sont applicables qu'autant que les augets ne sont remplis qu'à moitié, ou aux deux tiers au plus ; si cette limite est dépassée, le coefficient de correction ne doit plus être que 0,60, et ce coefficient doit diminuer à mesure que le volume d'eau dépensé augmente.

552. *Trouver la quantité d'eau comprise entre deux palettes consécutives.* — Soit v la vitesse de la roue, e l'écartement entre deux palettes consécutives, Q le volume d'eau dépensé dans 1 seconde, n le nombre de palettes qui passent devant l'orifice pendant ce même temps, et q la quantité cherchée.

Si v est la vitesse par seconde et e l'écartement des palettes, nous avons :

$$n = \frac{v}{e}.$$

or q est la quantité d'eau fournie par 1 seconde et n le nombre de palettes qui passent pendant ce même temps, donc

$$\frac{Q}{u} = q;$$

remplaçant n par sa valeur $\dfrac{v}{e}$, on a :

$$\frac{Q}{\frac{v}{e}} = q \quad \text{ou} \quad q = \frac{Q \cdot e}{v}.$$

553. *Résumé des conditions que doivent remplir les roues à palettes planes emboîtées dans un coursier circulaire.*

1° Les chutes d'eau de $1^{mt},25$ à $2^{mt},50$ conviennent très-bien.

2° La vitesse à la circonférence extérieure, c'est-à-dire le chemin parcouru par un point de cette circonférence pendant une seconde doit rester entre 1 mètre et $1^{mt},50$.

3° Le rayon doit être tel, que l'arbre de la roue soit situé à 40 centimètres au moins au-dessus du niveau dans le canal d'arrivée.

4° La largeur d'une palette ou de la roue doit être calculée d'après le volume d'eau Q débité par seconde, et la hauteur h ou épaisseur de la lame d'eau qui tombe du déversoir, c'est-à-dire par l'abaissement de la vanne au-dessous du niveau d'amont, augmentée de 1/4. Pour cela, on divise par le coefficient de débit donné par les tables pour une hauteur h de lame d'eau (voir le tableau page 372), le volume d'eau Q en mètres cubes, dépensé par seconde.

EXEMPLE. Le volume d'eau Q est de 400 litres ; l'abaissement b de la vanne au-dessous du niveau d'amont est de $0^{mt},32$; quelle est la largeur L de la pale ou de la roue ?

$$b = 0^{mt},32 + \frac{1}{4} \text{ de } 0^{mt},32 = 0^{mt},40.$$

K, le coefficient de débit, d'après la table, est de 0,4538 pour une hauteur de 0,40.

On aura donc :

$$L = \frac{Q}{K} = \frac{0,400}{0,4538} = 0^{mt},88.$$

5° L'écartement des aubes l'une de l'autre doit être de $0^{mt},30$ à $0^{mt},40$ si le cours d'eau n'est pas sujet à de grandes variations, et de 40 à 50 dans le cas contraire.

6° La profondeur des aubes doit être égale à leur écartement ; des trous doivent être percés au fond de la couronne pour l'échappement de l'air.

554. *Roues en dessous à palettes courbes, dites roues à la Poncelet* (fig. 30).

Les roues à palettes planes, recevant l'eau en dessous, n'utilisent qu'une faible partie du travail absolu du moteur, et, sous ce rapport, elles sont d'un emploi très-désavantageux. Mais d'un autre côté elles ont une grande vitesse, et nécessitent une petite largeur.

Le faible rendement de ces moteurs hydrauliques est dû à la perte de force vive à l'arrivée de la masse liquide sur les aubes, et à la vitesse que conserve cette masse liquide à sa sortie.

La roue à la Poncelet (*fig.* 30, *pl.* **33**) corrige en grande partie ces défauts, sans sacrifier l'avantage d'une marche rapide.

Dans la première disposition adoptée par M. Poncelet, le coursier, à partir de la vanne, est formé d'un plan incliné de $\frac{1}{10}$ à $\frac{1}{12}$; ce plan incliné CD est tangent à une portion de circonférence CK concentrique avec la roue, et dont le développement est un peu plus grand que la distance entre deux palettes consécutives.

Le coursier se termine par un ressaut de $0^{mt},25$ à $0^{mt},30$, pour faciliter l'écoulement de l'eau dans le canal de fuite.

La vanne est inclinée et rapprochée le plus possible de la roue, pour éviter la perte de force vive dans le coursier. Cette inclinaison de la vanne est de 1 de base sur 2 de hauteur, ou de 1 de base sur 1 de hauteur, suivant les dispositions locales.

La partie inférieure de l'orifice est au niveau du fond du réservoir, et les côtés latéraux sont reliés aux parois du réservoir, par des courbes tendant à diminuer autant que possible la contraction de la veine fluide.

555. *Théorie des roues à la Poncelet.* — Prenons l'équation générale n° 29 :

$$P.v = \frac{1}{2}M.V^2 + M.g.h - \frac{1}{2}M.u^2 - \frac{1}{2}M.w^2.$$

D'abord, le terme $M.g.h$ disparaît, puisque la roue reçoit l'eau en dessous, et il reste :

$$P.v = \frac{1}{2}M.V^2 - \frac{1}{2}M.u^2 - \frac{1}{2}M.w^2.$$

Supposons maintenant l'aube tangente à la circonférence de la roue, et prenons aussi le filet fluide qui arrive tangentiellement à la roue, et à l'aube par conséquent.

La vitesse V d'affluence et la vitesse v de la roue et de l'aube sont dirigées dans le même sens, puisque la tangente est commune à l'aube et à la circonférence de la roue ; il n'y a donc pas de choc, et la vitesse $u = 0$.

L'eau s'introduit donc dans l'aube sans choc, et la vitesse dans l'aube est $V - v$.

En vertu de cette vitesse $V - v$, l'eau glissera sur l'aube en s'élevant ; mais la gravité et la force centrifuge diminueront cette vitesse et finiront par la détruire complétement ; alors, en vertu de ces mêmes forces, l'eau redescendra sur l'aube d'un mouvement accéléré, et, arrivée à l'extrémité, elle aura acquis la même vitesse qu'elle avait à son entrée, sauf ce qui a été perdu par la résistance du frottement sur l'aube. La vitesse de sortie de l'eau sur l'aube sera donc $V - v$ dans le sens opposé au mouvement de la roue. Mais la roue a une vitesse v, et, par conséquent, la vraie vitesse de sortie de l'eau est $V - v - v = V - 2v$.

Dans ces conditions, relatives à un seul filet qui monte et redescend pendant un petit mouvement de la roue, l'effet théorique serai donné par la formule

$$P.v = \frac{1}{2} M \cdot V^2 - \frac{1}{2} M \cdot (V - 2v)^2,$$

qui se réduit à

$$P.v = 2M(V-v).v = 2000\, Q\left(\frac{(V-v).v}{g}\right), \qquad \text{(n° 48)}$$

c'est-à-dire que, pour ces roues, le travail théorique serait le double du travail théorique développé par les roues en dessous à palettes planes.

Pour que le maximum d'effet soit obtenu, il faut encore, comme pour les roues en dessous à palettes planes, que le produit $(V-v)v$ soit le plus grand possible, ou, en d'autres termes, que $V - v = v$, ou $V = 2v$, ou $V = \dfrac{V}{2}$. En remplaçant dans la formule n° 48 v par $\dfrac{V}{2}$, on a :

$$P.v = 2M \cdot \left(V - \frac{V}{2}\right) \cdot \frac{V}{2},$$

ou, en effectuant les calculs indiqués :

$$P.v = 2M \cdot \left(\frac{V^2}{2} - \frac{V^2}{4}\right),$$

et, en réduisant :

$$P.v = M \cdot V^2 - \frac{1}{2} M \cdot V^2 = \frac{1}{2} M \cdot V^2,$$

Or,

$$V^2 = 2g \cdot H,$$

et, en remplaçant, on a :

$$P.v = \frac{1}{2} M \times 2g \cdot H = M.g.H ;$$

$$M = \frac{P}{g} ; \qquad P = 1000\, Q,$$

Q étant le volume d'eau dépensée en 1 seconde, remplaçons, dans la dernière formule, M par sa valeur $\dfrac{1000\,Q}{g}$ ou $\dfrac{1000\,Q}{g}$, et nous aurons :

$$P.v = \frac{1000\,Q}{g} . g . H = 1000\,Q . H ;\qquad (n^o\ 49)$$

Ce qui démontre que, si l'on considère seulement un seul filet tangent à la roue, l'effet théorique est égal au travail absolu du moteur.

Mais en considérant une veine fluide d'une certaine épaisseur, il est évident que les choses ne se passent pas de la même façon que pour un seul filet ; ensuite il est impossible de faire les aubes tangentes à la circonférence de la roue, car leur convexité viendrait choquer la veine fluide en la traversant, et entre deux aubes consécutives, le passage serait trop étroit pour l'introduction et la sortie de l'eau. Aussi on donne à l'angle des aubes avec la circonférence de la roue une ouverture de 25 à 30°.

D'un autre côté, les filets fluides entrent successivement sur les aubes, les premiers étant poussés par les suivants, et la descente de l'eau ne peut se faire régulièrement que lorsque l'eau cesse d'affluer entre les palettes.

556. *Tracé des aubes des roues à la Poncelet (fig. 31, pl. **33**).* — Pour faciliter l'entrée et la sortie de l'eau, on trace les aubes de la manière suivante :

Par le centre de figure *o* de l'orifice, par lequel doit avoir lieu la sortie de l'eau du canal, on mène *op* parallèle au fond du coursier, et à partir du point *m*, où cette ligne rencontre la circonférence extérieure de la roue, on porte une longueur *mp* égale à la vitesse V d'affluence de l'eau ; par ce même point *m*, on porte sur la tangente à la circonférence de la roue, une longueur *mq* égale à la vitesse de la roue, qui doit être ordinairement les 0,55 de *mp* ; on achève ensuite le parallélogramme *mqpn*, et le côté *mn* donne la direction que doit avoir le dernier élément de la courbe de l'aube, pour que l'eau y pénètre sans choc. Par le point *m*, on mène *mk* perpendiculaire à *mn*, et le centre de l'arc de cercle qui forme l'aube, se trouve sur cette perpendiculaire *mk* ; on prend le rayon de cet arc de cercle tel, que l'angle formé par l'aube et la circonférence de la roue, c'est-à-dire l'angle α, soit égal à 25 ou 3 au plus.

De cette façon il n'y a de choc à l'entrée de l'eau sur les aubes, que par le filet que nous avons considéré, car les autres filets rencontrent la roue sous des angles qui diffèrent d'autant plus de celui formé par ce filet, qu'ils sont plus éloignés de celui-ci.

557. *Nouveau tracé des roues à aubes courbes (fig. 32, pl. **34**).* — M. Poncelet a introduit plusieurs modifications dans le tracé des roues à aubes courbes, adopté primitivement. Le coursier surtout a subi de notables changements : ainsi, le ressaut AR au-dessous de la roue, au lieu d'être placé en aval de la verticale oN passant par le centre o, se trouve en amont, à une distance RN d'autant plus considérable, que le rayon de la roue et la hauteur de chute sont plus grands ; cette distance peut être de $0^{mt},30$, pour les roues de $1^{mt},50$ de rayon et les petites chutes, et de $0^{mt},40$ ou $0^{mt},45$ pour les rayons plus grands que $1^{mt},50$ et pour les chutes de 1 mètre et au-dessus.

Le bord A du ressaut étant déterminé, on trace l'arc de cercle AB, dont la longueur dépasse de $0^{mt},05$ environ la distance entre deux aubes consécutives.

Du point B jusqu'à l'orifice, au lieu d'avoir un plan incliné, comme dans le premier tracé, on a une courbe que l'on trace de la manière suivante (*fig.* 32) :

Par le point B menons une ligne BC qui fasse avec le rayon oB un angle de 25° du côté d'amont ; par le même point B, menons une tangente Bb à la circonférence extérieure de la roue, et prenons sur cette tangente une longueur quelconque Bb.

Par le même point B, menons une perpendiculaire Bd à BC, et de ce même point B, comme centre, avec un rayon égal à 2Bb, traçons un arc de cercle qui coupera be parallèle à Bd au point e ; joignons le point B au point e, et cette ligne Be sera la direction qu'il faut donner à la vitesse V de l'eau affluente, pour que le liquide arrive sans choc sur le premier élément de la courbe de l'aube, qui a son centre placé sur la ligne BC.

558. *Tracé du coursier.* — La direction du filet fluide qui atteint le premier élément de la courbe étant ainsi déterminée, il faut arriver à ce que tous les filets formant la veine fluide viennent rencontrer la circonférence extérieure de la roue sous le même angle, ce qui n'arrive pas en donnant au coursier une forme plane. Voici comment on procède :

Par le point B, on mène une droite BE perpendiculaire à B*e*; sur cette droite et du centre *o*, on abaisse une perpendiculaire *o*E, et on décrit la circonférence dont cette ligne *o*E est le rayon ; on développe cette circonférence en partant du point E, et le point B de la tangente EB décrit la courbe du fond du coursier. Ce coursier est appelé la développante de cercle (§ 355).

Il est évident que tous les filets de la veine fluide décriront des développantes de cercle parallèles à la courbe du fond, et qu'ils rencontreront la circonférence de la roue, et par conséquent le bord des aubes sous le même angle.

559. Après avoir tracé le fond du coursier, voyons comment on le raccorde avec le bas de l'orifice :

Prenons sur la circonférence de rayon *o*E et à partir du point E un arc EF, égal en longueur à la hauteur de l'orifice, ou à l'épaisseur de la veine fluide ; menons la tangente FG au cercle de rayon *o*E, cette tangente détermine le point G où le filet supérieur vient rencontrer la circonférence extérieure de la roue ; et pour que cela soit, il faut que le fond du coursier soit assez prolongé du côté d'amont, afin que la veine fluide ait bien pris la direction de la développante, avant d'arriver à ce point G ; il faut donc que le coursier soit prolongé de H en I, de $0^{mt},20$ à $0^{mt},25$ au moins. C'est à partir du point I que l'on fait le raccordement avec le bas de l'orifice.

Voici comment on procède :

Par le point I menons la tangente au cercle développé de rayon *o*E ; menons IK perpendiculaire à cette tangente MI, qui rencontre le fond KL du radier au point K ; divisons l'angle IKL en deux parties égales par la droite KM, qui rencontre la tangente MI au point M. Ce point M est le centre de l'arc de cercle qui, décrit avec le rayon MI, raccorde le fond du coursier avec le radier d'amont.

560. *Tracé du coursier en spirale d'Archimède (fig. 33, pl. 34).* — Menons une tangente à la circonférence extérieure de la roue, qui soit inclinée de 1/10 sur l'horizontale, et menons une parallèle à cette tangente, à une distance égale à l'épaisseur que l'on veut donner à la lame d'eau ; soit *ca* la tangente dont le point de contact est en *a*, et *br* la parallèle à cette tangente ; joignons le centre *o* au point *b* et prolongeons jusqu'à la rencontre de *ca*, au point *c*.

Les points *c* et *a* sont les deux extrémités de la spirale, et, pour avoir les points intermédiaires, voici comment on procède : divisons l'arc *ab* et la ligne *bc* en un même nombre de parties égales, en 4 parties par exemple ; joignons le centre *o* aux points 1′, 2′ et 3′ ; ces lignes prolongées viennent rencontrer les arcs de cercle décrits du point *o* comme centre et passant par les points 1, 2 et 3 aux points 1″, 2″ et 3″ qui sont des points de la spirale ; en faisant passer une courbe par tous ces points, on a le tracé du fond du coursier. On raccorde le coursier avec le radier d'amont de la même manière que dans la figure 32. Cela fait, il reste à tracer l'aube de façon à éviter le choc de l'eau à son introduction dans la roue.

Nous savons que pour le maximum d'effet il faut que *v*, la vitesse de la roue, soit 0,55 de V, la vitesse de l'eau affluente. Menons la tangente à la spirale, au point *a*. (Pour mener cette tangente *g′i*, prenons sur *ac* une longueur *ag* égale à l'arc *ab* rectifié, menons *gg′* perpendiculaire à *ac*, et égale en longueur à *bc* ; joignons le point *g′* au point *a*, et *g′a* est la tangente à la spirale.)

Prenons sur la tangente, *ai* = V ; c'est-à-dire la vitesse de l'eau affluente ; sur la tangente à la roue, prenons *ak* = *v* = 0,55.V et terminons le parallélogramme *akik′* ; le côté *ak′* représentera la vitesse avec laquelle l'eau s'introduira sur l'aube, et par conséquent le premier élément de l'aube doit avoir la direction *ak′* ; menons *ao′* perpendiculaire à *ak′*, et sur-

cette perpendiculaire prenons, comme centre de l'aube, un point o' tel, que l'angle formé par l'aube et la circonférence intérieure de la roue soit de très-peu moindre que l'angle droit.

561. *Autre tracé des aubes.* — Le centre des aubes, par la méthode précédente, s'obtenait par tâtonnements ; nous allons maintenant déterminer ce centre d'une façon exacte. Le problème à résoudre est celui-ci : Insérer entre deux circonférences concentriques un arc de cercle qui fasse avec ces deux circonférences des angles donnés.

Supposons le problème résolu, et soient ab (*fig.* 34, *pl.* **34**) l'arc cherché, d son centre, α l'angle formé avec la circonférence extérieure, β l'angle formé avec la circonférence intérieure, R et R' les rayons des circonférences concentriques, et r le rayon de l'arc ab.

Joignons le centre 0 aux points a, b et d, et le point d aux points a et b.

Le triangle oda nous donne :

$$\overline{od}^2 = r^2 + \text{R}^2 - 2\text{R}.r.\cos \alpha,$$

car l'angle $dao = $ l'angle qat ou α. (Ces deux angles ont en effet leurs côtés perpendiculaires chacun à chacun.)

Le triangle odb nous donne aussi :

$$\overline{od}^2 = r^2 + \text{R}'^2 - 2\text{R}'.r \cos obd ;$$

or, l'angle obd a ses côtés perpendiculaires chacun à chacun avec l'angle β, et l'ouverture de ces angles étant en sens contraire, ces deux angles sont supplémentaires, et $obd = 2$ droits $- \beta$; par conséquent,

$$\cos \beta = - \cos obd ;$$

en remplaçant, nous aurons :

$$od^2 = \text{R}'^2 + r^2 + 2\text{R}'.r \cos \beta.$$

Deux quantités égales à une troisième sont égales entre elles, donc :

$$\text{R}^2 + r^2 - 2\text{R}.r \cos \alpha = \text{R}'^2 + r^2 + 2\text{R}'.r \cos \beta ;$$

en simplifiant, on a :

$$\text{R}^2 - \text{R}'^2 = 2r.(\text{R}' \cos \beta + \text{R}.\cos \alpha),$$

d'où

$$r = \frac{R^2 - R'^2}{2.(R' \cos \beta + R \cos \alpha},$$ (n° 50)

la valeur du rayon de l'arc qui forme l'aube.

Appliquons cette formule à une construction graphique :

D'abord, $R^2 - R'^2$ est le carré du côté d'un triangle rectangle, dont R est l'hypoténuse et R' l'autre côté ; si donc du point a nous menons la tangente am à la circonférence intérieure, nous aurons, en considérant le triangle rectangle amo :

$$\overline{am}^2 = \overline{ao}^2 - \overline{mo}^2 = R^2 - R'^2.$$

$R \cos \alpha$ est le côté d'un triangle rectangle dont R est l'hypoténuse, et α l'angle adjacent ; si donc du point o on abaisse la perpendiculaire ou sur ax, le triangle rectangle auo donne la relation

$$au = R \cos \alpha.$$

Pour avoir la valeur de $R' \cos \beta$, faisons, à partir du point u, avec ux, un angle xux' égal à β ; prenons un égal à R', et du point n abaissons la perpendiculaire nk sur xa ; le triangle rectangle kun nous donne $ku = R' \cos \beta$.

Donc

$$au + uk = R \cos \alpha + R' \cos \beta,$$
$$au + uk = ak = R \cos \alpha + R' \cos \beta,$$

nous avons trouvé :

$$\overline{am}^2 = R^2 - R'^2 ;$$

par conséquent,

$$r = \frac{\overline{am}^2}{2ak}.$$

Si, du point a comme centre, nous décrivons l'arc de cercle du rayon ak, cet arc de cercle vient couper la circonférence intérieure de la roue au point s ; si nous joignons ce point s au point a par la ligne as qui coupe la circonférence intérieure au point v, nous aurons :

$$as : am :: am : av, \quad \text{ou} \quad ak : am :: am : av ;$$

car la tangente est moyenne entre la sécante et sa partie extérieure ; de la dernière proportion, on tire :

$$\overline{am}^2 = ak \times av, \quad av = \frac{\overline{am}^2}{ak}.$$

Nous avons trouvé pour valeur de $r = \dfrac{\overline{am}^2}{2ak}$, en remplaçant $\dfrac{\overline{am}^2}{ak}$

par av, nous avons $r = \dfrac{a \cdot v}{2}$, et, par conséquent, le centre de l'aube est déterminé en portant, sur la ligne ax, qui fait avec le rayon oa un angle égal à l'angle α que doit faire l'aube avec la circonférence extérieure, une distance ad égale à $\dfrac{av}{2}$; le point d est le centre de l'aube qui fera forcément avec la circonférence intérieure un angle égal à β.

Si l'angle β était de 90°, nous aurions $\cos \beta = 0$, et la formule deviendrait

$$r = \frac{R^2 - R'^2}{2\,R \cos \alpha} \; ;$$

pour trouver le centre de l'aube, on ferait par le point a (*fig.* 35), avec le rayon ao, l'angle xao de 30°, on abaisserait la perpendiculaire ob sur ax ; avec ab pour rayon, on décrirait l'arc de cercle bb' qui coupe la circonférence intérieure au point b' ; on joindrait le point b' au point a, on diviserait ac en deux parties égales et af serait le rayon de l'aube ; on porterait $ad = af$, et le point d serait le centre de l'aube.

562. *Résumé des conditions que doit remplir une roue à la Poncelet et des avantages qu'elle présente sur les roues à palettes planes.*

1° Avec une faible largeur elle *dépense utilement* beaucoup plus d'eau, elle peut avoir une vitesse plus grande que toute autre roue verticale, et elle marche avec des chocs très-faibles.

2° A la sortie de la roue, la vitesse de l'eau est les 0,50 de la vitesse d'introduction et la vitesse à la circonférence est les 0,55 de celle de l'eau.

3° Le diamètre D de la roue est donné par $D = 16 \times h \times m$ et $D = 20,34 \times h \times m$ dans le cas où la roue est soumise accidentellement aux crues d'eau d'aval ; formules dans lesquelles h est la hauteur en mètres de l'orifice d'arrivée de l'eau, et m le coefficient de contraction variant de 0,65 à 0,80 (v. § 520), suivant la forme du conduit.

4° La largeur L de la roue est $h + (h \times 0,05)$ pour les roues en tôle de fer, et $h + (h \times 0,8)$ pour celles en bois.

Les nombreuses expériences faites sur les roues à palettes courbes ont démontré que la largeur des couronnes doit être égale au quart du diamètre ou à la moitié du rayon, et que le rayon doit être déterminé de façon que le rapport de la capacité offerte par les aubes au volume d'eau maximum, soit égal à 1,5 pour les cours d'eau à faibles crues, et à 2 pour les cours d'eau exposés à de grandes crues d'aval.

5° La largeur de la couronne C mesurée dans le sens du rayon R de la roue est calculée par la formule $C = 0,25 \times D$.

6° Le tracé des aubes et le ressaut du coursier sont établis dans les conditions indiquées ci-avant (§ 556). L'écartement d'une aube à l'autre varie de 0,25 à 0,35 ; dans aucun cas il ne doit être plus grand que la plus petite ouverture de l'orifice d'arrivée de l'eau sur la roue.

Roues à augets.

563. Les roues à augets (*fig.* 36 *et* 38, *pl.* **35**) sont destinées à utiliser de grandes chutes ; elles se composent de deux couronnes C, C', entre lesquelles sont intercalés des augets G ; à l'intérieur un tambour cylindrique BB', empêche l'eau de jaillir vers le centre de la roue.

La distance entre chaque auget est de 0^{mt},30 à 0^{mt},40. Le nombre des augets est toujours un multiple du nombre des bras de la roue. La roue (*fig.* 38) a 8 bras et pourrait avoir $8 \times 12 = 96$ augets ou $8 \times 4 = 32$ augets.

564. Pour tracer les augets, on divise la circonférence extérieure en autant de parties égales qu'il doit y avoir d'augets, et on joint tous les points de division au centre; soient les deux points de division *a* et *b* (*fig.* 36) joints au centre *o*; divisons la partie *ad* comprise entre les deux circonférences en deux ou trois parties égales, joignons le point *c* au point *b* et la ligne *cb* est la face de l'auget ; *cd* est le fond. Les constructeurs prennent le plus souvent *cd* fond de l'auget, double de *ca*, ou en d'autres termes ils divisent *ad* en 3 parties égales dont 2 pour le fond de l'auget.

565. *Théorie des roues à augets.* — Le raisonnement qui a été fait au sujet des roues de côté emboîtées dans un coursier circulaire s'applique aux roues à augets, et la formule à employer est encore celle du n° 548

$$P.v = 1000\,Q \cdot \left(h + \frac{(V.\cos\alpha - v).v}{g} \right).$$

En discutant cette formule comme pour les roues de côté à aubes planes, nous reconnaîtrons que, pour le maximum d'effet, il faut établir la relation $v = \frac{1}{2}V.\cos\alpha$, et que, pour le maximum d'effet utile absolu, il faudrait faire $v = 0$, ce qui ne peut être obtenu, mais ce qui indique que l'eau doit être prise aussi près que possible du niveau supérieur du réservoir.

566. Les nombreuses expériences faites sur les roues à augets ont démontré que, pour les roues dont les augets ne sont pas remplis au delà de la moitié de leur capacité et qui marchent à petite vitesse, c'est-à-dire celles où la force centrifuge n'a pas assez d'influence pour faire déverser le liquide, le coefficient de correction était de 0,78, et que, par conséquent, la formule devenait :

$$P.v = 780\,Q \cdot \left(h + \frac{(V.\cos\alpha - v).v}{g} \right). \qquad (\text{n}^\circ\ 51)$$

Si les augets étaient remplis au delà de la moitié de leur capacité, il faudrait prendre pour coefficient de correction 0,65 et même 0,60, et la formule deviendrait :

$$P.v = 600\,Q \cdot \left(h + \frac{(V.\cos\alpha - v).v}{g} \right) ; \qquad (\text{n}^\circ\ 52)$$

la vitesse de la roue peut varier entre 0,25 et 0,80 de la vitesse de l'eau affluente, sans qu'il y ait de différence notable dans l'effet utile. La vitesse a pu atteindre $2^{\text{mt}},30$ sans que la force centrifuge influât sur le travail utile d'une manière sensible. Si la roue avait une grande vitesse, il faudrait tenir compte de la force centrifuge, et, dans ce cas, voici comment on calcule le travail développé par les roues du système (*fig.* 38).

Par l'effet de la force centrifuge, le niveau de l'eau dans chaque auget prend la forme cylindrique, et le centre de courbure se trouve sur le rayon vertical oK de la roue ; la distance du point K au point o est donnée par la relation :

$$o\text{K} = \frac{g}{V_1{}^2},$$

V_1 étant la vitesse angulaire de la roue; or, si n est le nombre de tours par minute, nous avons :

$$V_1 = \frac{2\,\pi.n}{60} = \frac{\pi.n}{30},$$

et

$$V_1{}^2 = \frac{\pi^2.\,n^2}{900};$$

donc,

$$oK = \frac{g}{\dfrac{\pi^2 n^2}{900}} = \frac{g \times 900}{\pi^2 n^2}.$$

g étant égal à 9,81, nous avons :

$$oK = \frac{9,81 \times 900}{3,14^6 \times n^2}.$$

Le point K est donc déterminé, et si de ce point, avec K1 pour rayon, on décrit un arc de cercle 1r, la section 1$mnpgr$ donnera la quantité d'eau contenue dans le premier auget ; en décrivant de semblables arcs de cercle avec K2, K3, etc. pour rayon, on aurait la quantité d'eau contenue dans chaque auget.

Comme on connaît la dépense d'eau et la quantité qui arrive dans chaque auget (*voir* les roues de côté à palettes planes, § 544), on peut trouver le point de la circonférence de la roue où l'eau commence à se déverser en dehors ; car, si q est la quantité d'eau contenue dans un auget, et L la largeur de la roue, le quotient $\frac{q}{L}$ représente la surface 1$mnpgr$ du profil de l'auget ; par tâtonnement on cherchera le point de la circonférence où la surface 1$mnpgr$ sera juste égale à $\frac{q}{L}$; ce sera le point où l'eau commencera à se déverser.

On peut trouver par une construction graphique le point où l'eau commence à se déverser d'un auget :

Sur une ligne d'abscisses (*fig*. 39) développons la circonférence extérieure de la roue et indiquons les points 2, 3, 4, 5, 6, 7, 8, etc., qui sont les points de division 1, 2, 3, 4, etc., de la figure 38 ; prenons l'ordonnée 1-1′ qui représente la surface 1 $mnpgr$ de la figure 38, et sur les ordonnées des points 2, 3, etc., portons des hauteurs 2-2′, 3-3′, 4-4′, etc., qui représentent les profils des augets ou les surfaces 2 $m'n'nm$ 1, etc.

Au point 8, l'auget ne contient plus d'eau et l'ordonnée est nulle; joignons les points $1'$, $2'$, $3'$, $4'$, $5'$, $6'$, $7'$ et 8. La courbe ainsi obtenue nous donne la loi du déversement de l'eau.

Si nous prenons la hauteur $1\text{-}g$ (*fig.* 39) égale à la hauteur d'eau contenue dans chaque auget immédiatement après son passage devant l'orifice, et que nous menions la parallèle gx', le point x' sera le point de la circonférence extérieure de la roue où le versement commence, et en portant sur la circonférence de la roue (*fig.* 38) à partir du point 4 la longueur $4\text{-}x$, le point u ainsi obtenu sera le point cherché, et la hauteur h' sera la hauteur parcourue par l'eau, depuis le moment où le versement commence jusqu'à celui où il n'y a plus d'eau dans l'auget.

Cela fait, il est facile de voir que le travail développé par ces roues se divise en plusieurs parties :

1° Le travail développé avant que les augets commencent à verser ;

2° Le travail variable développé pendant le versement des augets ;

3° Le travail dû à la variation de force vive éprouvée par l'eau, depuis l'instant où elle a atteint la roue jusqu'à sa sortie.

567. Ce travail est, comme pour les roues à petite vitesse, la valeur

$$\frac{1000\,Q}{g} \cdot (V.\cos\alpha - v)v.$$

Soit q la quantité d'eau que reçoit chaque auget à son passage devant l'orifice ; ce poids d'eau aura développé, avant que l'auget verse, un travail exprimé par $1000\,q.h$:

Nous allons chercher le travail développé, pendant que l'eau parcourt la hauteur h', par le poids q qui varie, puisque l'auget se vide pendant que l'eau parcourt cette hauteur h'.

Pour cela, divisons la hauteur h' en un nombre pair de parties égales, en 6 par exemple (*fig.* 38), projetons ces points sur la circonférence extérieure de la roue en b', c', d', e', f' ; portons sur le développement de la circonférence extérieure (*fig.* 38) les distances xb'', $b''c''$, $c''d''$, $d''e''$, $e''f''$, $f''8$, égales aux arcs ub', $b'c'$, $c'd'$, $d'e'$, $e'f'$, $f'8$ de la fig. 38, et menons les ordonnées g_1, g_2, g_3, g_4, g_5, qui représenteront la quantité d'eau qui reste dans l'auget aux points b', c', d', e', f' de la fig. 38. Maintenant (*fig.* 40), prenons une ligne $x6$ qui soit égale à h', et divisons cette ligne en 6 parties égales ; par les points de division, menons les ordonnées égales à g, g_1, g_2, g_3, g_4, g_5 de la fig. 39 : le théorème de Thomas Simpson nous donnera ensuite le travail cherché, et il sera exprimé par :

$$1000 \, \frac{1}{3} \times \frac{h'}{6} \cdot \left[g + 2 \cdot (g_2 + g_4) + 4 \cdot (g_1 + g_3 + g_5) \right]; \quad \text{(n}^\text{o}\text{ 53)}$$

en ajoutant le travail $1000 \, q.h$ développé avant que l'auget commence à verser, nous aurons pour somme du travail développé par la gravité :

$$1000 \, q.h + \frac{1000}{3} \times \frac{h'}{6} \cdot \left[g + 2 \, (g_2 + g_4) + 4 \cdot (g_1 + g_3 + g_5) \right].$$

Si n est le nombre d'augets qui passent devant l'orifice en 1 seconde, nous aurons pour expression du travail T', développé par la gravité et par la dépense d'eau totale Q :

$$T = 1000 \, n \cdot \left[qh + \frac{h'}{3 \times 6} \cdot \left(g + 2 \cdot (g_2 + g_4) + 4 \cdot (g_1 + g_3 + g_5) \right) \right];$$

et en ajoutant à ce travail celui qui est dû à la variation de force vive, nous aurons enfin, pour expression du travail des roues à augets grande vitesse :

$$T = 1000 \, n \cdot \left[qh + \frac{h'}{3 \times 6} \cdot \left(g + 2 \, (g_2 + g_4) + 4 \cdot (g_1 + g_3 + g_5) \right) \right] +$$
$$\frac{1000 \, Q}{g} \cdot (V \cos \alpha + v)v.$$

Cette formule suppose que l'eau dépensée est admise dans les augets supérieurs de la roue ; si cette condition est remplie, elle donnera l'effet utile total, y compris les frottements.

568. *Résumé des données pratiques sur les roues à augets.* — On peut faire arriver l'eau au sommet d'une roue à augets, ou la faire arriver entre l'axe et le sommet de la roue. Il y a donc deux systèmes de roues à augets. Dans le premier la roue tourne dans le sens du courant ; dans le second elle tourne en sens contraire.

Les données pratiques pour le cas de l'eau arrivant au sommet sont les suivantes :

1° Le diamètre de la roue doit être égal à la hauteur totale de la chute, moins celle de la lame d'eau qui tombe, moins la pente totale du coursier, moins encore le jeu qui reste au-dessous de la roue pour l'échappement de l'eau versée par les augets.

2° La largeur de la roue doit être plus grande de $0^{mt},10$ que celle de l'orifice de la chute.

3° La distance qui convient le mieux entre le bord d'un auget et le bord de l'auget suivant, distance mesurée verticalement à la circonférence de la roue, est de $0^{mt},30$ à $0^{mt},40$; la hauteur de chaque auget mesurée suivant le rayon de la roue, c'est-à-dire *da* (*fig.* 36, *pl.* **35**) est égal à *ab* (voir le tracé des augets, § 564).

4° L'épaisseur de la lame d'eau qui tombe dans les augets peut varier entre les limites extrêmes de $0^{mt},6$ à $0^{mt},12$.

5° La vitesse de la roue ou le chemin parcouru par un de ses points, ne doit pas être moindre de 1 mètre par seconde et peut aller jusqu'à 2 mètres.

569. Pour le cas où la roue reçoit l'eau entre l'axe et le sommet, il n'y a de différence avec la roue précédente que le diamètre de la roue : on le détermine en divisant par 0,75 la chute totale diminuée de $0^{mt},46$, le quotient donne en mètres le diamètre cherché.

570. *Disposition des vannes et des coursiers employés avec les roues à augets.* — Dans le cas d'une roue à augets recevant l'eau au sommet, l'orifice du déversement dans les augets doit arriver le plus près possible du point d'admission par un coursier très-court (de 1 mètre à $1^{mt},50$) raccordé avec le canal par des contours arrondis ; entre la roue et le dessous de l'orifice, un jeu de 1 centimètre est suffisant ; le coursier doit avoir une inclinaison de $0^{mt},8$ à $0^{mt},10$ et son orifice doit être à minces parois (§ 520). L'orifice d'écoulement gradué par une vanne verticale, aura le seuil à $0^{mt},50$ en contre-bas du niveau des eaux moyennes pour une hauteur de chute de $2^{mt},60$ à 3 mètres, et descendra de $0^{mt},10$ environ par mètre, avec l'augmentation de 1 mètre dans la hauteur de chute.

Pour les roues recevant l'eau sur le côté, le meilleur dispositif du vannage à adopter est celui indiqué (*fig.* 16, *pl.* **32**) ; pour que les ajutages A et B dirigent l'eau dans les augets, on doit se conformer dans la disposition à leur donner, à ce qui a été dit ci-avant (§ 521).

571. *Roues pendantes.* — On appelle roues pendantes à palettes planes celles qui sont établies sur des rivières un peu rapides, montées, soit entre deux bateaux, soit en dehors d'un bateau, et dont les palettes plongent dans un courant indéfini.

Si V est la vitesse du courant en mètres par seconde ;

v, la vitesse du milieu de la partie immergée de la palette;

A, la surface de cette partie ;

g, la gravité égale à $9^m,80$ (§ 262) ;

Voyons comment l'eau produit son action :

Le volume d'eau qui arrive sur la palette dans $1''$, est $A.V$ et sa masse est $\dfrac{1000\ A.V}{g}$; cette masse rencontre la palette, la choque et perd une partie de sa vitesse égale à $V - v$; la quantité de mouvement perdue par le choc est donc :

$$\frac{1000\ A.V}{g} \cdot (V - v).$$

L'action étant égale à la réaction, l'effort P transmis à la palette, développe la quantité de mouvement $P \times 1''$ dans le même temps, et l'on a :

$$P \times 1'' \text{ ou travail } T = \frac{1000\ A.V}{g} \cdot (V - v),$$

et le travail transmis par l'eau, dans une seconde, à la palette choquée est :

$$T = \frac{1000\ A.V}{g} \cdot (V - v)\,v\ldots\ldots$$

Cette théorie ne tient compte que d'une seule palette, et la suppose immergée de la même quantité pendant toute la durée de l'action de l'eau, tandis qu'en réalité il y a plusieurs palettes immergées à la fois, et de quantités variables.

572. Les résultats d'expérience au sujet de la puissance que pourrait développer une roue pendante à établir dans un courant de vitesse connue, n'ont pas conduit à des règles assez exactes. La formule qui se rapproche le plus de la vérité donne pour P, puissance effective de la roue en chevaux-vapeur :

$$P = \frac{81{,}56 \ A \ . \ V \ . \ (V - v).v\dots}{75} \qquad (n^o\ 54)$$

A, est la surface en mètres carrés de l'aube verticale ;

V, la vitesse en mètres, par seconde, du courant à la surface ;

v, la vitesse du milieu de la partie mouillée de l'aube verticale, c'est-à-dire le chemin que parcourt le point dans une seconde avec la vitesse que possède la roue et qu'on veut lui donner.

Le diamètre d'une roue pendante se déduit de la vitesse du courant et du nombre de tours qu'elle doit faire par minute. Un exemple rendra plus compréhensible la marche qu'il faut faire suivre au calcul dans un cas semblable. La roue doit faire deux tours par minute, quel sera son diamètre D, sachant que V, la vitesse du courant, est de $1^{mt},50$ par seconde, et par conséquent 60 fois plus par minute ; h a hauteur de la pale $0^{mt},40$, et que la vitesse de la roue dans ce système de moteur hydraulique n'est que 1/3 de celle du courant ?

$$D = \frac{V.60}{3.\pi} + \frac{h}{2} \ .\ \dots \qquad (n^o\ 55)$$

Mettant en nombres :

$$D = \frac{1^{mt},50.60}{3.3,14} + 0{,}20 = 9^{mt},75.$$

La hauteur de la pale dans le sens du rayon de la roue doit

être de 0^{mt},40 au moins et 0^{mt},80 au plus, et l'écartement de l'une à l'autre, à peu près égal à leur hauteur.

La longueur L de la pale est donnée par la mise en nombres de la formule suivante, dans laquelle T est le travail en kilogrammètres par seconde développé par la roue ; l, la hauteur d'immersion des aubes ; V, la vitesse du courant à la surface ; v, la vitesse du centre de la partie mouillée de l'aube verticale

$$L = \frac{T}{81,56 . l . V . (V - v) . v} \ldots \quad (\text{n}^o\ 56)$$

se rappeler que pour avoir le travail T il suffit de diviser par 75 le nombre exprimant la force en chevaux-vapeur développée par la roue (§ 289).

Dans aucun cas, la roue pendante ne doit plonger au-dessus de 1/3 du rayon, ni la pale verticale être immergée au plus de 0^{mt},50 au-dessus de l'arête tournée vers le centre de la roue.

Les pales oscillantes sur les rayons, c'est-à-dire pouvant tourner sur deux tourillons placés à chacune de leurs extrémités, sont préférables aux pales fixes parce qu'elles entrent dans l'eau et qu'elles en sortent à peu près perpendiculairement.

Une inclinaison de pale de 15 à 30° du côté d'amont est favorable au rendement.

TURBINES.

On donne généralement le nom de turbines aux roues hydrauliques verticales ; elles se divisent en deux classes :

1° Les turbines qui reçoivent l'eau à une certaine distance de l'axe, et qui la laissent échapper à une distance plus grande ;

2° Les turbines qui reçoivent et laissent échapper l'eau à la même distance de l'axe.

La turbine Fourneyron appartient à la première catégorie ; les turbines Fontaine-Baron et Jonval appartiennent à la deuxième catégorie.

TURBINE FOURNEYRON.

573. Elle se compose (*fig.* 41, *pl.* **36**) de deux roues concentriques AA et BB qui laissent entre elles un espace libre de quelques centimètres ; la roue BB est clavetée sur l'arbre creux *cc* qui est fixe, et qui enveloppe un arbre plein *dd*, sur lequel est clavetée la roue mobile AA ; cet arbre *dd* porte, à sa partie supérieure, une roue dentée qui communique le travail aux outils. Dans la roue fixe BB sont établis des compartiments formés par des aubes verticales qui servent de directrices à l'introduction de l'eau sur la roue mobile ; ces directrices sont cylindriques à base circulaire, et elles rencontrent la circonférence intérieure de la roue mobile sous un angle de 25 à 35° en passant à quelques centimètres au delà du centre de la roue ; elles doivent être assez nombreuses pour que l'ouverture horizontale qu'elles offrent à l'eau ne dépasse pas 8^{cmt}. Il suit de là que, pour ne pas encombrer, la moitié seulement de ces directrices se prolonge jusqu'au noyau de la roue fixe, tandis que l'autre moitié ne s'étend que jusqu'à la circonférence moyenne.

La roue mobile AA est aussi munie d'aubes circulaires, et l'eau arrivant de la roue fixe dans la roue mobile, produit le mouvement de cette dernière, mouvement transmis au moyen de la roue dentée montée sur l'arbre. Le nombre d'aubes sur la roue mobile *doit être le double du nombre de directrices de la roue fixe*, pour que la turbine soit établie dans de bonnes conditions.

La figure 44, planche **37**, donne les angles que doivent faire les aubes avec les circonférences.

L'eau arrive par un canal *op* dans une chambre *rstu* en charpente ou en maçonnerie ; le fond de cette chambre est percé d'une ouverture circulaire dans laquelle s'ajuste un cylindre ordinairement en fonte *mnn'm'* qui amène l'eau sur la roue fixe BB. Dans l'espace laissé libre entre les deux roues se meut un cylindre annulaire, mû par les tiges *x,x,x,x* ; il empêche l'eau d'arriver sur la roue mobile, lorsqu'il repose sur le fond de la roue fixe; pour cela, il est disposé de telle sorte que l'eau ne peut pas passer entre lui et le cylindre $mnn'm'$; si on le soulève, l'eau s'échappe par l'espace annulaire qu'il démasque, va produire son effet sur **la roue** mobile et s'écoule ensuite par le conduit zy.

574. *Travail utile théorique de la turbine Fourneyron.* — Prenons la formule générale des roues hydrauliques n° 29 et voyons ce qu'elle devient appliquée à la turbine Fourneyron. Cette formule est:

$$P.v = \frac{1}{2} M.V^2 + M.g.h - \frac{1}{2} M.u^2 - \frac{1}{2} M.w^2.$$

Dans la turbine Fourneyron, l'eau n'agit pas sur la roue mobile par la pesanteur; par conséquent, le terme $M.g.h$ disparaît, et il reste:

$$P.v = \frac{1}{2} M.V^2 - \frac{1}{2} M.u^2 - \frac{1}{2} M.w^2.$$

Soient (*fig.* 45, pl. **37**) ab et bc une directrice et une aube; R le rayon de la roue mobile et R' le rayon de la roue fixe; l'eau arrive au point b de la directrice, avec une vitesse V due à la hauteur de chute, et dont la direction est la tangente bm; cette vitesse se décompose en deux autres, l'une tangente à R' et l'autre dans le sens du rayon be; bk et be représentent ces deux composantes, dont les valeurs sont:

$$bk = V \cos \alpha \quad \text{et} \quad be = V \sin \alpha.$$

Le choc sur l'aube est produit évidemment par la composante bk, et si v est la vitesse de la roue mobile à la circonférence intérieure, la perte de vitesse occasionnée par le choc sera évidemment $bk - v$, puisque l'eau va se mouvoir avec la vitesse v de la roue; or, $bk = V \cos \alpha$, donc la perte de vitesse occasionnée par le choc est $V.\cos \alpha - v$. Il viendra alors:

$$u = V.\cos \alpha - v \quad \text{et} \quad u^2 = (V.\cos \alpha - v)^2 ;$$

remplaçons u^2 par sa valeur dans la formule générale qui devient:

$$P.v = \frac{1}{2} M.V^2 - \frac{1}{2} M.(V \cos \alpha - v)^2 - \frac{1}{2} M.w^2$$

en effectuant les calculs et en simplifiant, on a:

$$P.v = \frac{1}{2} M.V^2 - \frac{1}{2} MV^2.\cos^2 \alpha - \frac{1}{2} M.v^2 + M.V.v \cos \alpha - \frac{1}{2} M.W^2.$$

Il reste encore à trouver la valeur de w^2.

L'eau, arrivée sur l'aube bc, au point b, est animée de deux vitesses qui sont égales, avons-nous vu, à $V.\cos\alpha - v$ dans le sens de la tangente bk, et $V\sin\alpha$ dans le sens du rayon be ; ces deux composantes étant à angle droit, nous aurons, en appelant v' la résultante :

$$v'^2 = (V.\cos\alpha - v)^2 + V^2.\sin^2\alpha ;$$

et en effectuant les calculs :

$$v'^2 = V^2\cos^2\alpha + v^2 - 2Vv\cos\alpha + V^2\sin^2\alpha ;$$

mettant V^2 en facteur commun, on a :

$$v'^2 = V^2(\cos^2\alpha + \sin^2\alpha) + v^2 - 2Vv\cos\alpha ;$$

or,

$$\overline{\cos^2}\alpha + \overline{\sin^2}\alpha = 1,$$

donc

$$v'^2 = V^2 + v^2 - 2V.v.\cos\alpha.$$

Si maintenant nous appelons v'' la vitesse de l'eau sur l'aube au point c, il est évident que la vitesse v'' est plus grande que la vitesse v' (1), et la variation de force vive sera représentée par

$$\frac{1}{2}M(v''^2 - v'^2),$$

et si V_1 est la vitesse angulaire, cette variation est encore représentée par :

$$\frac{1}{2}M.V_1^2.(R^2 - R'^2)$$

par conséquent,

$$\frac{1}{2}M.(v''^2 - v'^2) = \frac{1}{2}MV_1^2.(R^2 - R'^2) ;$$

de là, on tire :

$$v''^2 - v'^2 = V_1^2.(R^2 - R'^2),$$

et

$$v''^2 = V_1^2(R^2 - R'^2) + v'^2 ;$$

---

(1) Cette augmentation est due à la force centrifuge, qui agit sur l'eau, pendant qu'elle parcourt l'aube bc.

en remplaçant v'^2 par sa valeur trouvée plus haut, on a :

$$v'^2 = V_1^2 . (R^2 - R'^2) + V^2 + v^2 - 2V . v . \cos \alpha.$$

Or, l'eau arrivée au point c de l'aube est soumise à deux vitesses, la vitesse v' dans le sens de la tangente cn, au dernier élément de l'aube (*fig.* 45), et la vitesse v''' de la circonférence extérieure de la roue, qui est dirigée suivant la tangente cp à la circonférence extérieure. La résultante cq représente donc la vitesse de sortie W ; cherchons-en la valeur :

Soit β l'angle des deux tangentes : considérons le triangle cpq qui nous donne :

$$\overline{cq}^2 = \overline{cp}^2 + \overline{pq}^2 = 2cp \times pq . \cos cpq,$$

ou

$$W^2 = v'''^2 + v''^2 - 2v''' . v'' . \cos cpq ;$$

or l'angle cpq et l'angle β sont supplémentaires, donc $\cos \beta = - \cos cpq$, et par conséquent, on a :

$$W^2 = v'''^2 + v''^2 + 2v''' . v'' . \cos \beta,$$

et en remplaçant dans la formule générale, on a enfin :

$$P.v = \frac{1}{2} M . V^2 - \frac{1}{2} M . (V . \cos \alpha - v)^2 - \frac{1}{2} M . (v'''^2 + v''^2 + 2v''' . v'' . \cos \beta). \qquad (\text{n}^\circ \ 57)$$

Or, $\alpha = 25$ à 30°, et β, ou plutôt son supplément (ce qui est la même chose quant à la valeur réelle de $\cos \beta$), est égal à 30° à peu près.

La valeur $P.v$ est donc parfaitement déterminée.

575. *Résultats d'expérience de la turbine Fourneyron.* — De nombreuses expériences ont été faites pour trouver le rapport entre le travail utile et le travail absolu de l'eau ; il en résulte, d'après M. Morin :

1° Que si l'on désigne par n le nombre de tours de la roue mobile par seconde ; par V la vitesse due à la hauteur totale de chute, et par R le rayon extérieur de la roue, chaque fois que le nombre de tours sera compris entre $\dfrac{3,3V}{R}$ et $\dfrac{5,6V}{R}$ et que la levée de vanne n'excédera pas les 2/3 de la hauteur de la roue, le travail utile T sera compris entre les deux limites suivantes :

$$T = 0,650 \, Q \cdot H \quad \text{et} \quad T = 0,700 \, Q \cdot H \, ;$$

$Q.H$ étant le travail absolu du moteur. Si la levée de vanne **est** comprise entre 1/2 et 2/3 de la hauteur de la roue, il faut prendre entre les limites suivantes :

$$T = 0,600 \, Q.H, \quad \text{et} \quad T = 0,650 \, Q.H\ldots\ldots \qquad \text{(n° 58)}$$

2° Que ces roues sont aussi favorables pour les grandes chutes que pour les chutes moyennes ou petites ;

3° Qu'elles peuvent marcher à des vitesses très-éloignées, en plus ou en moins, dé celle qui correspond au maximum d'effet, sans que l'effet utile s'éloigne notablement de la valeur maximum ;

4° Que ces roues étant noyées aux plus basses eaux, la hauteur plus ou moins grande, à laquelle elles se trouvent, au-dessous du niveau d'aval, n'influe pas sensiblement sur les résultats.

Et si l'on joint à cela l'avantage du peu d'espace occupé par ces roues et de la grande vitesse avec laquelle elles marchent, vitesse qui permet de ne pas avoir recours à une transmission de mouvement compliquée, on voit que c'est avec raison qu'elles sont placées parmi les meilleurs moteurs hydrauliques.

TURBINE FONTAINE-BARON.

576. Dans cette turbine, l'eau entre et sort à la même distance de l'axe (*fig.* 42, *pl.* **36**).

Elle se compose de deux roues AA et BB ; la roue BB est fixe, et elle reçoit l'eau dans des compartiments directeurs, qui sont formés par des surfaces hélicoïdales, engendrées par une génératrice horizontale qui passe par l'axe de la roue, en s'appuyant sur une courbe directrice, dont l'élément supérieur est à peu près vertical, tandis que l'élément inférieur fait avec l'horizontale un angle qui varie de 12 à 25°.

La roue mobile AA est placée au-dessous de la roue fixe BB ; elle se compose d'une roue annulaire en fonte, portant des aubes courbes, à surfaces hélicoïdales, dont la génératrice est une droite horizontale passant par l'axe vertical de la roue, et qui a pour directrice une courbe, dont l'élément supérieur est à peu près vertical, tandis que l'élément inférieur fait avec l'horizontale un angle qui varie de 20 à 30° ; la largeur de cette zone annulaire est ordinairement égale à 1/10 ou 1/12 du diamètre de la roue. L'écartement des aubes, à la circonférence moyenne, varie de $0^{mt},06$ à $0^{mt},07$ à $0^{mt},15$; et la hauteur de la couronne est égale à environ deux fois l'écartement des aubes. Le nombre de compartiments directeurs de la roue fixe BB est la moitié du nombre d'aubes de la roue mobile. La roue mobile AA est fixée au moyen de clavettes sur un arbre creux aa, qui a son pivot beaucoup au-dessus de l'eau et reposant sur le sommet d'un arbre fixe cc, qui passe dans l'intérieur de l'arbre creux. Le mouvement est donné au manége ou à l'outil qu'il s'agit de faire travailler, par une roue dentée placée sur le prolongement de l'arbre creux aa entraîné par le mouvement de la roue mobile AA ; l'arbre creux est ajusté à frottement doux dans la roue fixe BB. L'eau arrive par le canal op dans le compartiment $mnrs$ placé au-dessus de la roue fixe BB. De petites vannes v, v, portant chacune une tige, sont ajustées dans les conduits formés par les directrices de la roue fixe ; les tiges de ces vannes sont réunies par un cercle, de façon qu'on puisse les manœuvrer toutes à la fois de l'extérieur par les tiges t, t. Les bouts supérieurs de ces vannes, ainsi que les bords des compartiments directeurs, doivent être arrondis pour éviter la trop grande contraction de l'eau. L'eau, après avoir produit son effet sur la roue mobile, s'écoule par l'orifice xy.

577. *Théorie de la turbine Fontaine-Baron.* — Prenons la formule des roues hydrauliques (n° 29) en représentant par h la distance verticale entre les points b et c (*fig.* 46) :

$$P.v = \frac{1}{2}M.V^2 + M.g.h - \frac{1}{2}M.\alpha^2 - \frac{1}{v}.M.W^2.$$

Soient ab et bc les profils d'une directrice et d'une aube. L'eau, arrivée au point b, est animée d'une vitesse V, due à la hauteur de chute, c'est-à-dire à la hauteur comprise entre ce point b et le niveau supérieur ; cette vitesse est tangente au dernier élément de la courbe (représentons-la par la longueur bm) ; elle se décompose en deux autres, l'une horizontale et l'autre verticale, qui sont représentées par be et bd ; cette dernière est tangente à la courbe bc.

Si nous représentons par α l'angle que fait le dernier élément de la courbe ab avec l'horizontale, nous aurons, en considérant le triangle rectangle bme :

$$me \text{ ou } bd = \text{V} . \sin \alpha,$$

et
$$be = \text{V} . \cos \alpha.$$

Or, la composante bd ne produit pas de choc à son entrée sur l'aube, puisque la direction est tangente au dernier élément de bc ; la composante be produit seule le choc en rencontrant l'aube, et si nous appelons v la vitesse de la roue, la perte de vitesse sera $be - v$, et en remplaçant be par sa valeur $\text{V} . \cos \alpha$, il vient :

$$\text{V} . \cos \alpha - v ;$$

Mettant $\text{V} . \cos \alpha - v$ en remplacement de u dans la formule générale, on a :

$$\text{P} . v = \frac{1}{2} \text{M} . \text{V}^2 + \text{M} . g . h - \frac{1}{2} \text{M} . (\text{V} . \cos \alpha . - v)^2 - \frac{1}{2} \text{MW}^2.$$

Cherchons maintenant la valeur de W : l'eau, en entrant sur l'aube bc, est animée de la vitesse $\text{V} . \sin \alpha$ dans le sens de bd et de la vitesse $\text{V} . \cos \alpha - v$ dans le sens de be ; les directions de ces vitesses formant un angle de 90°, si nous désignons par v' la résultante, nous aurons évidemment :

$$v'^2 = (\text{V} . \cos \alpha - v)^2 + \text{V}^2 . \sin^2 \alpha ;$$

or, en descendant sur la courbe bc, l'eau acquiert une vitesse plus grande qu'au point b, en raison de la hauteur h, et si nous appelons v'' cette vitesse au point de sortie c de la roue, nous aurons :

$$\frac{1}{2} \text{M} . v''^2 - \frac{1}{2} \text{M} . v'^2 = \text{M} . g . h,$$

et tirant la valeur de v'', il vient, après simplification :

$$v'' = \sqrt{2g . h + v'^2}.$$

Arrivée au point c, l'eau est animée sur l'aube de la vitesse v'' dans le sens de la tangente cg au dernier élément et, de plus, dans le sens de cs de la vitesse v de la roue ; la vitesse de sortie W est donc la résultante de ces deux vitesses.

Prenons $cg = v''$ et $cs = v$, et construisons le parallélogramme $cgrs$; cr représente cette résultante ou la vitesse W.

Dans le triangle rcs, nous avons :

$$rc = \mathrm{W} ; \quad rs = v'' ;$$

et
$$sc = v ;$$

or, ce triangle nous donne :

$$\overline{rc}^2 = \overline{rs}^2 + \overline{sc}^2 - 2rs - sc \cdot \cos rsc,$$

ou

$$\mathrm{W}^2 = v''^2 + v^2 - 2v.v'' \cdot \cos rsc.$$

Appelons β l'angle formé par le dernier élément de la courbe bc avec l'horizontale ; l'angle β et l'angle rsc sont supplémentaires, les cosinus de ces deux angles ont la même valeur réelle, car $\cos \beta = -\cos rsc$. $(180'' - \beta) = -\cos rsc$ nous pouvons donc remplacer $\cos rsc$ par $\cos \beta$, et nous aurons :

$$\mathrm{W}^2 = v''^2 + v^2 + 2v.v'' \cdot \cos \beta ;$$

donc enfin, en remplaçant W^2 par sa valeur, on a, pour formule définitive du travail :

$$\mathrm{P}.v = \frac{1}{2}\mathrm{M}.\mathrm{V}^2 + \mathrm{M}.g.h - \frac{1}{2}\mathrm{M}.(\mathrm{V}.\cos \alpha - v)^2 - \frac{1}{2}\mathrm{M}.(v''^2 + v^2 + 2v.v'' \cos \beta). \qquad (\text{n}^\circ 59)$$

Nous avons dit plus haut que l'angle α variait de 12° à 25°, et que l'angle β variait de 20° à 30°.

578. *Conclusion des expériences de la turbine Fontaine-Baron.* — D'après M. Morin, il résulte des nombreuses expériences dont les turbines Fontaine-Baron ont été l'objet, que :

1° Lorsque les vannes sont complétement levées ou à peu près, ces turbines utilisent les 0,65 ou 0,70 du travail absolu T du moteur, soit

$$\mathrm{T} = 0,65\,\mathrm{Q.H} \quad \text{ou} \quad \mathrm{T} = 0,70\,\mathrm{Q.H}.... \qquad (\text{n}^\circ 60)$$

2° Pour des levées de vanne moindres, qui réduisent la

15.

dépense d'eau dans le rapport de 3 à 2, l'effet utile ne descend guère au-dessous des 0,55 à 0,60 du travail absolu fourni par le cours d'eau ;

3° Elles peuvent être soumises, sans inconvénient pour le rendement, à l'action d'un régulateur agissant sur les vannes ;

4° La vitesse de la roue peut varier dans des limites très-étendues, sans que le rendement en soit notablement influencé ;

5° Il convient de les établir au-dessus du niveau des plus basses eaux, malgré la propriété qu'elles ont de marcher noyées ;

6° Ce genre de turbine, facile à installer, dont les pivots, hors de l'eau, peuvent être visités et graissés facilement, peut être classé au rang des meilleurs moteurs hydrauliques.

TURBINE JONVAL (1).

579. Comme la turbine Fontaine-Baron, la turbine Jonval (*fig.* 43, *pl.* **36**), reçoit et laisse échapper l'eau à la même distance de l'axe.

Elle se compose d'un récipient vertical $mnop$, qui communique avec un tuyau xy dont l'axe est horizontal et la section rectangulaire ; ce tuyau xy est muni d'une vanne qui règle la dépense du liquide. La partie supérieure de $mnop$ est parfaitement alésée sur une certaine hauteur pour recevoir la roue mobile AA ; elle est ensuite évasée pour recevoir la couronne BB invariablement fixée sur ce récipient. La roue mobile AA ne doit avoir que de 1 à 2 millimètres de jeu dans ce grand tuyau, et la roue fixe BB ne laisse aucun jeu entre sa surface extérieure et l'intérieur du tuyau. L'arbre cc, claveté sur la roue mobile, transmet le mouvement aux outils ;

---

(1) M. Hirn, ingénieur civil, a donné une monographie très-complète de cette machine hydraulique dans l'année 1862 des *Annales du génie civil*. Paris, Librairie des ingénieurs civils, quai Malaquais.

il passe à travers la roue fixe BB, et une garniture hh empêche l'eau de s'échapper entre l'arbre et la roue. Les directrices de la roue fixe et les aubes de la roue mobile, sont des surfaces hélicoïdes, engendrées par le mouvement d'une droite horizontale, qui s'appuie sur une courbe tracée sur le noyau cylindrique des roues et qui passe par l'axe ; les courbes sur lesquelles s'appuie la droite génératrice, ont leur élément supérieur qui forme avec l'horizontale un angle de 70 à 75°, et leur élément inférieur un angle qui varie de 30 à 34°. La vanne placée sur le tuyau xy règle la dépense d'eau, lorsque la diminution n'est pas considérable.

Lorsque la diminution doit être considérable et qu'elle doit durer un certain temps, on la produit en garnissant de coins obturateurs, les intervalles des aubes de la roue ; ces coins diminuent la capacité des canaux de circulation du liquide, et, par conséquent, la dépense de ce liquide. On les place ou on les enlève, en mettant le réservoir à sec.

L'eau arrive sur la roue fixe BB par le tuyau T qui débouche dans le cylindre $rstu$.

580. *Théorie de la turbine Jonval.* — Prenons la formule générale des roues hydrauliques (n° 23) :

$$P.v = \frac{1}{2} M.V^2 + M.g.h - \frac{1}{2} M.u^2 - \frac{1}{2} M.W^2.$$

et soient ab et bc les profils d'une directrice et d'une aube (*fig.* 47, *pl.* **37**). Dans la formule ci-dessus, V est la vitesse due à la hauteur de chute du niveau supérieur au point b, et h est la hauteur verticale entre les points b et c : ces deux termes sont parfaitement connus, et il reste à trouver la valeur de u, vitesse perdue par le choc de l'eau arrivant sur la roue mobile, et la valeur de W, vitesse avec laquelle l'eau sort de la roue mobile.

Cherchons d'abord la valeur de u : l'eau, arrivée au point b, est animée d'une vitesse V, dans le sens de la tangente bm au dernier élément de la courbe ab ; cette vitesse se décompose en deux, l'une horizontale bd et l'autre be tangente au premier élément de la courbe bc. La composante be, qui agit dans le sens du premier élément de bc, ne produit pas de choc ; la seule composante bd produit un choc et, par conséquent, une perte de vitesse et de force vive ; si nous désignons par v la vitesse de la roue au point b, la perte de vitesse par le choc sera évidemment $bd - v$; cherchons la valeur de bd, et pour cela menons mn et bs perpendiculaires à bd et à em, nous aurons

$$bd = bn + nd,$$

ou bien

$$bd = bn + es.$$

Appelons β l'angle ebs, nous aurons, en considérant le triangle ebs :

$$es = bs \ \text{tang} \ \beta ;$$

et, en considérant le triangle bmn, nous aurons :

$$bn = V . \cos \alpha.$$

Remplaçant bn et nd par les valeurs trouvées dans l'équation ci-dessus, nous avons $bd = V . \cos \alpha + bs \ \text{tang} \ \beta$; or bs ou $mn = V . \sin \alpha$, donc :

$$bd = V . \cos \alpha + V . \sin \alpha \ . \ \text{tang} \ \beta.$$

La perte de vitesse occasionnée par le choc est, par suite, $V . \cos \alpha + V . \sin \alpha . \text{tang} \ \beta - v = u$; en remplaçant u par sa valeur dans la formule générale, on a :

$$P.v = \frac{1}{2} M.V^2 + M.g.h - \frac{1}{2} M.(v \cos \alpha + v \sin \alpha \ . \ \text{tang} \ \beta - v)^2 - \frac{1}{2} MW^2.$$

Il reste à trouver la valeur de W^2 : l'eau arrive sur l'aube bc avec une vitesse représentée par la composante be de V ; la valeur de cette composante, que nous appellerons v', est donnée par la relation $\overline{be}^2 = \overline{bs}^2 + \overline{es}^2$; cette vitesse augmente du point b au point c en vertu de la pesanteur, et si nous appelons v'' la vitesse de l'eau sur l'aube au point c, nous aurons le travail $M.g.h$ développé par l'eau en passant de b en c, qui sera égal à la moitié de l'augmentation de force vive, c'est-à-dire à $\frac{1}{2} M.v''^2 - \frac{1}{2} M.v'^2$; donc

$$M.g.h = \frac{1}{2} M.(v''^2 - v'^2),$$

ou

$$2g.h = v''^2 - v'^2.$$

De là on tire :

$$v''^2 = 2gh + v'^2, \quad \text{ou} \ v'' = \sqrt{2g.h + v'^2} ;$$

nous connaissons donc v'', la vitesse de l'eau sur l'aube au point de sortie c; à ce point c, l'eau est animée d'abord de la vitesse v'', et de la vitesse v de la roue au point c; en représentant ces vitesses par cf et cg, dans le sens de la tangente au dernier élément de la courbe bc, et dans le sens horizontal, nous avons comme résultante ou W, la diagonale cr.

Nous connaissons cf et cg, et par conséquent cr, car en considérant le triangle rcg, on a :

$$\overline{cr}^2 = \overline{cg}^2 + \overline{rg}^2 - 2cg \times rg \cdot \cos \alpha,$$

en appelant α l'angle cgr ou l'angle formé par le dernier élément de la courbe bc avec l'horizontale.

En remplaçant, il vient :

$$W^2 = v^2 + v''^2 - 2v \cdot v'' \cdot \cos \alpha.$$

Donc, la formule générale devient, en remplaçant W^2 par sa valeur :

$$P \cdot v = \frac{1}{2} M \cdot V^2 + M \cdot g \cdot h - \frac{1}{2} M \cdot (V \cdot \cos \alpha + v \sin \alpha \cdot \tang \beta - v)^2 -$$
$$\frac{1}{2} M \, (v^2 + v''^2 - 2v \cdot v'' \cdot \cos \alpha). \qquad (n° 61)$$

Dans cette formule, toutes les quantités sont parfaitement déterminées.

581. *Résultats d'expériences sur la turbine Jonval.* — D'après M. Morin, il résulte des nombreuses expériences qui ont été faites :

1° Que la turbine Jonval fonctionnant à son état normal, la vanne complétement ouverte, et les aubes n'ayant pas d'obturateurs, donne un effet utile égal à 0,72 du travail absolu du moteur, de telle sorte que le travail utile T est :

$$T = 0{,}720 \, Q.H\ldots$$

2° Que, lorsque la moitié seulement des canaux de circulation formés par les aubes sont garnis de leurs obturateurs, l'effet utile est encore d'environ 0,70 à 0,71 du travail absolu du moteur, de sorte que :

$$T = 0{,}70 \, Q.H \quad \text{ou} \quad T = 0{,}71 \, Q.H\ldots$$

3° Que lorsque toutes les aubes sont munies de leurs obturateurs, l'effet utile est encore égal à 0,63 du travail absolu du moteur, de sorte que :

$$T = 0,63 \, Q \, . \, H \ldots \ldots$$

On voit par là que la dépense d'eau peut varier dans des limites étendues, sans que le moteur cesse de fonctionner avantageusement ;

4° Que pour chaque dépense d'eau et pour chaque chute, la vitesse de la roue peut varier dans des limites assez étendues, sans que le rapport de l'effet utile au travail absolu du moteur diminue sensiblement ;

5° Que le rétrécissement de l'orifice d'évacuation inférieur, produit toujours une diminution dans le rapport de l'effet utile au travail absolu du moteur, et que cette diminution est d'autant plus considérable, que le rétrécissement est plus prononcé ; d'où il résulte que la vanne de cet orifice ne peut pas être employée sans désavantage comme moyen de faire varier la dépense et par suite la vitesse.

En résumé, la turbine Jonval est d'une installation facile, et peut être rangée, comme la précédente, parmi les meilleurs moteurs hydrauliques.   G. B.

582. *Roue à niveau constant (fig.* 30 du texte). — On donne ce nom aux roues hydrauliques qui fonctionnent par la simple pression de l'eau dont le niveau, dans l'aube qui reçoit le liquide, est le même que dans le bief d'amont. Pour que cette condition soit remplie, l'aube qui reçoit le liquide doit, par son plan supérieur, faire un angle de 135° avec la surface de l'eau dans le bief supérieur. Il y a évidemment bénéfice à employer un pareil système, puisqu'il agit *sans choc* et que sa sortie de l'eau se fait avec la même vitesse que son entrée : ces deux conditions n'existent plus, si la roue marche plus vite que le courant ; le rendement est alors sensiblement diminué.

Les données et les calculs pratiques relatifs aux palettes planes emboîtées dans des coursiers concentriques ou roues de côté, sont applicables aux roues à niveau constant (voir

§ 550). Le meilleur type de ces roues est celui auquel l'in-

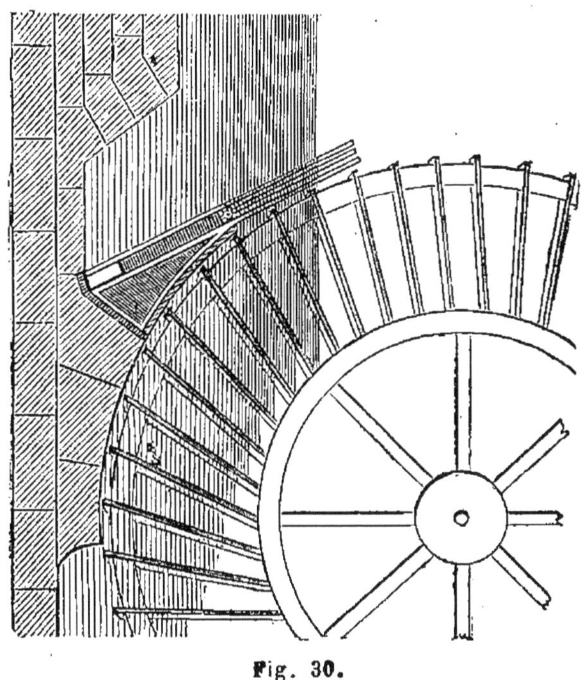

Fig. 30.

venteur, M. *Sagebien*, a donné son nom; la figure 30 en donne
la disposition générale.

Une roue de 8^mt de diamètre, de 6^mt de largeur, dépen-
sant 4^mt3,500^dcmt3 d'eau par minute avec une vitesse de 0^mt,60,
a donné un rendement de 86 pour 100. Les expériences, d'ac-
cord avec la théorie, ont prouvé que le travail utile le plus
grand correspond à la plus petite vitesse de la roue.

583. *Roues à admissions intérieures.* — Sous cette désignation M. *Millot* a inventé un moteur hydraulique dont les heureuses dispositions donnent des résultats tout à fait remarquables *fig.* 31 (du texte).

Le bief supérieur, prolongé en dedans de la roue au moyen
d'un encaissement en bois ou en maçonnerie, laisse un passage à celle-ci, de telle sorte que l'admission de l'eau dans des
augets courbes A, C, D se fait en déversoir, par l'ouverture
située à la circonférence intérieure et au moyen de la vanne
plongeante I I manœuvrée de l'extérieur. La couronne et les

augets sont en tôle de fer et les rayons B en fer plat; sur l'arbre moteur est fixée au besoin une roue dentée pour transmettre le mouvement au manège de l'usine.

Les avantages à l'emploi que présente la roue Millot sont énumérés comme il suit, par M. Laffineur, ingénieur civil très compétent en matière de machines hydrauliques : Elle participe de la roue en dessous par la grandeur arbitraire

Fig. 31.

de son rayon; de la roue Poncelet par la forme curviligne et la propriété de ses aubes; des roues de côté, parce qu'elle prend l'eau vers la hauteur de son axe, soit au-dessus, soit vis-à-vis, soit au-dessous; de la roue en dessus, parce que ses aubes font l'office d'augets; enfin, de la turbine par le double orifice de son aubage qui admet l'eau à l'intérieur et la rend extérieurement.

« Les premiers éléments de ses aubes vers le centre forment le prolongement du fil moyen et de la lame liquide, de manière qu'il ne se produise aucun choc pouvant nuire à l'introduction de l'eau et au mouvement de la machine.

« La profondeur des aubes dans le sens du rayon peut avoir un grand développement sans qu'il en résulte aucune perte dans le rendement : il suit de là qu'il est facile de donner à chaque auget, avec un faible écartement, la capacité nécessaire au volume d'eau qu'il doit contenir. L'admission de l'eau par déversoir au moyen d'une vanne plongeante diminue la vitesse d'introduction de l'eau dans le récepteur, et annule, pour ainsi dire, le choc du liquide contre la surface curviligne de l'aube.

« La courbure de l'aube, dont le dernier élément est tangent à la surface de l'eau dans le bief d'aval, est disposée de telle sorte, que l'eau entrant dans les augets sans agitation ni bouillonnement, elle se déverse sans vitesse dans le bief d'aval, après avoir satisfait à tous les principes exigés pour l'établissement d'un bon récepteur hydraulique.

« Cette roue peut marcher noyée d'une quantité à peu près égale à l'épaisseur de la jante de la couronne. Cela tient à ce que, d'une part, les aubes glissent sur le liquide sans le relever comme le ferait une roue à palettes planes, et, de l'autre, à ce que l'eau qui est dans les aubes agit encore quand cette aube est en partie submergée. En outre, la double ouverture des augets neutralise l'action compressive de l'air qui forme obstacle au déversement de l'eau en temps utile, ainsi que cela arrive en pareil cas à la roue en dessus.

« La faculté que possède la roue de M. Millot de pouvoir marcher lorsque le niveau des eaux du bief d'aval varie dans des limites assez étendues, sans que l'effet utile en soit sensiblement altéré, présente un très-grand avantage sous le double rapport qu'on peut utiliser toute la hauteur de chute, qui est d'autant plus précieuse qu'elle est moins considérable, et que la roue peut fonctionner sur un cours d'eau où, les usines étant très-rapprochées, les unes fonctionnent quand les autres chôment.

«La condition de pouvoir marcher noyée a lieu aussi pour les crues qui ne sont pas trop considérables, et c'est l'amélioration la plus importante que l'on puisse demander pour une roue hydraulique. En effet, du moment que l'on n'a plus a s'occuper des inconvénients du *noyage*, on peut donner à la roue le diamètre qui convient le mieux pour sa vitesse de rotation et pour satisfaire aux conditions de déversement.

« D'ailleurs, cette propriété qu'elle a de pouvoir être construite de diamètres différents pour la même chute, tient aussi à l'avantage qu'elle possède de laisser choisir la position du point de l'introduction de l'eau au-dessus, vis-à-vis ou au-dessous de l'axe et, par conséquent, de pouvoir marcher à une vitesse déterminée. Aussi peut-elle avoir une vitesse très-variable, ce qui la rend précieuse dans un grand nombre de circonstances.

La roue Millot seule, parmi les roues verticales, reçoit l'eau d'un côté pour la déverser d'un autre. On voit donc que les conditions qui facilitent l'entrée ou retardent le déversement, ne se nuisent pas mutuellement, comme, par exemple, dans certaines roues à augets.

La couronne pouvant avoir une grande profondeur dans le sens du rayon, sans perdre la moindre partie de la chute, elle est capable d'utiliser des forces hydrauliques susceptibles de grands changements, et de dépenser autant qu'une turbine, sans voir, comme pour celle-ci, son rendement diminuer brusquement lorsque l'alimentation n'est plus suffisante.

Le récepteur inventé par M. Millot peut s'appliquer à toutes les chutes. La rotation pouvant se faire dans un sens ou dans un autre, il peut être substitué à toutes les roues d'un autre système sans rien changer aux mouvements intérieurs de l'usine.

C'est surtout sur les petits cours d'eau et dans les grandes sécheresses qu'il marque sa supériorité, alors que l'on a besoin de tirer le plus grand parti possible du peu de force dont on dispose.

Nous empruntons au même auteur le tableau suivant, où se trouvent résumées les conditions essentielles des moteurs hydrauliques, soit au point de vue de leur établissement, soit à celui de leur rendement.

DÉSIGNATION DE LA ROUE.	RENDEMENT.	CHUTES AUXQUELLES elles CONVIENNENT.	QUANTITÉS D'EAU qu'elles peuvent contenir	VITESSE NORMALE.	OBSERVATIONS.
Roues à aubes planes dites *en dessous*............	0,10 à 0,35	de zéro à 1m,00	grandes	$\frac{2}{5}$ V	Les roues de cette espèce en bois coûtent bon marché.
Roues pendantes.........	$= 20AV^2$	marchent au courant de l'eau	»	$\frac{1}{3}$ V	»
Roues à palettes planes dites *de côté*............	0,65 à 0,75	entre 1m,20 et 2m,50	moyennes	entre 0,30 et 0,70 de V	Ces roues coûtent relativement cher, eu égard aux travaux de maçonnerie qu'elles exigent.
Roues à aubes courbes de M. Poncelet.........	0,55 à 0,65	de zéro à 1m,50	grandes	0,55V	Ces roues n'occasionnent pas une dépense considérable. Elles peuvent remplacer très-avantageusement les roues en dessous.
Roues en dessus à augets...	0,65 à 0,75	de 2m,50 à 10m et plus	petites	de 1m à 2m par seconde	Ces roues ne coûtent pas plus cher qu'une roue Poncelet.
Turbines...	0,60 à 0,70	à toutes chutes	grandes	0,60 à 0,70 V	Ce récepteur coûte généralement très-cher
Roue Sagebien...........	0,70 à 0,80	entre zéro et 2m,50	grandes	Vitesse de la roue égale à celle de l'eau dans le canal d'amont.	Cette roue donne lieu à une dépense à peu près égale à celle d'une roue de côté.
Roue Millot............	0,84 à 0,88	à toutes chutes	petites, moyennes et grandes	marche lente et moyenne	Cette roue n'occasionne pas une dépense beaucoup plus importante que l'établissement d'une roue à augets.

584. *Presses hydrauliques (fig. 51, pl. 30)*. — La presse hydraulique est la plus puissante machine en usage pour exercer une force de compression ou de traction. D'après les principes de mécanique exposés au § 312, on voit que si, par exemple, la surface du piston p est 100 fois plus grande que celle du piston P, la force transmise à ce dernier sera augmentée dans cette dernière proportion. La multiplication de la force initiale par le système de levier L, l (§ 296) à l'aide duquel on agit sur le piston p, s'ajoute à celle due à la différence des surfaces.

Exemple. — Une presse hydraulique a les dimensions suivantes :

L, longueur du grand bras de levier où l'effort est
exercé.. $0^{mt},42$
$l,$ —   petit bras....................... $0^{mt},07$
S, surface du piston, P, pour un diamètre de $0^{mt},17$. $226^{cmt2},98$
$s,$ —   — $p,$ —   de $0^{mt},04$. $12^{cmt2},56$
$e,$ effort exercé à l'extrémité de L............... 50^{kg}
K, coefficient de correction par suite du très-
grand frottement des pistons contre leur garni-
ture... $0^{kg},80$
$n,$ poids du piston P et de son plateau A........ 300^{kg}

L'effort E transmis au plateau que pousse le piston P sera :

$$E = \frac{e.\text{L}.\,\text{S}}{l.\,s.\,\text{K}} - n \ldots \ldots \qquad (\text{n}^{\text{o}}\ 62)$$

et mettant en nombres

$$E = \frac{50 \times 42 \times 226.98}{7 \times 12,56 \times 0,80} - 300 = 6476^{kg}.$$

La surface S du piston P, étant de $226^{cmt2},98$, la force F qui le pousse est par centimètre carré

$$F = \frac{E}{S} = \frac{6476}{226,98} = 28^{kg}.$$

Si le corps pressé X a une surface Q en contact avec le plateau A, égale à celle du piston P, la pression qu'il recevra par centimètre carré sera égale à F ; si, par exemple, cette surface est moitié moins étendue que celle du piston, elle contiendra évidemment la moitié moins de centimètres carrés et chacun d'eux supportera une pression double de la pression F. En d'autres termes, les pressions par unité de surface en P et en Q sont en raison inverse de la grandeur de ces surfaces ; il en est de même sur la surface Q'.

Désignant par F' l'effort exercé sur chaque centimètre de Q; par S' la surface totale de Q en contact avec A et supposant cette surface de 56$^{\text{cmt2}}$,745 ; il viendra :

$$F' = \frac{F.S}{S'} = \frac{28 \times 226,98}{56,745} = 112^{\text{kg}} \ldots \ldots \quad (\text{n}^\circ \ 63)$$

Description. — Une petite pompe aspirante et foulante C puise l'eau dans un réservoir O et la refoule dans le cylindre D en la faisant passer par la soupape dormante s', la soupape de retenue s et le tuyau t ; une garniture en cuir embouti (*fig.* 51 et 51 *bis*) fait autour du piston P un joint d'autant plus étanche, que la pression du liquide augmente ; une soupape de sûreté f, chargée par un ressort dont la compression est graduée à volonté par le moyen des écrous, se soulève quand la charge est arrivée au point maximum et la sortie du liquide fait immédiatement tomber la pression ; une soupape de décharge de la pression s'' peut être ouverte à la main. La pression dans le cylindre D est mesurée, soit par un manomètre métallique construit pour cet emploi spécial, soit au moyen de l'installation H. Cette installation consiste en une tige métallique de 1 centimètre carré de base, formant piston dans un petit cylindre et portant un plateau où sont placés les poids que la pression doit équilibrer pour satisfaire au résultat proposé ; un presse-étoupe à vis fait un joint étanche à la sortie de la tige-piston.

La presse hydraulique destinée à exercer des efforts de traction, ne diffère de la précédente que dans la disposition de la partie extérieure du piston : au plateau sont fixées deux tiges suivant les lignes d'axe a, b (*fig.* 51) et dirigées vers le bas du piston ; le cylindre est horizontal ; une traverse guidée dans une rainure, ou roulant sur un chemin de fer par des roulettes, relie les deux tiges et porte en son milieu le piston ou la bride sur laquelle on fixe le corps à soumettre à un effort de traction ; celui-ci est retenu solidement sur un point fixe pris en dehors de la presse hydraulique.

On donne une épaisseur de fonte de 2^{mmt} et demi au cylindre de la presse, pour chaque 1000 kilogr. d'effort à exercer sous le piston.

585. *Appareil stérhydraulique*. — L'appareil ainsi nommé remplit le même but que la presse hydraulique. Il a été inventé à l'intention d'obtenir une pression graduelle, sans secousse, au moyen d'un liquide hermétiquement renfermé dans un récipient qu'il remplit, et par l'introduction forcée d'un corps solide dans ce récipient. Une corde C est enroulée sur la poulie extérieure P et sur la poulie P′ placée à l'intérieur d'un récipient rempli d'huile et hermétiquement fermé ; en tournant les manivelles m et m' dans le sens voulu, la corde se déroule de la poulie P et s'enroule sur la poulie P′; elle déplace alors le liquide et force le piston-presseur S à sortir; le corps à comprimer est placé entre le plateau du piston et la traverse fixe T. Une soupape s, chargée d'un poids dont l'action est graduée à volonté à l'aide du levier R, s'ouvre au moment où la pression a atteint la limite prévue ; dans le massif et autour du piston S, sont placées des garnitures en cuir g disposées comme celles de la presse hydraulique (*fig.* 51 *bis*). Désignant par E, l'effort en kilogrammes exercé à l'extrémité de la manivelle m ; par R, le rayon de cette manivelle; par r, le rayon du cylindre autour duquel s'enroule la corde C sur la poulie P′; par D, le diamètre du piston S ; par d, celui de la corde C; par p, le poids du piston, on a pour la valeur de la force de compression F sur le corps X :

$$F = \frac{E.R.D^2.0,80}{r.d^2} - p \ldots \ldots \qquad (n^o \ 64)$$

PRESSES ET PRESSOIRS.

586. Les appareils mécaniques destinés à exercer des pressions énergiques, ne sont pas forcément du système dit hydraulique. En raison des diverses circonstances qui peuvent se présenter dans la pratique industrielle, on doit choisir la presse la plus simple dans son installation et qui peut produire l'effet voulu. Les différents systèmes en usage se rapprochent plus ou moins des types dont suit la description sommaire.

587. *Compression par chargement direct.* — On charge la matière à presser par des objets lourds, des pierres, de l'eau, des masses métalliques, etc. Il n'y a pas de perte de travail moteur, puisqu'il n'y a point d'organes métalliques entre le travail moteur et le travail final. Mais l'effet ainsi obtenu est très-limité et exige beaucoup de temps pour le transport ou l'élévation à bras des poids moteurs.

588. *Presse à levier simple (fig. 32 du texte).* — L'effort

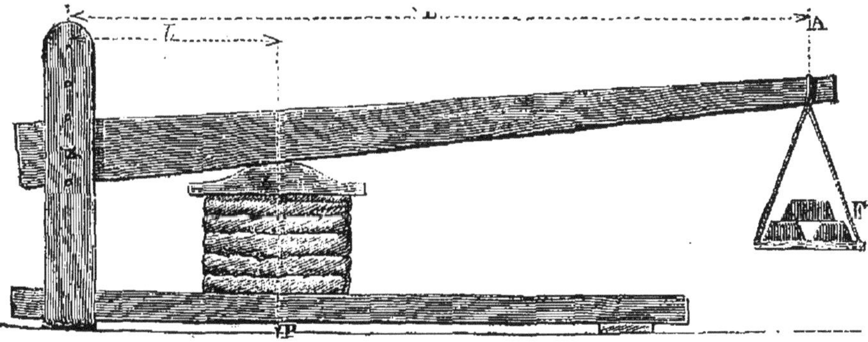

Fig. 32.

moteur F, exercé à l'extrémité du levier L par les poids F, produit une pression $P = F \times \dfrac{L}{l}$ (§ 297) et en tenant compte du frottement :

$$P = \frac{F \times L \times 0,97}{l} \ldots \qquad \text{(n° 65)}$$

589. *Presse à coin (fig.* 33 du texte. — Au paragraphe 203, page 154, sont donnés les principes du calcul de la puissance mécanique obtenue avec l'intermédiaire du *coin;* l'application de ces principes convient dans le cas actuel. Le moteur

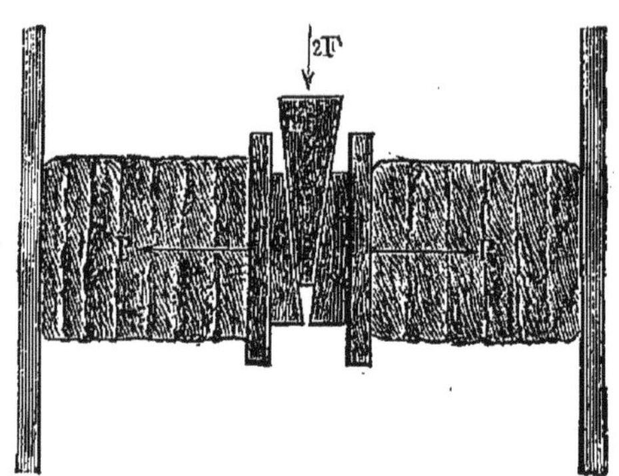

Fig. 33.

dans la presse à coin, est presque toujours un poids tombant d'une certaine hauteur; il y a une grande partie du travail

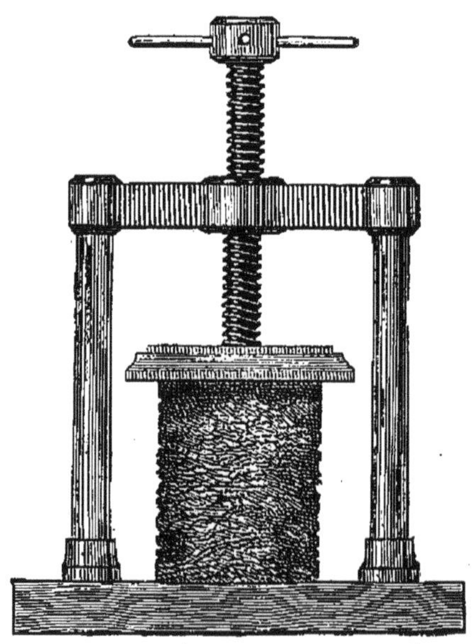

Fig. 34

perdu dans le choc. Le maximum du rendement a lieu lorsque l'angle que fait le coin F est entre 84 et 90°.

580. *Presse à vis simple (fig. 34 et 35 du texte).* — En appliquant les principes exposés au paragraphe 309, on reconnaît
que l'effet utile dans les deux presses dont il s'agit ici, est indé-
pendant du rayon de la vis et ne dépend que de l'*inclinaison*
du filet ou du *pas de la vis* et de la longueur du levier avec
lequel on agit sur l'écrou ou sur la vis même.

La presse à vis mobile simple (*fig.* 34) donne un effet utile
de 5 à 6 centièmes plus grand que celle à vis fixe et à écrou mobile (*fig.* 35). Cet effet utile varie entre 0,35 et 0,40, c'est-à-dire

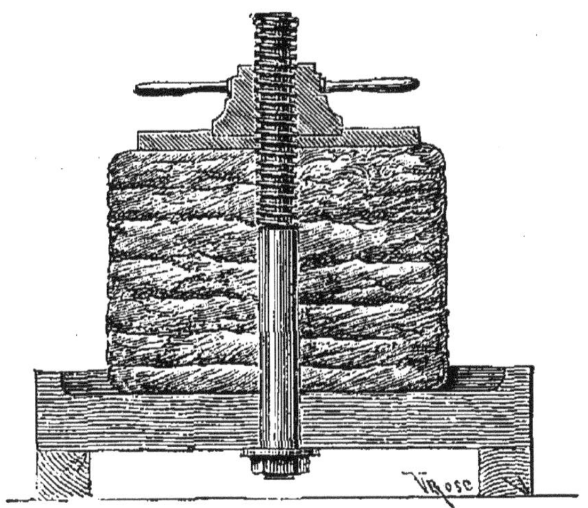

Fig. 35.

que le travail final, représenté par l'effort exercé sur le levier,
multiplié par le chemin parcouru par le levier, n'est que les
0,40 du travail représenté par l'effort moyen qui a été exercé
sur le corps pressé, multiplié par la différence de hauteur de
ce corps avant et après la compression.

591. *Presse à vis et à levier d'encliquetage.* — Dans le cas
où la presse étant placée près d'un mur ou d'un pilier,
l'homme qui pousse le levier ne peut pas tourner tout autour
de la charge, on fait usage d'un levier d'encliquetage ; une
couronne qui fait partie de l'écrou porte des dents d'arrêt
contre lesquelles vient s'appuyer le levier ; celui-ci peut descendre et tourner librement autour de la vis fixe traversant
l'œil qui le termine : il peut donc être poussé et ramené dans

les deux sens de la rotation et agir ainsi par reprise sur les dents de la couronne de l'écrou.

592. *Presse à vis, à levier, à encliquetage et treuil.* — En faisant agir un treuil à l'extrémité d'un levier à encliquetage, on obtient un effort de compression multiplié, à volonté, par le rapport plus ou moins grand entre le diamètre de la grande roue et celui du cylindre où s'enroule la corde qui agit sur le levier à encliquetage. Dans cette disposition le treuil est monté sur un bâti de fonte, la corde agit sur le levier. En donnant aux différentes parties du mécanisme les dimensions suivantes, on a le résultat final indiqué ci-dessous :

d, diamètre du pignon du treuil............. $= 5^{cmt}$

D,   —   de la roue d'angle.............. $= 30$

r, rayon de la manivelle..................... $= 50$

r',   —   du cylindre du treuil.............. $= 10$

f, force appliquée sur la manivelle.......... $= 10^{kg}$

F', force transmise par le treuil sur le levier.

$$F' = \frac{D}{d} \times \frac{r}{r'} \times f = \frac{30}{5} \times \frac{50}{10} \times 10 = 300^{kg}. \quad (n° 66)$$

A l'extrémité du levier, il y a donc une force agissante de 300^{kg} qui sera multipliée de nouveau, d'après les règles de l'équilibre de la vis exposées au paragraphe 309.

Désignant par $R = 1^{mt}$ le rayon de la circonférence décrite par le levier ou la longueur de ce levier à partir du centre de la vis, et par $H = 0^{mt},03$ la hauteur du pas de la vis, l'effort théorique F sous l'écrou sera :

$$F = \frac{\pi.2R}{H} \times F' = \frac{3,14 \times 2 \times 1}{0,03} \times 300 = 62800^{kg}. \quad (n° 67)$$

L'effort réel n'étant que les 0,75 de l'effort théorique, en raison des frottements de l'installation, le résultat final sera de

$$62800 \times 0,75 = 47100^{kg}.$$

Donc, l'effort appliqué à la manivelle sera devenu $\dfrac{47100}{10} =$

4710 fois plus grand, et le chemin que fera l'écrou sera le
même nombre de fois plus petit que celui fait par l'extrémité
de la manivelle (voir § 294).

5   *Pressoir hydraulique.* — Sur une plate-forme en bois
très-solidement fixée au sol, est boulonnée une pièce de fonte,
dont la partie inférieure porte deux cylindres de presse hydraulique ; une vis centrale traverse longitudinalement tout
l'appareil, sa tête d'arrêt est située entre les deux cylindres ;
par l'écrou à rayon et une rondelle d'appui, on agit d'abord
sur la charge pour la régulariser ; celle-ci est contenue dans
un cuveau à cercles démontables, dont le fond est formé par
la table en bois fixée à la plaque de fonte que soulèvent les
pistons. Les pièces de bois forment la surface résistante maintenue par l'écrou, lorsque par le soulèvement des pistons des
pompes la charge est comprimée. Le centre de rotation du
balancier de la pompe peut être mis en trois points différents, de façon à donner à l'homme qui manœuvre le balancier un bras de levier d'autant plus grand que la pression
qu'il doit vaincre est plus forte (§ 295).

Les pressoirs hydrauliques (1) en usage ont une contenance
de marc de raisin pour 27 à 112 hectolitres de vin et donnent
une pression de 175000 à 300000^{kg}. Se reporter aux paragraphes 312 et 584 pour calculer la pression sous le plateau
pour une pression connue, exercée sur le bras de levier de la
pompe foulante.

593bis. L'*Antispire* est un nouvel appareil de compression
inventé par MM. Degoffe et Degeorge. Il s'applique à la fabrication des briquettes de houille, des briques et tuyaux en
terre moulée, à l'extraction des jus de betterave, à celle de
l'huile des fruits et des graines, à la fabrication des pâtes
alimentaires, etc. La fig. 52 planche 30 représente sommairement une antispire fabriquée à l'usine de Péruvez, de
M. Cornez, en Belgique. Un cylindre en fonte de fer C, porte
à l'intérieur, et venue de fonte, une nervure n, n, n consti-
tuée par une fraction de la hauteur d'une spire ; elle forme

donc, une hélice continue *en relief*, comme la rayure d'un canon de guerre forme contrairement une hélice en *creux* dans la paroi de l'arme.

Une hélice de pleine surface S est mise en mouvement dans le cylindre C soit à bras, soit par l'intermédiaire de poulies et d'engrenages actionnés par une machine motrice à vapeur ou hydraulique ; son pas est de direction contraire à celui de la nervure hélicoïdale *n, n ;* c'est-à-dire, que si l'un est à gauche, l'autre est à droite. La nervure constitue donc l'*antispire*, la *contrespire*. Il s'ensuit que les fractions de la surface hélicoïdale de l'hélice amovible, qui se trouvent vis-à-vis les fractions latérales de la nervure, forment entre elles les lames de ciseau plus ou moins écartées suivant que la différence des pas est plus ou moins grande. Cela établi, si à l'aide d'un entonnoir R, par exemple, on fait arriver une matière plastique ou à l'état fragmentaire dans le cylindre et entre les creux de l'hélice amovible, lorsque celle-ci tournera de continuité, la matière sera transportée jusqu'à l'extrémité de l'hélice, en E ; mais elle sera en même temps comprimée entre les deux surfaces hélicoïdales de direction opposée (nervure et extrémité de l'hélice en mouvement), parce que, la nervure faisant obstacle au libre transport de la matière déterminera la continuation de la compression dans le creux de l'hélice qui tourne. Si la chambre finale E est cylindrique, ou rectangulaire, ou cloisonnée, la matière comprimée en sortira avec la forme donnée par le moule.

La figure 53 représente la disposition d'ensemble d'une machine antispire destinée à la fabrication des briques de construction de maçonnerie ou des briquettes de houille agglomérée. Les quatre premiers pas de la vis mobile, où la matière est malaxée, sont plus grands que les quatre dernières où elle est comprimée.

La décroissance du pas qui produit le meilleur effet dans chacun des cas de l'application est déterminée par la pratique.

Les applications auxquelles se prête l'antispire sont très nombreuses ; quelques-unes qui ne sont qu'à la période d'essai, sont surprenantes : avec une pompe basée sur ce principe, on a pu lancer un jet d'eau de 12 millimètres à plus de 10 mètres de hauteur, et des expériences satisfaisantes ont été faites pour appliquer le principe à la propulsion des bâtiments de mer.

TABLE

DU DEUXIÈME VOLUME

MÉCANIQUE DE L'ATELIER

TRANSMISSIONS ET TRANSFORMATIONS DES MOUVEMENTS

TRANSMISSION DE CIRCULAIRE CONTINU EN CIRCULAIRE ALTERNATIF

TRANSFORMATION DU MOUVEMENT CIRCULAIRE CONTINU EN RECTILIGNE ALTERNATIF.

TRANSFORMATION DU MOUVEMENT RECTILIGNE ALTERNATIF EN CIRCULAIRE ALTERNATIF OU CONTINU.

EXEMPLES DE TRANSMISSION ET DE TRANSFORMATION
LE MOUVEMENT.

QUATRIÈME PARTIE

RÉSISTANCE DES MATÉRIAUX.

EFFORT DE TRACTION.

EFFORT DE COMPRESSION.

FORCE DE FLEXION.

CINQUIÈME PARTIE

MACHINES MOTRICES A AIR ET HYDRAULIQUES.

MACHINES A PRESSER.

MOULINS A VENT.

POMPES ÉLÉVATOIRES.

MACHINES MOTRICES HYDRAULIQUES.

ROUES A AUBES PLANES RECEVANT L'EAU EN DESSOUS.

ROUES DE CÔTÉ A AUBES PLANES.

ROUES EN DESSOUS A PALETTES COURBES, DITES A LA PONCELET.

ROUES A AUGETS.

ROUES PENDANTES.

TURBINES.

ROUES A NIVEAU CONSTANT, SYSTÈME SAGEBIEN.

ROUE A ADMISSION INTÉRIEURE, SYSTÈME MILLOT.

RÉSULTATS PRATIQUES DES DIVERS SYSTÈMES DE ROUES HYDRAULIQUES.

PRESSES HYDRAULIQUES ET PRESSOIRS.

FIN DE LA TABLE DES MATIÈRES DU DEUXIÈME VOLUME

TABLE EXPLICATIVE
DES PLANCHES
DU DEUXIÈME VOLUME

TRANSMISSIONS ET TRANSFORMATIONS DES MOUVEMENTS

FIN DE LA TABLE DES PLANCHES ET DU DEUXIÈME VOLUME.

Paris. — Imp. E. Capiomont et Cᶦᵉ, rue des Poitevins, 6.

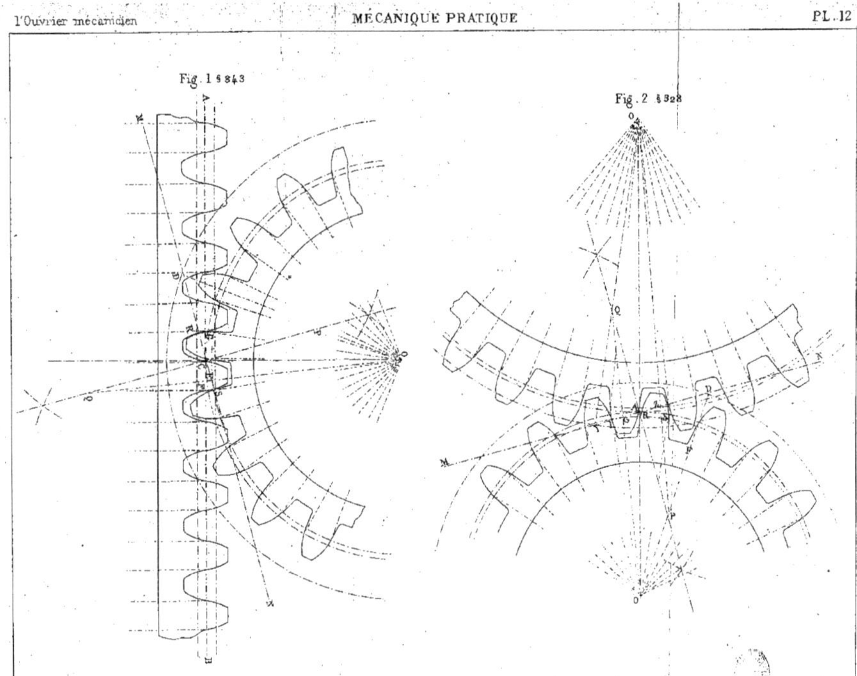

Fig. 1 § 343
Fig. 2 § 328

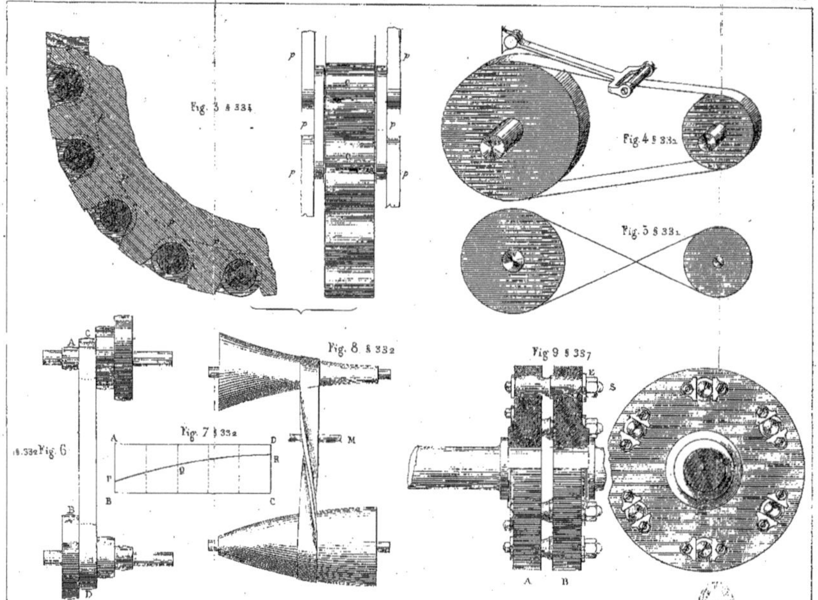

Fig. 3 § 334

Fig. 4 § 332

Fig. 5 § 331

Fig. 8 § 332

Fig. 7 § 332

§ 332 Fig. 6

Fig 9 § 337

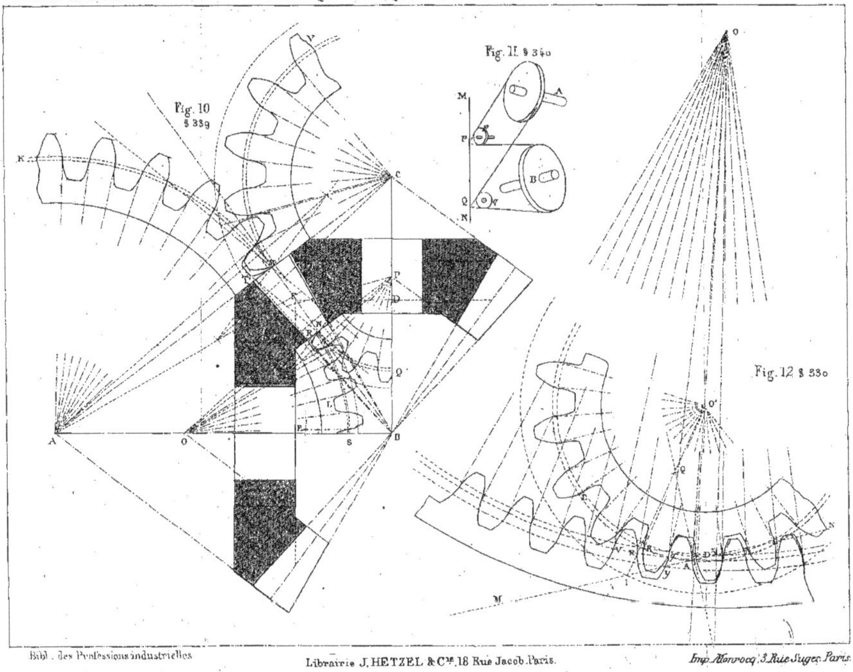
Fig. 10
§ 339
Fig. 11 § 340
Fig. 12 § 330

Librairie J. HETZEL & Cie, 18 Rue Jacob, Paris. Imp. Monrocq, 3 Rue Suger, Paris.

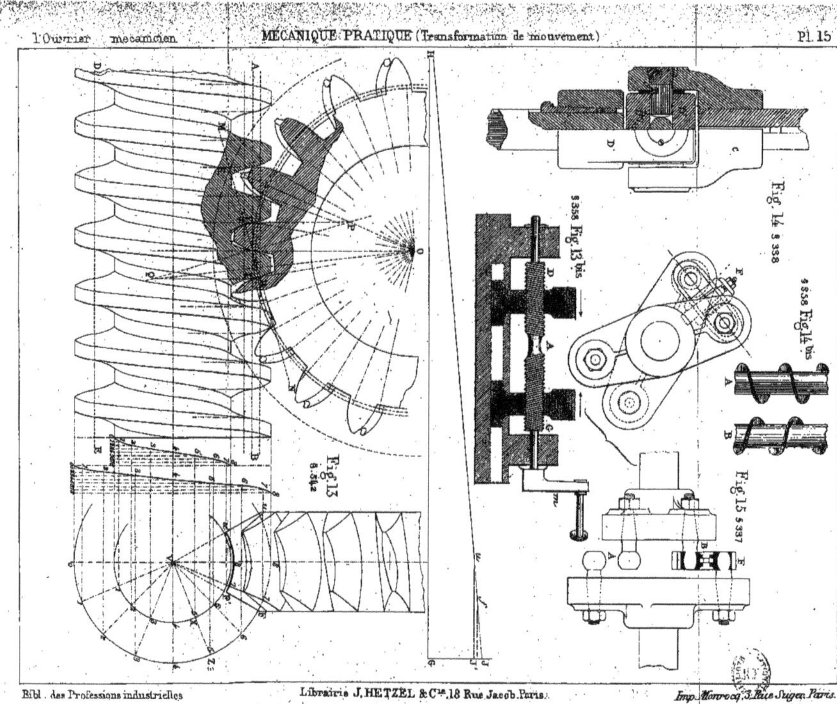
Fig. 13
§. 342
Fig. 13 bis
§ 338
Fig. 14 § 338
Fig. 14 bis § 338
Fig. 15 § 337
O

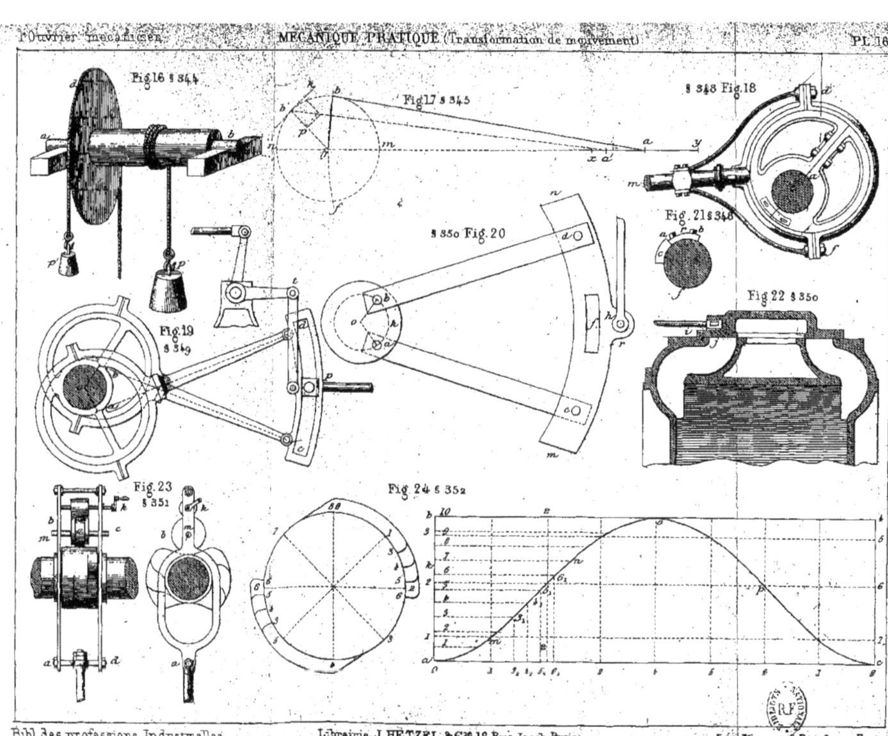

Fig.16 § 344
Fig.17 § 345
§ 348 Fig.18
§ 350 Fig.20
Fig.21 § 348
Fig.19 § 349
Fig 22 § 350
Fig.23 § 351
Fig.24 § 352

Fig. 25 § 353

Fig. 26 § 353

Fig. 27 § 353

Fig. 28 § 354

Fig. 29 § 354

Fig. 30 § 356

Fig. 31 § 357

Fig. 32 § 360

Fig. 33 § 361

Fig. 34 § 364

Fig. 35 § 362

Fig. 36 § 363

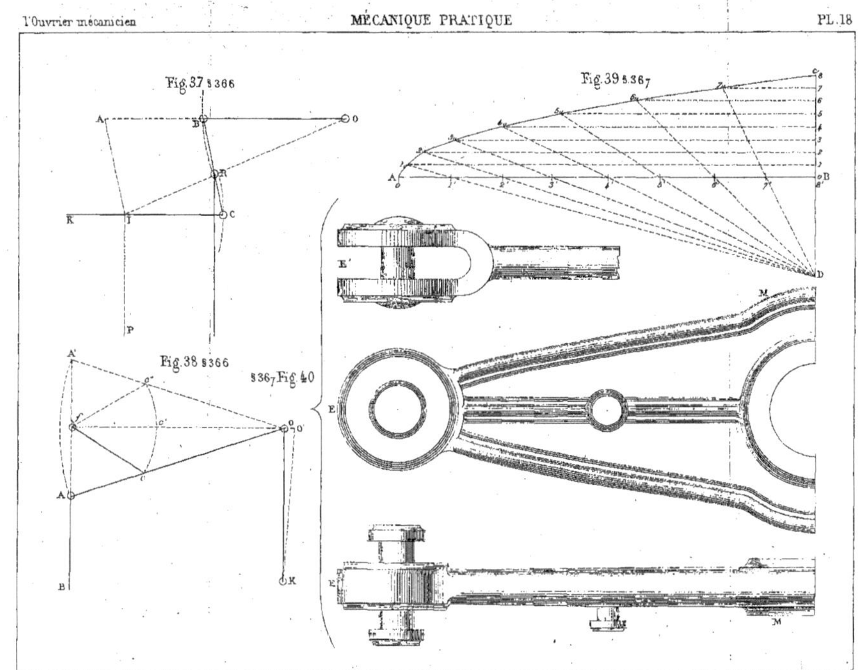
Fig. 37 § 366
Fig. 38 § 366
§ 367 Fig. 40
Fig. 39 § 367

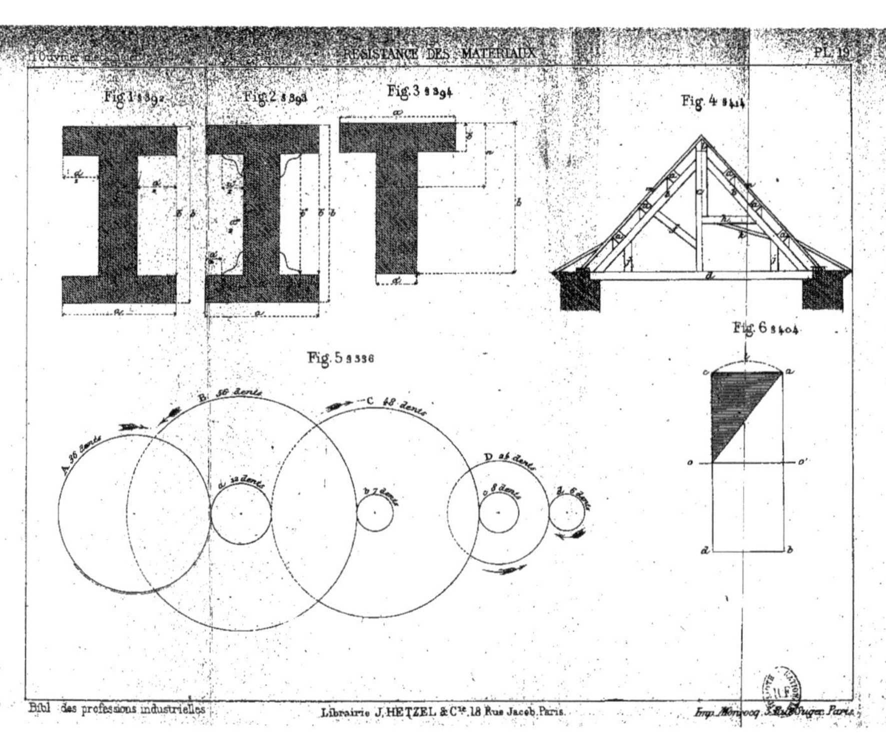

Bibl. des professions industrielles — Librairie J. HETZEL & Cie. 18 Rue Jacob. Paris. — Imp. Monrocq, Rue Suger, Paris.

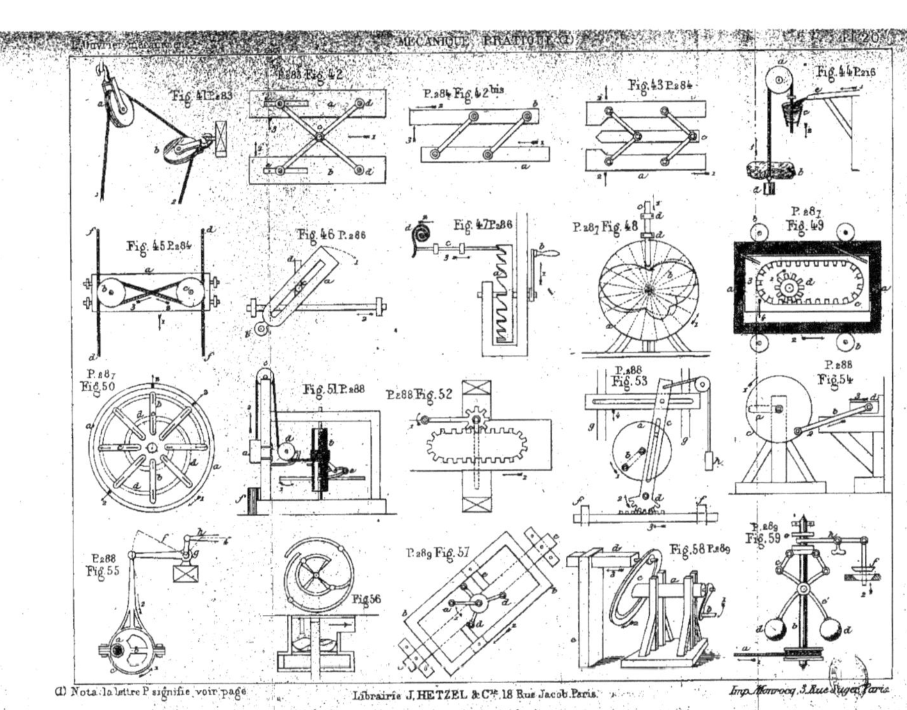
P.283 Fig.42
Fig.41 P.283
P.284 Fig.42 bis
Fig.43 P.284
Fig.44 P.286
Fig.45 P.284
Fig.46 P.286
Fig.47 P.286
P.287 Fig.48
P.287 Fig.49
P.287 Fig.50
Fig.51 P.288
P.288 Fig.52
P.288 Fig.53
P.288 Fig.54
P.288 Fig.55
Fig.56
P.289 Fig.57
Fig.58 P.289
P.289 Fig.59

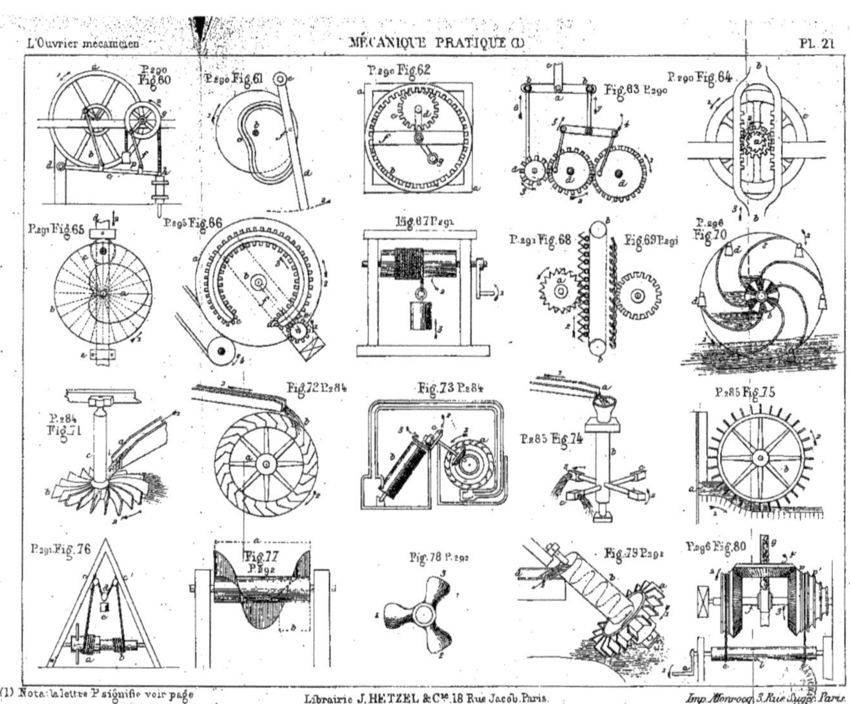
P.290 Fig.60
P.290 Fig.61
Page Fig.62
Fig.63 P.290
P.290 Fig.64
P.291 Fig.65
P.295 Fig.66
Fig.67 P.291
P.291 Fig.68
Fig.69 P.291
P.296 Fig.70
P.284 Fig.71
Fig.72 P.284
Fig.73 P.284
P.285 Fig.74
P.285 Fig.75
P.291 Fig.76
Fig.77 P.292
Fig.78 P.292
Fig.79 P.291
P.296 Fig.80

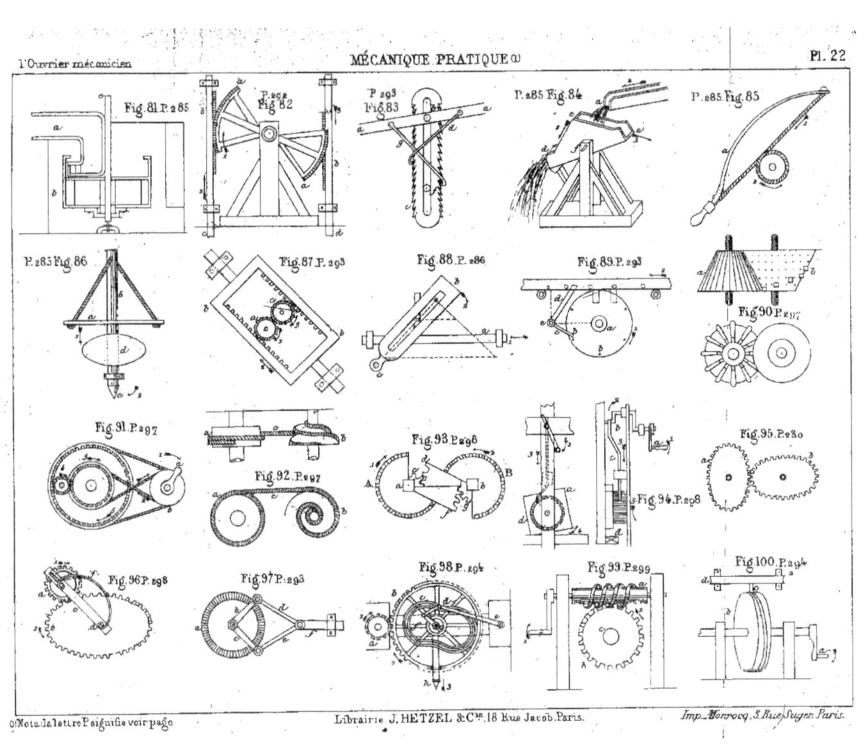

Fig.81.P.285
P.295 Fig.82
P.293 Fig.83
P.285 Fig.84
P.285 Fig.85
P.285 Fig.86
Fig.87 P.293
Fig.88 P.286
Fig.89 P.293
Fig.90 P.297
Fig.91 P.297
Fig.92 P.297
Fig.93 P.296
Fig.94 P.298
Fig.95 P.280
Fig.96 P.298
Fig.97 P.293
Fig.98 P.294
Fig.99 P.299
Fig.100 P.294

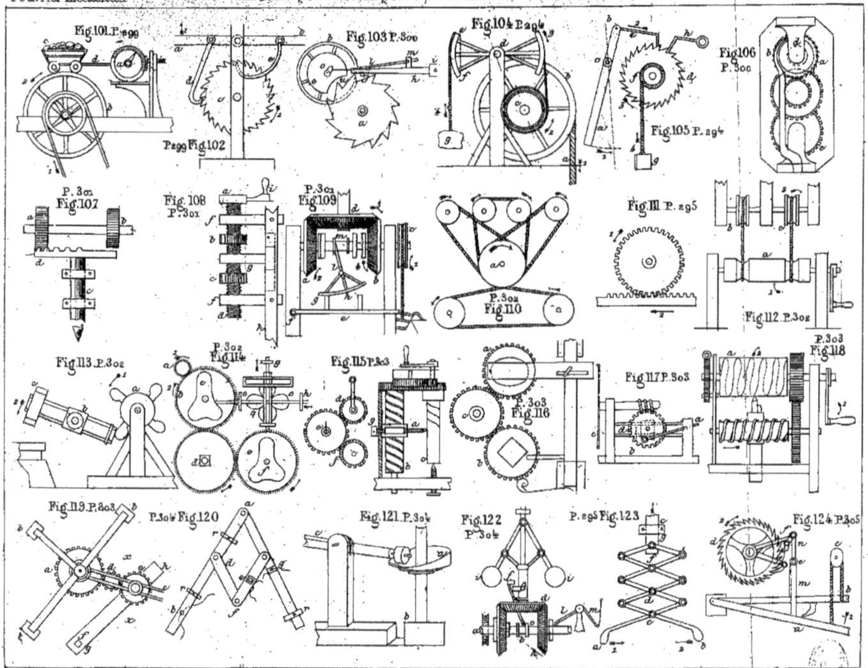
Fig.101. P. 299
P.299 Fig.102
Fig.103 P.300
Fig.104 P.296
Fig.105 P.294
Fig.106 P.300
P.301 Fig.107
Fig.108 P.301
P.301 Fig.109
P.302 Fig.110
Fig.111 P.295
Fig.112 P.302
Fig.113 P.302
P.302 Fig.114
Fig.115 P.303
P.303 Fig.116
Fig.117 P.303
P.303 Fig.118
Fig.119 P.303
P.304 Fig.120
Fig.121 P.304
Fig.122 P.304
P.295 Fig.123
Fig.124 P.305

(1) Nota. la lettre P signifie voir page

Librairie J. HETZEL & Cie, 18 Rue Jacob, Paris.
Imp. Monrocq, 3, Rue Suger, Paris.

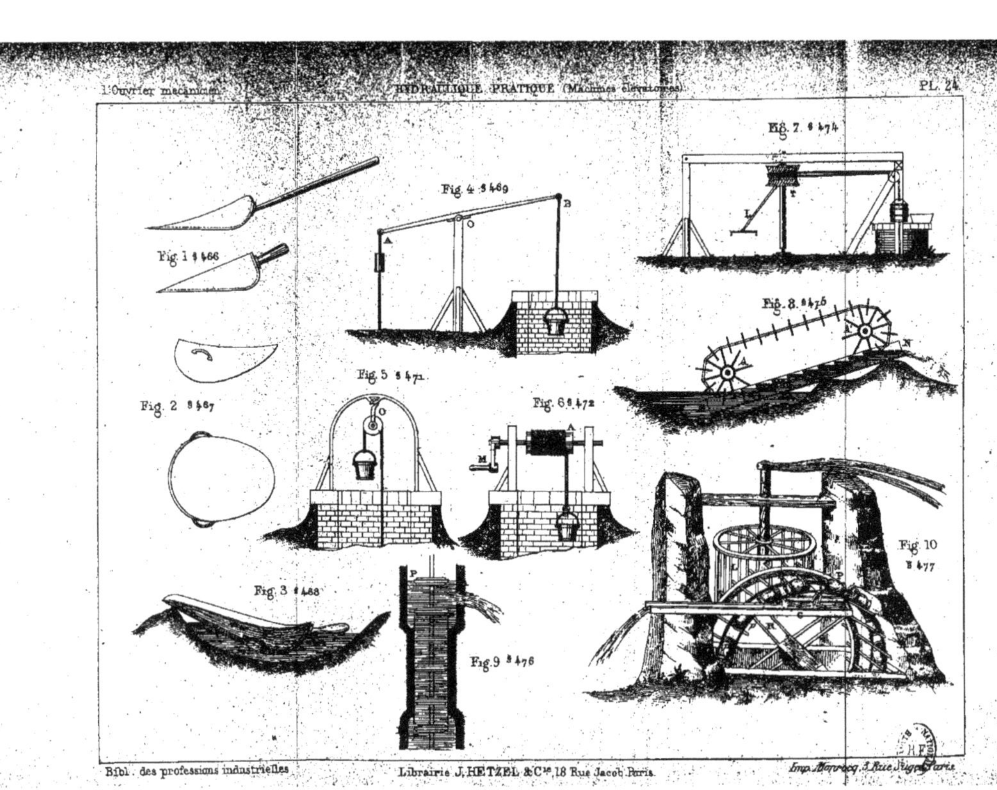

Fig. 7. § 474
Fig. 4. § 469
Fig. 1 § 466
Fig. 8. § 475
Fig. 2 § 467
Fig. 5 § 471.
Fig. 6 § 472.
Fig. 10 § 477
Fig. 3 § 468
Fig. 9 § 476

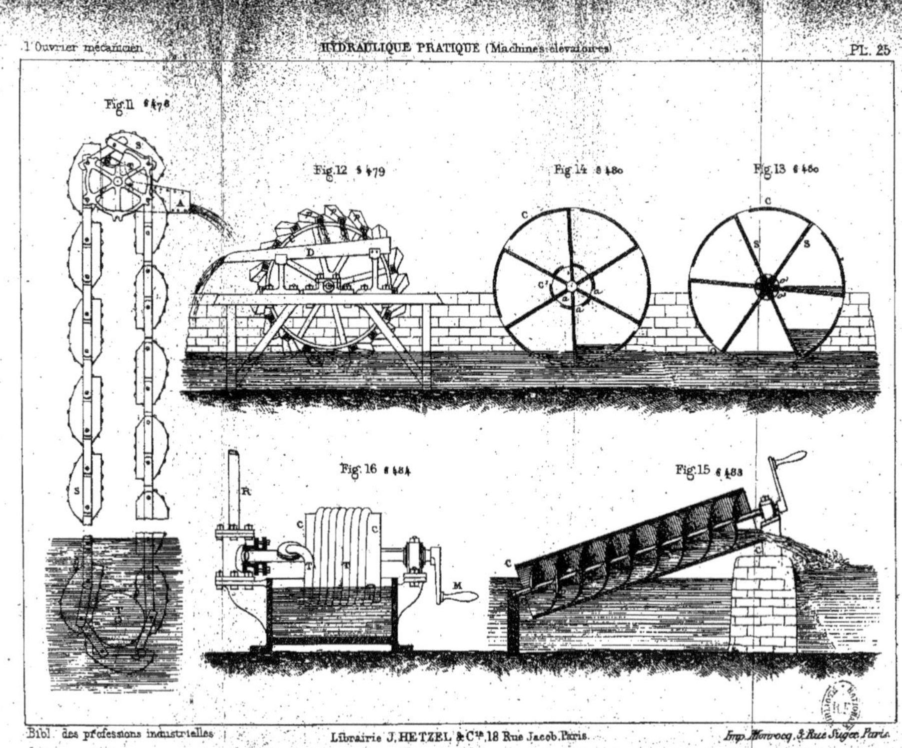

Fig. 11 § 478
Fig. 12 § 479
Fig. 14 § 480
Fig. 13 § 480
Fig. 16 § 484
Fig. 15 § 483

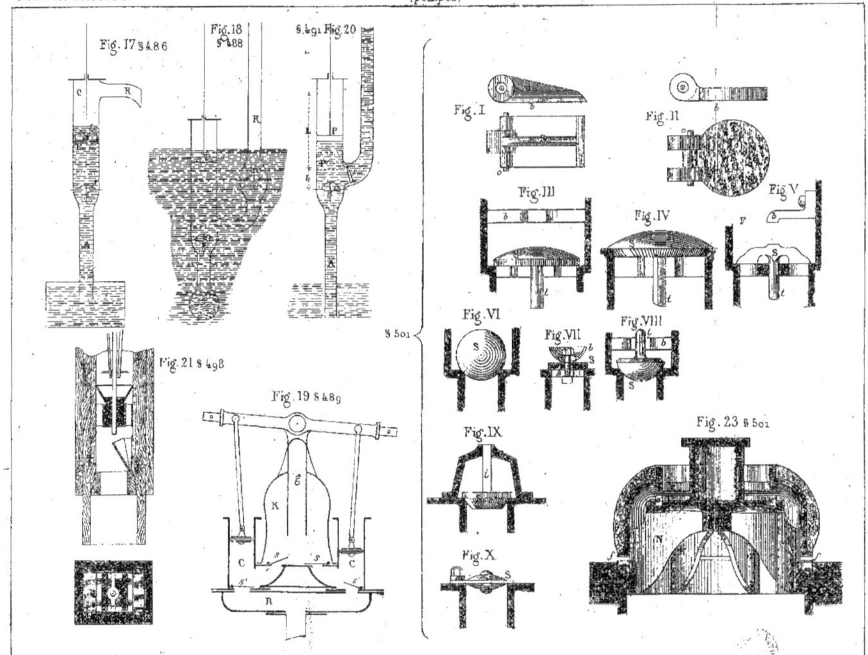

Fig. 17 § 486
Fig. 18 § 488
§ 491 Fig. 20
Fig. 19 § 489
Fig. 21 § 498
§ 501
Fig. I
Fig. II
Fig. III
Fig. IV
Fig. V
Fig. VI
Fig. VII
Fig. VIII
Fig. IX
Fig. X
Fig. 23 § 501

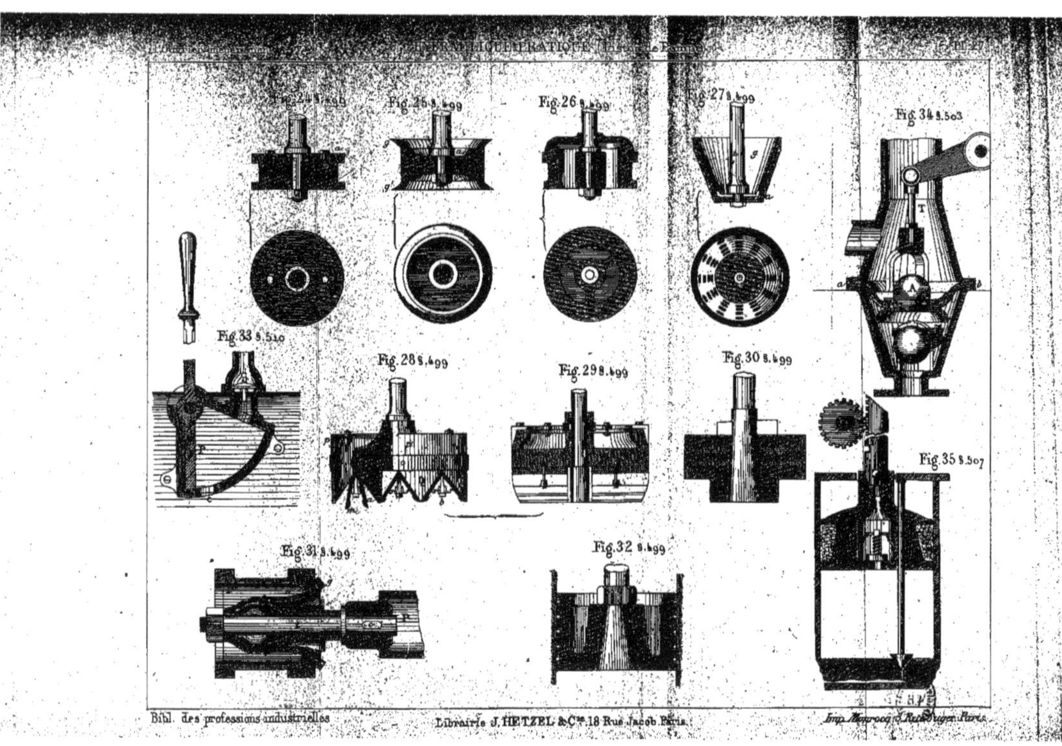

Fig.24 s.455
Fig.25 s.499
Fig.26 s.499
Fig.27 s.499
Fig.34 s.503
Fig.33 s.510
Fig.28 s.499
Fig.29 s.499
Fig.30 s.499
Fig.35 s.507
Fig.31 s.499
Fig.32 s.499

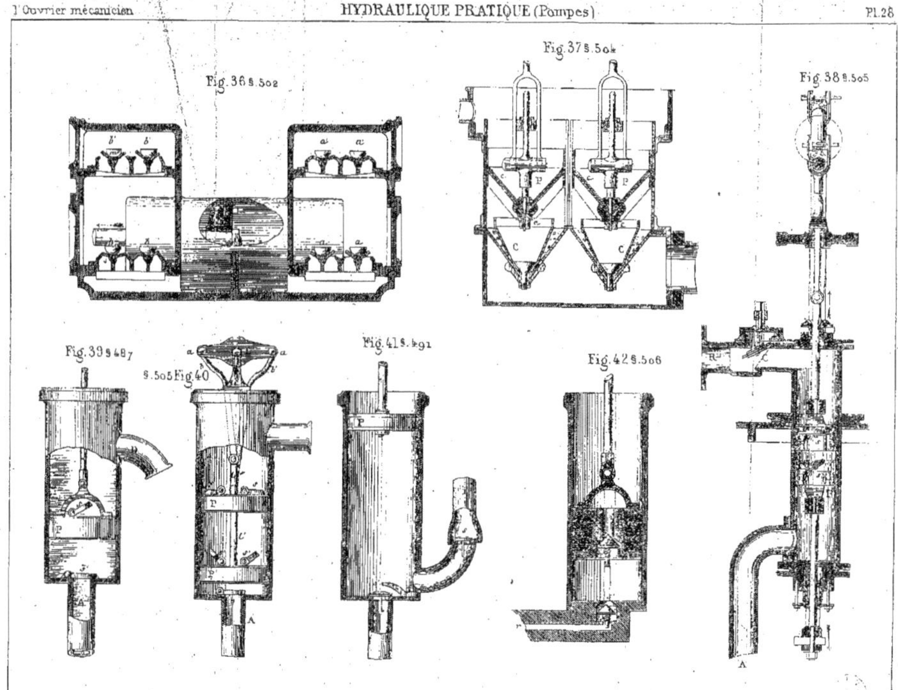
Fig.36 §.502
Fig.37 §.504
Fig.38 §.505
Fig.39 §.487
§.505 Fig.40
Fig.41 §.491
Fig.42 §.506

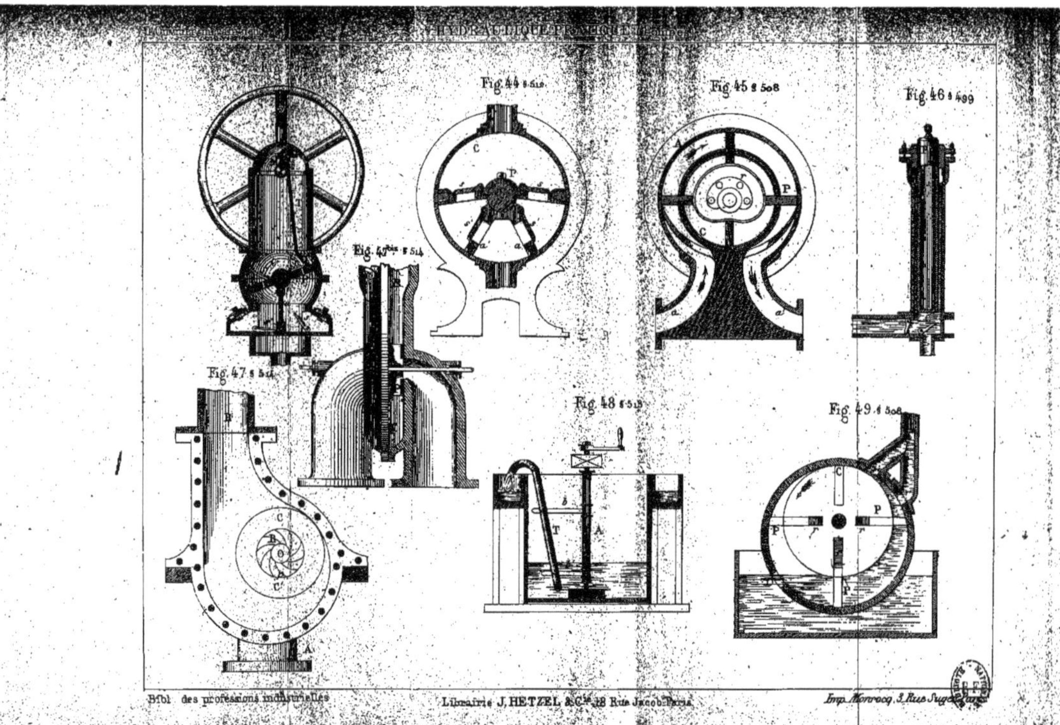

Fig. 44 p. 512.

Fig. 45 p. 508.

Fig. 46 p. 499.

Fig. 47 bis p. 514.

Fig. 47 p. 514.

Fig. 48 p. 512.

Fig. 49 p. 508.

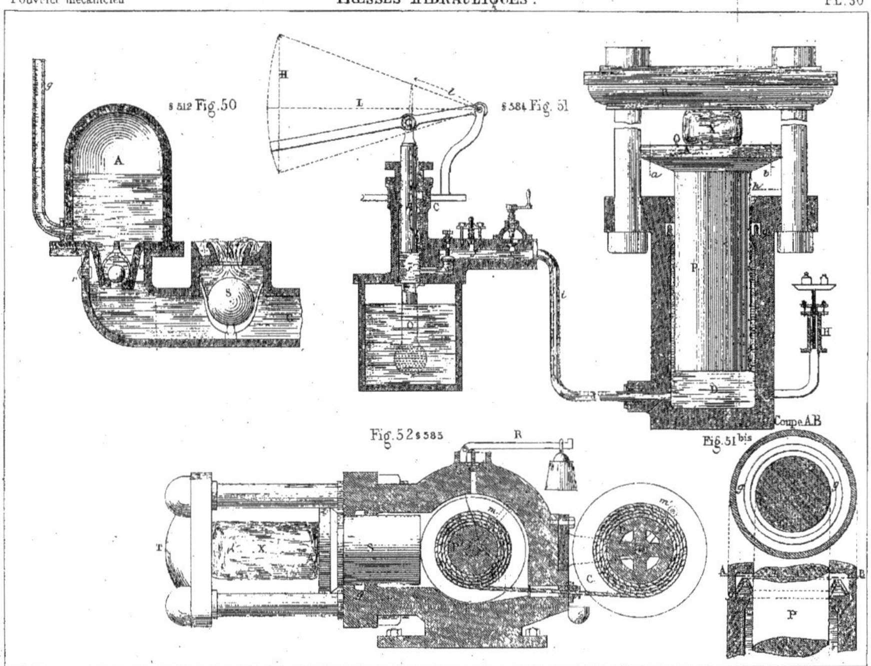
§ 512 Fig. 50
§ 584 Fig. 51
A
H
L
C
S
a
b
P
Fig. 52 § 585
R
Coupe A.B
Fig. 51 bis
T
X
S
P
C
A
B
P

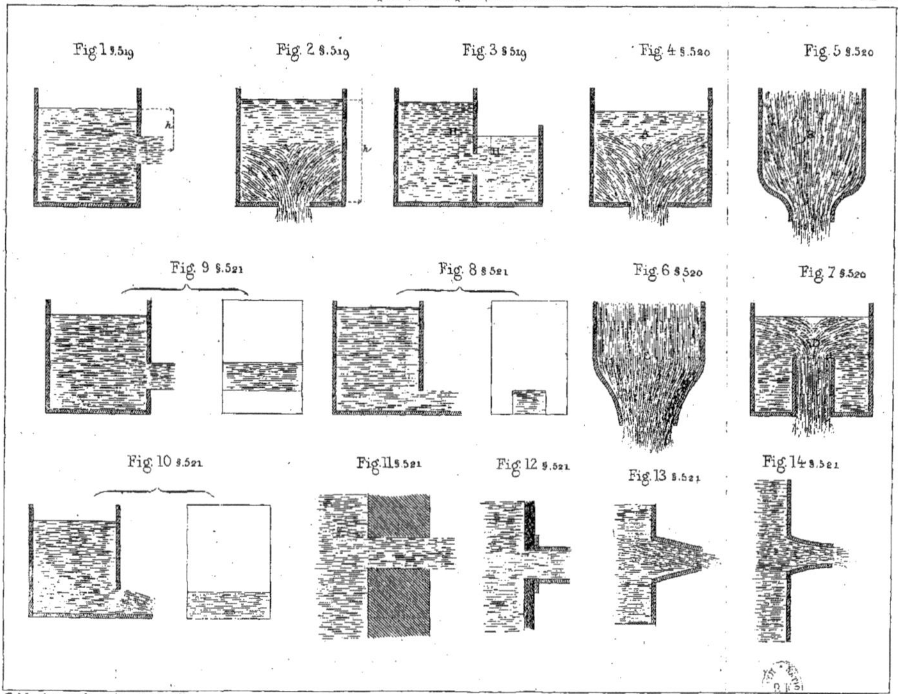
Fig. 1 §.519
Fig. 2 §.519
Fig. 3 §.519
Fig. 4 §.520
Fig. 5 §.520
Fig. 9 §.521
Fig. 8 §.521
Fig. 6 §.520
Fig. 7 §.520
Fig. 10 §.521
Fig. 11 §.521
Fig. 12 §.521
Fig. 13 §.521
Fig. 14 §.521

Librairie J. HETZEL & Cie 18 Rue Jacob Paris. Imp. Monrocq, 3 Rue Suger. Paris.

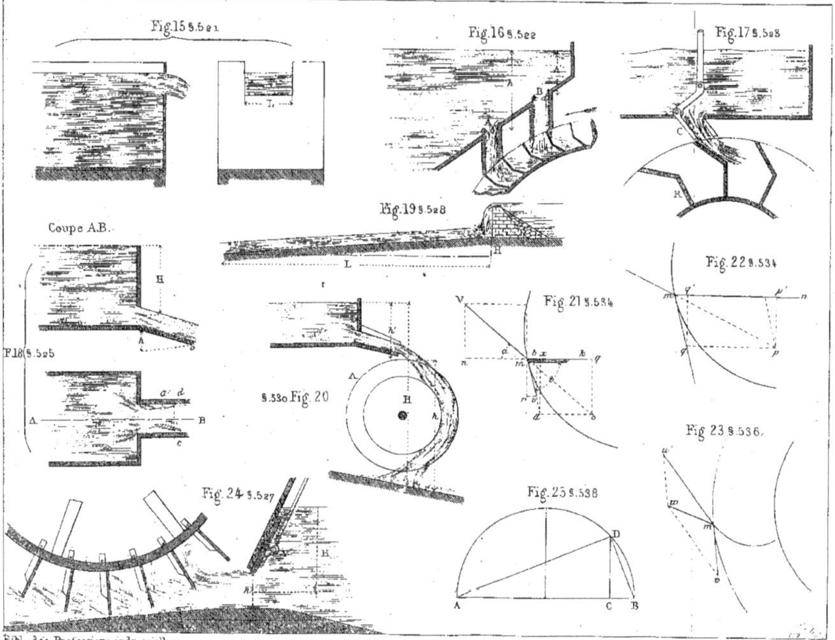

Fig. 15 §. 521
Fig. 16 §. 522
Fig. 17 §. 523
Coupe A.B.
Fig. 19 §. 528
Fig. 22 §. 534
F. 18 §. 525
Fig. 21 §. 534
§. 530 Fig. 20
Fig. 23 §. 536
Fig. 24 §. 527
Fig. 25 §. 538

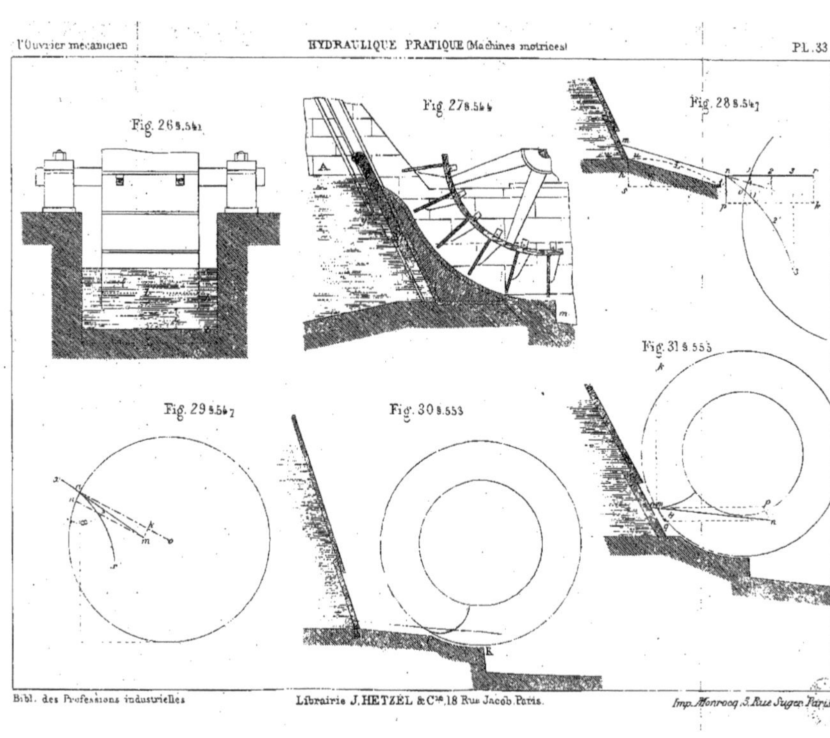
Fig. 26 s.541
Fig. 27 s.544
Fig. 28 s.547
Fig. 29 s.547
Fig. 30 s.553
Fig. 31 s.555

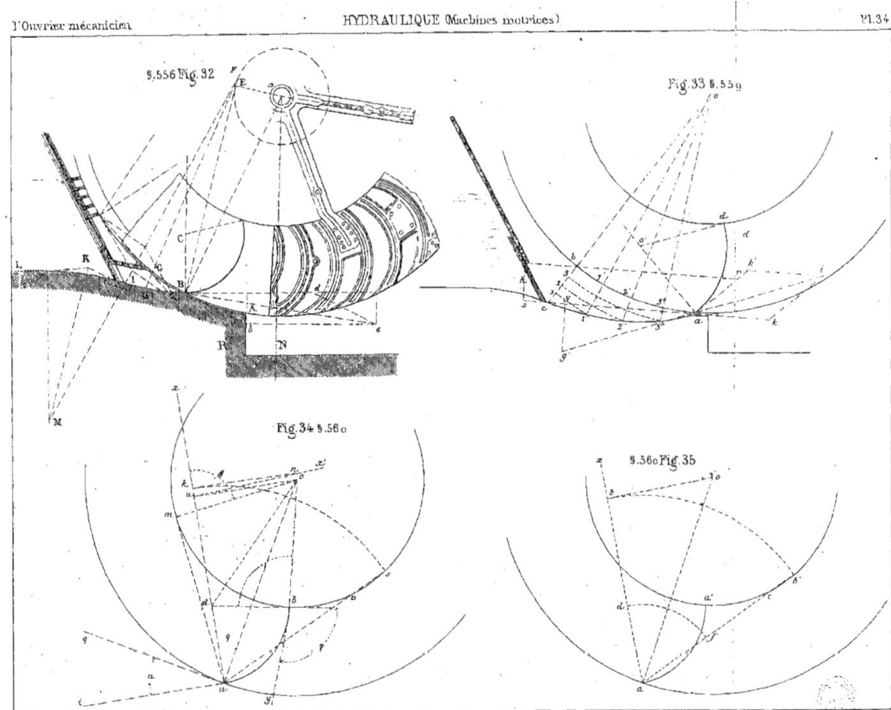
§.556 Fig.32
Fig.33 §.559
Fig.34 §.560
§.560 Fig.35

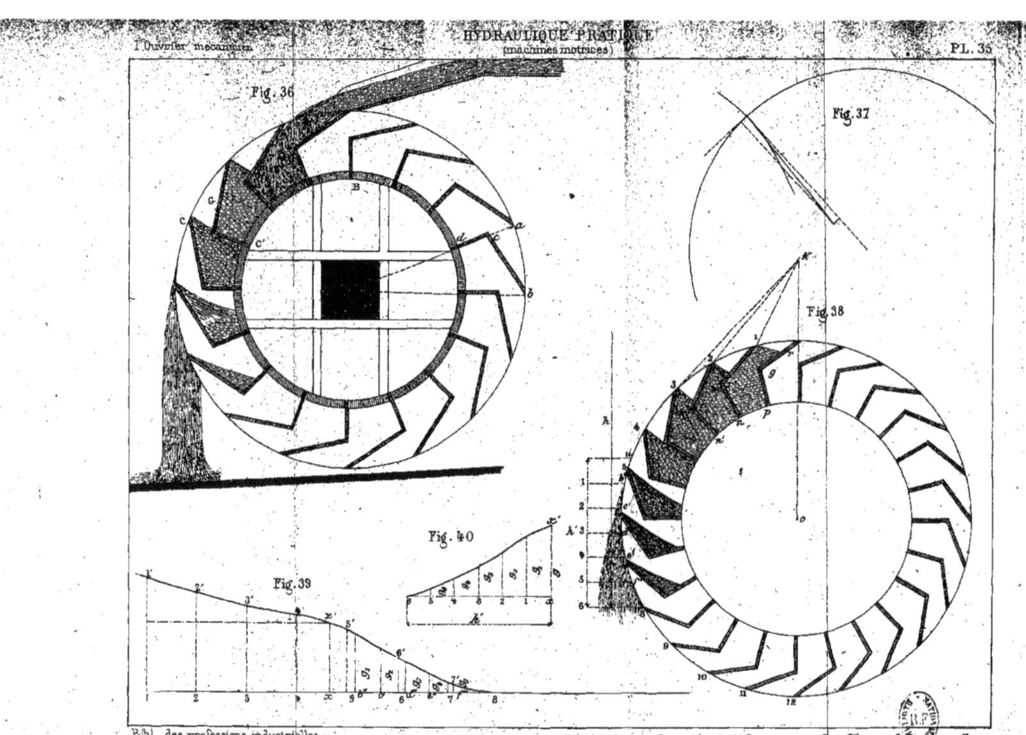
Fig. 36
Fig. 37
Fig. 38
Fig. 39
Fig. 40

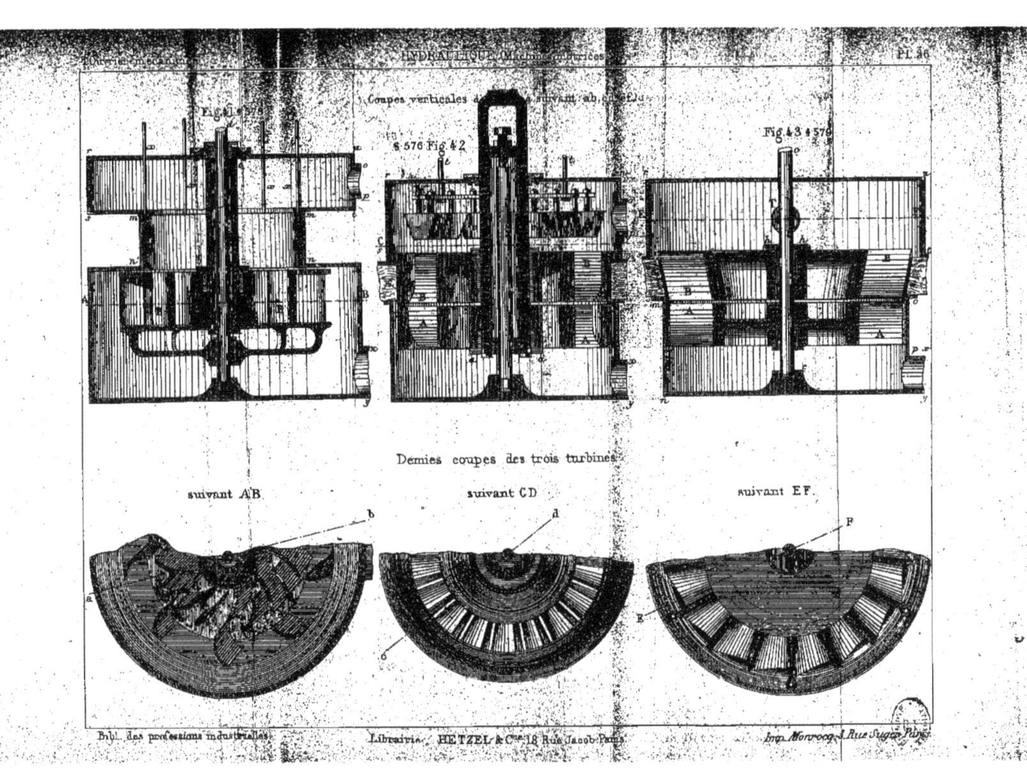
Coupes verticales suivant ab, cd et ef
Fig. 41
§ 576 Fig. 42
Fig. 43 § 579
Demies coupes des trois turbines
suivant AB
suivant CD
suivant EF
b
d
P

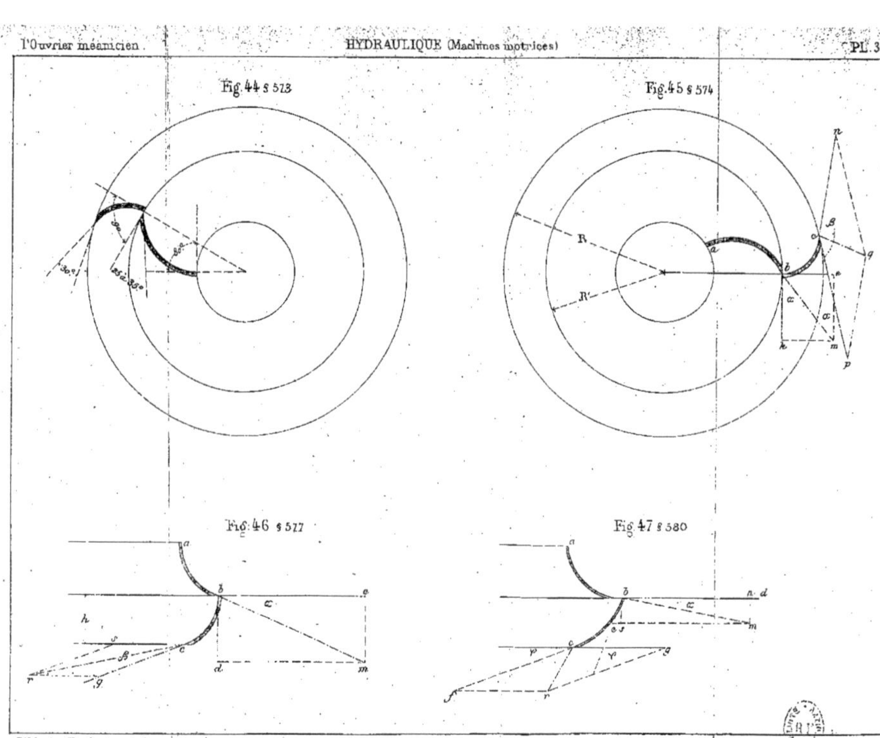

Fig. 44 § 573
Fig. 45 § 574
Fig. 46 § 577
Fig. 47 § 580

ENSEIGNEMENT PROFESSIONNEL

BIBLIOTHÈQUE

DES

PROFESSIONS

INDUSTRIELLES, COMMERCIALES et AGRICOLES

PARIS

J. HETZEL ET Cⁱᵉ, ÉDITEURS

18, RUE JACOB, 18

CATALOGUE D.-P.

Bibliothèque des Professions industrielles, commerciales et agricoles

Le premier mérite des volumes qui composent cette ENCYCLO-PÉDIE c'est d'être accessibles par la forme, par le fond et par le prix, aux personnes qui ont le plus souvent besoin d'indications pratiques sur la profession dont elles font l'apprentissage, ou dans laquelle elles veulent devenir plus intelligemment habiles.

A ces personnes, dont le nombre est très grand, il faut des *guides pratiques exacts*, d'un format commode, d'un prix modéré, rédigés avec clarté et méthode, comme est clair et méthodique l'enseignement direct du professeur à l'élève ou celui du maître à l'apprenti. Telle a été la pensée qui a présidé à la publication de la *Bibliothèque des professions industrielles, commerciales et agricoles.*

Elle se compose de *onze séries*, qui se subdivisent comme suit :

A. Sciences exactes. — B. Sciences d'observation. — C. Art de l'Ingénieur. — D. Mines et Métallurgie. — E. Professions commerciales. — F. Professions militaires et maritimes. — G. Arts et métiers, Professions industrielles. — H. Agriculture, Jardinage, etc. — I. Economie domestique, Comptabilité, Législation, Mélanges. — J. Fonctions politiques et administratives, Emplois de l'Etat, Départementaux et Communaux, Services publics. — K. Beaux-arts, Décoration, Arts graphiques.

Les volumes de cette collection sont publiés dans le format grand in-18, la plupart d'entre eux sont illustrés de gravures qui viennent mieux faire comprendre le texte ; des atlas renferment les dessins qui exigent d'être représentés à grandes échelles et avec plus de détails.

L'ENVOI est fait franco pour toute demande dépassant 15 francs et accompagnée de son montant en billets de banque, timbres-poste, mandats-poste, chèques ou mandats à vue sur Paris, coupons de valeur (déduction faite de l'impôt de 5 0/0).

Le prix du port est de 30 centimes pour les volumes de 3 francs et au-dessous ; 40 centimes pour les volumes de 4 francs ; 50 centimes pour les volumes de 5 et 6 francs ; — 60 centimes pour les volumes au-dessus de ce prix.

NOTA. — Les ouvrages marqués d'un ※ ont été choisis par le ministère de l'Instruction publique pour faire partie des catalogues des bibliothèques publiques scolaires. Le deuxième ※, plus petit, désigne les ouvrages choisis pour être distribués en prix.

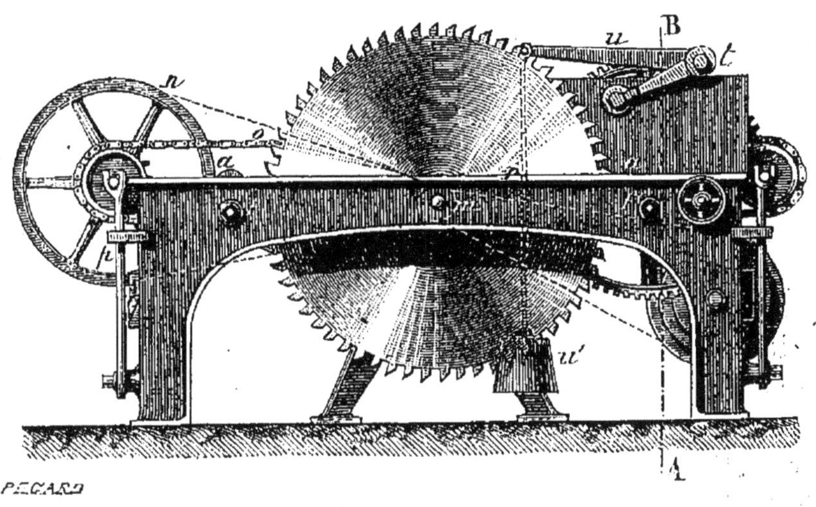

Figure spécimen du *Guide pratique de l'ouvrier mécanicien*. (Voir page 44.)

BIBLIOTHÈQUE

DES

PROFESSIONS INDUSTRIELLES

COMMERCIALES ET AGRICOLES

Parmi les bibliothèques spéciales, techniques plutôt, qui tiennent ou commencent à tenir une si grande place dans la librairie contemporaine, il faut citer au premier rang la *Bibliothèque des Professions industrielles, commerciales et agricoles*, mise en vente par la librairie Hetzel, et qui comprend déjà 121 ouvrages formant 128 volumes. Le champ est vaste de toutes les connaissances exigées, ou qui devraient l'être, par ceux, — et le nombre en est de plus en plus considérable, — qui se destinent à l'industrie, au commerce ou à l'agriculture. Autrefois, il n'y a pas longtemps encore, la seule science à peu près reconnue était la routine. En tout, partout, dans les grandes comme dans les petites exploitations, on tenait à ne pas s'éloigner des habitudes et des traditions transmises. Cela faisait, en quelque sorte, partie de l'héritage.

Depuis quelques années, nous commençons, en France, à nous affranchir de ces méthodes arriérées. C'était bon de s'enfermer dans sa coquille quand les communications étaient difficiles, quand on se suffisait, pour ainsi dire, chacun chez soi, et quand on n'avait qu'un médiocre intérêt à suivre les progrès de l'industrie, par exemple, puisque la production répondait à la consommation. Aujourd'hui, ce n'est plus tout à fait cela; c'est à qui fera le mieux, et, en même temps, fera le plus vite. La rapidité des transports, la rapidité des demandes qui peuvent être transmises, le même jour, d'un bout du monde à l'autre, ont provoqué une concurrence presque sans limites, et c'est tant pis pour ceux qui, s'en tenant aux vieux moyens, n'ont à leur service qu'un outillage inférieur. N'en pourrait-on dire autant pour l'agriculture, si complètement transformée depuis quelques années? et même pour le commerce, dont les relations, au lieu d'être limitées, confinées dans un certain rayon, sont aujourd'hui universelles?

Quoi de plus naturel que d'étudier les conditions nouvelles auxquelles sont soumises les industries diverses, les transactions commerciales, les exploitations agricoles? Et en même temps, quoi de plus curieux, pour cette partie du public éclairé et qui aime d'autant plus à s'instruire, que l'étude rendue claire et facile, de ces trois choses qui sont les bases mêmes de la fortune d'un pays? Les spécialistes n'ont qu'à choisir, dans les rayons de cette bibliothèque, pour trouver aussitôt ce qui les concerne et les intéresse. Autant de branches de la science, autant de traités particuliers, composés et écrits par les savants les plus autorisés et les professeurs les plus compétents.

La collection comprend onze séries consacrées à des ouvrages spéciaux, mais réunis tous, cependant, par un lien commun. Ainsi, il y a une série pour les sciences exactes, une autre pour les sciences d'observation. Dans la troisième, se trouve traité, sous ses différents aspects, l'art de l'ingénieur ; la quatrième s'occupe des mines et de la métallurgie. Ici sont étudiées les machines motrices ; là les professions militaires et maritimes. Plus loin, sous la rubrique Arts et Métiers, sont passées en revue les professions industrielles ; puis enfin l'agriculture, le jardinage et tout ce qui s'y rattache, l'étude des eaux, des bois et forêts, et enfin l'économie domestique. On voit tout ce qui peut tenir de traités particuliers dans cette nomenclature générale. Chacun a son volume, accompagné de dessins explicatifs et de figures, quand il est nécessaire, pour les mieux mettre à la portée du public.

Il est aisé de comprendre qu'une telle collection ne peut pas être exactement limitée, par la raison bien simple qu'elle doit se tenir à la hauteur du mouvement, c'est-à-dire du progrès, et tenir compte des inventions nouvelles qui, sans bouleverser de fond en comble les systèmes adoptés, les transforment en partie, ou tout au moins les modifient. Telle qu'elle est, on peut la considérer déjà comme supérieure à tout ce qui existe dans le même ordre d'idées. Le cadre général est plus vaste et peut s'élargir encore ; quant aux traités particuliers, comment n'offriraient-ils pas toutes les garanties désirables, grâce aux noms des spécialistes qui les ont rédigés? La physique, la chimie, les sciences naturelles, d'un côté, la géométrie, l'algèbre, de l'autre, sont enseignées de la façon la plus claire, et, ce qu'il ne faut pas oublier, par des moyens mis à la portée des gens du monde désireux d'acquérir des connaissances au moins superficielles sur toutes choses.

Ce qui caractérise notre époque est un immense besoin de savoir. On veut au moins des notions sur toutes choses. Comment les propriétaires, par exemple, pourraient-ils se rendre compte des engagements imposés à leurs fermiers, s'ils n'étaient, eux-mêmes, au fait des exigences de l'agriculture? Et il en est partout ainsi.

Cette bibliothèque répond donc à un besoin réel, à un moment où la machine remplace de plus en plus les bras et où le mécanicien fait des progrès constants. Rien de plus clair et de plus complet n'a été fait jusqu'à ce jour, ni de plus réellement utile. C'est l'encyclopédie du dix-neuvième siècle, qui se recommande aussi bien par la variété des sujets que par la valeur propre de chacun d'eux, où l'on trouve, en même temps que les vues d'ensemble, les guides pratiques de toutes les industries en exploitation et de toutes les professions et métiers. Nous ne saurions trop la recommander aux gens du monde curieux de notions générales, ainsi qu'aux personnes désireuses d'apprendre ou d'approfondir une spécialité.

Gravure spécimen du *Manuel pratique de Jardinage.* (Voir page 40.)

LISTE DES OUVRAGES

PAR ORDRE DE SÉRIE

SÉRIE A

SCIENCÉS EXACTES

SÉRIE B

SCIENCES D'OBSERVATION

CHIMIE — PHYSIQUE — ÉLECTRICITÉ

SÉRIE C

ART DE L'INGÉNIEUR

PONTS ET CHAUSSÉES — CHEMINS DE FER — CONSTRUCTIONS CIVILES

SÉRIE D

MINES ET MÉTALLURGIE

GÉOLOGIE — HISTOIRE NATURELLE

SÉRIE E

PROFESSIONS COMMERCIALES

SÉRIE F

PROFESSIONS MILITAIRES ET MARITIMES

SÉRIE G

ARTS ET MÉTIERS

PROFESSIONS INDUSTRIELLES

SÉRIE H

AGRICULTURE

JARDINAGE. — HORTICULTURE. — EAUX ET FORÊTS.
CULTURES INDUSTRIELLES. — ANIMAUX DOMESTIQUES. — APICULTURE.
PISCICULTURE.

SÉRIE I

ÉCONOMIE DOMESTIQUE

COMPTABILITÉ. — LÉGISLATION. — MÉLANGES

SÉRIE J

FONCTIONS POLITIQUES & ADMINISTRATIVES

EMPLOIS DE L'ÉTAT, DÉPARTEMENTAUX, COMMUNAUX
SERVICES PUBLICS

SÉRIE K

BEAUX-ARTS — DÉCORATIONS
ARTS GRAPHIQUES

*Le cartonnage toile de chaque volume se paye 0,50 c. en plus
des prix indiqués.*

TABLE DES MATIÈRES

BIBLIOTHÈQUE DES PROFESSIONS

INDUSTRIELLES, COMMERCIALES ET AGRICOLES

Collection de volumes grand in-18

BIBLIOGRAPHIE RAISONNÉE

ACCLIMATATION DES ANIMAUX DOMESTIQUES (*Guide pratique de l'*), étude des animaux destinés à l'acclimatation, la naturalisation et la domestication : Animaux domestiques. méthodes de perfectionnement, mammifères, oiseaux, poissons, insectes, précédée de considérations sur les climats et de l'Exposé des classifications d'histoire naturelle, etc., par le docteur LUNEL, 1 volume avec figures dans le texte. . . . . 3 fr.

M. le docteur Lunel a résumé les notions concernant l'acclimatation disséminées dans un grand nombre d'ouvrages volumineux. Ce livre sera consulté avec fruit par toutes les personnes qu'intéresse la grande question de l'acclimatation. Il peut être considéré comme un guide sûr dans les jardins d'acclimatation où sont réunies toutes les races d'animaux indigènes et étrangères, et il donne d'une manière concise et substantielle les notions usuelles nécessaires pour l'étude des animaux destinés à l'aclimatation, la naturalisation et la domestication.

ACIDES (Voir Chimie, page 23, et Potasses, page 54).

ACIER (*Guide pratique de l'emploi de l'*), ses propriétés, avec une introduction et des notes de Ed. GRATEAU, ingénieur civil des mines, par J.-B.-J. DESSOYE, ancien manufacturier, 1 volume............ 4 fr.

Ce livre constitue une véritable monographie de l'acier. M. Dessoye prend l'art de fabriquer l'acier à son origine et nous montre ses progrès. Il signale la nature et les propriétés natives de l'acier, en indique les différents modes d'élaboration et termine son guide par une étude sur l'emploi de l'acier dans les manipulations qu'on lui fait subir. Comme le fait remarquer M. Grateau dans sa savante introduction, ce livre s'adresse à tous ceux qui sont appelés à acheter et à consommer de l'acier d'une qualité quelconque, sous toute forme, et il devra être consulté par tous les praticiens.

Extrait de la table. — Considérations préliminaires. — Etudes historiques sur la fabrication de l'acier. — Etudes générales sur l'existence des propriétés natives. — Etudes sur l'emploi de l'acier, considéré dans ses propriétés caractéristiques. — De l'emploi de l'acier considéré dans les manipulations qu'on lui fait subir.

ACIER (*Traité de l'*), théorie métallurgique, travail pratique, propriétés et usages, par H.-C. LANDRIN fils, ingénieur civil, 1 volume, avec figures......... 4 fr.

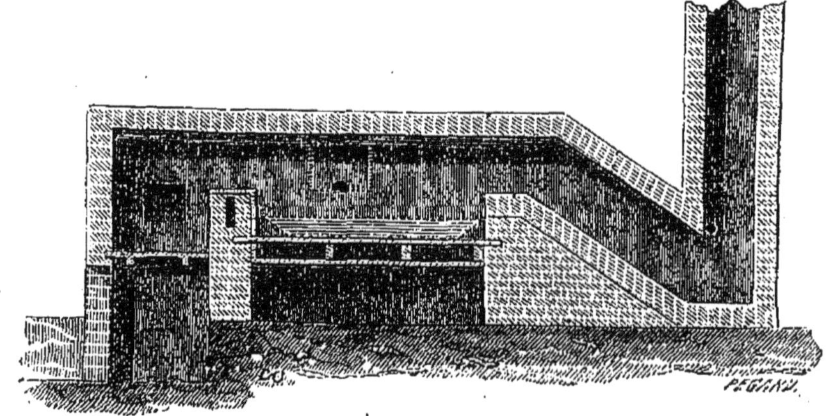

Figure spécimen du *Traité de l'acier.*

Les deux ouvrages de MM. Landrin et Dessoye se complètent l'un par l'autre. Ils donnent au complet la fabrication et l'emploi de l'acier. Nous avons dit, en parlant de celui de M. Dessoye, en quoi consistait son étude; nous allons, par un extrait de la table des matières du livre de M. Landrin, indiquer en quoi il complète le précédent. — Histoire de l'acier, sa découverte, sa métallurgie dans l'antiquité et dans les différentes contrées. — De la chaleur, de l'oxygène, du soufre, de la chaux, des minerais de fer, des combustibles. — De l'acier et de sa théorie. — Théorie de Réaumur, docimasie. — Métallurgie, acide naturel, acier de fonte, acier puddlé, acier cimenté, acier de fusion, acier du Wootz.

Nouveaux procédés : Procédé Chenot, procédé Bessemer, procédé Taylor, procédé Uchatuis, acier damassé. *Etoffes* : Travail de l'acier, raffinage, soudure, recuit à la forge, trempe, recuit à la trempe, écrouissage. *Propriétés de l'acier:* Des limes, du fil d'acier, des aiguilles, tôle d'acier, des scies.

AGENT VOYER (Voir Ponts et Chaussées, page 53).

AGRICULTURE GÉNÉRALE *(Guide pratique d')*, par A. GOBIN, 1 vol. — **En réimpression.** —

ALGÈBRE *(Principes d')*, par Paul LEPRINCE, ingénieur, ancien élève de l'Ecole d'arts et métiers de Châlons-sur-Marne, 1 volume avec figures . . . . . 4 fr.

Un ouvrage de ce genre n'a pas encore été publié. Il indique les moyens les plus prompts et les plus simples à employer pour parvenir à la solution des problèmes. Il ne comprend que la marche pratique à suivre en algèbre pour arriver aux formules appliquées dans l'industrie en général.

ALLIAGES MÉTALLIQUES (*Guide pratique des*), par A. GUETTIER, ingénieur, directeur de fonderies, etc. 1 volume . . . . 3 fr.

Après avoir donné quelques explications préliminaires sur les propriétés physiques et chimiques des métaux et des alliages, l'auteur examine au point de vue des alliages entre eux les métaux spécialement industriels, c'est-à-dire d'un usage vulgaire très répandu (cuivre, étain, zinc, plomb, fer, fonte, acier). Il donne ensuite quelques indications générales sur les métaux appartenant aux autres industries, mais n'occupant qu'une place secondaire (bismuth, antimoine, nickel, arsenic, mercure), et sur des métaux riches appartenant aux arts ou aux industries de luxe (or, argent, aluminium, platine) ; enfin, il envisage les métaux d'un usage industriel restreint, au point de vue possible de leur association avec les alliages présentant quelque intérêt dans les arts industriels.

ALUMINIUM et MÉTAUX ALCALINS *(Guide pratique de la recherche, de l'extraction et de la fabrication de l')*. Recherches techniques sur leurs propriétés, leurs procédés d'extraction et leurs usages, par Charles et Alexandre TISSIER, chimistes-manufacturiers. 1 volume, 1 planche et figures dans le texte . . . . 3 fr.

Les notions sur l'aluminium se trouvaient disséminées dans des recueils nombreux publiés en France et à l'étranger. Les auteurs de ce guide ont eu l'idée de faire de ces notions éparses un tout homogène dans lequel, après avoir retracé l'historique de la préparation des métaux alcalins, ils esquissent l'histoire de la préparation de l'aluminium. Des chapitres spéciaux sont consacrés à la fabrication industrielle et aux propriétés physiques et chimiques de ce nouveau métal, qui a conquis très rapidement une grande place dans l'industrie.

AMIDONNIER (Voir Féculier et Amidonnier, p. 34).

ANIMAUX (Voir Habitations des Animaux, page 37).

ANIMAUX DOMESTIQUES (Voir Acclimatation des Animaux domestiques, page 13).

ARCHITECTURE (*Introduction à l'étude de l'*), par VIOLLET-LE-DUC. — **En préparation.** —

ARCHITECTURE NAVALE (*Guide pratique d'*) à l'usage des capitaines de la marine du commerce, appelés à surveiller les constructions et les réparations de leurs navires, par Gustave BOUSQUET, capitaine au long cours, ingénieur, 1 volume avec figures dans le texte . . . . 2 fr.

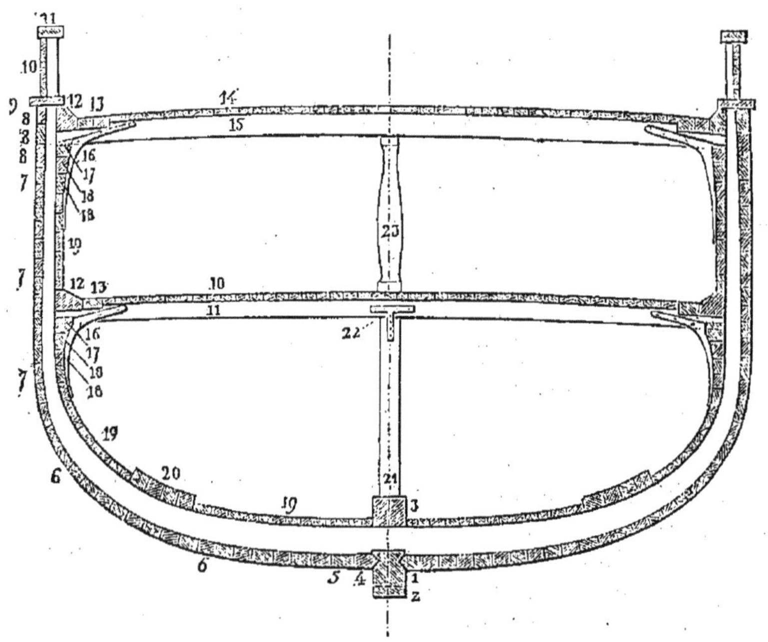

Figure spécimen du *Guide pratique d'architecture navale.*

Dans la *première partie*, l'auteur traite de la connaissance des cales, c'est-à-dire l'endroit où doit être réparé le navire. — Droit et tour d'une pièce. — Écarts. — Quille. — L'étrave. — L'étambot. — L'assemblage des couples, etc.

Dans la *deuxième partie*, nous avons les revêtements intérieurs. — La lisse. — Les carlingues. — Les livets. — Bauquières. — Barrots. — Épontilles, etc.

Puis les revêtements extérieurs. Précintes, bordées, bois étuvés, chevillage, clous, calfatage, panneaux ou écoutilles, etc.

Cet abrégé très sommaire des matières contenues dans ce volume suffira pour faire comprendre que sa lecture ne peut être que très profitable.

ASTRONOMIE (*Manuel pratique de l'*), par Camille
FLAMMARION. *L'art d'observer le ciel et de se servir des
instruments d'optique.* 1 volume. — **En préparation.** —

Figure spécimen de l'*Ingénieur électricien.* (Voir page 31.)

B

BEAUX-ARTS (*Introduction à l'étude des*). 1 volume.
— En préparation. —

BERGERIES (voir Habitation des animaux, page 37).

BETTERAVE (*Traité pratique de la culture et de l'alcoolisation de la*). Résumé complet des meilleurs travaux faits jusqu'à ce jour sur la betterave et son alcoolisation, renfermant toutes les notions nécessaires au cultivateur et au distillateur, ainsi que l'examen des méthodes de pulpation, de macération, de fermentation et de distillation employées aujourd'hui. 3e édition corrigée et considérablement augmentée, par N. BASSET. 1 volume avec figures dans le texte. . . . . 3 fr.

Avant de donner au public cette nouvelle édition, l'auteur avait étudié à fond les principales questions relatives à la culture, à la distillation de la betterave, afin d'apporter son contingent à la grande question de la transformation agricole, par les données que l'expérience lui a fournies. Il a voulu mettre sous les yeux des agriculteurs et des distillateurs les faits techniques, scientifiques et pratiques, dans la plus grande simplicité d'expression. Il examine avec impartialité les différents systèmes : Champenois, Kessler, Dubrunfaut, etc.

BIÈRE (Voir Brasseur, page 20).

BIJOUTIER (*Guide pratique du*). Application de l'harmonie des couleurs dans la juxtaposition des pierres précieuses, des émaux et de l'or de couleur, par L. MOREAU, bijoutier et dessinateur. 1 volume avec 2 planches coloriées . . . . 2 fr.

Ce petit livre est une protestation hardie contre l'esprit de routine. L'auteur a réuni les données fournies par la science sur l'harmonie et le contraste des couleurs, et comparant ces données aux observations faites dans la pratique du métier, il a formé une théorie applicable à la bijouterie.

BOIS EN FORÊTS (*Carbonisation des*), par E. DROMART, ingénieur civil, 1 volume avec figures et 1 planche . . . . 4 fr.

BOIS (*Guide théorique et pratique de Cubage et d'Estimation des*) à l'usage des propriétaires, régisseurs, marchands de bois, gardes forestiers, etc., etc., par Alexis FROCHOT, sous-inspecteur des forêts, etc. 2e édition. 1 volume, tableaux et 14 figures et 1 planche graphique donnant les tarifs de cubage des arbres sur pied et des arbres abattus. . . . . 4 fr.

Figure spécimen du *Guide de cubage et d'estimation des bois.*

BOTANIQUE (** Traité pratique et élémentaire de*) appliquée à la culture des plantes, par Léon LEROLLE, ancien élève de l'Ecole d'agriculture de Grand-Jouan, membre de la Société d'horticulture de Marseille, 1 volume, 108 figures dans le texte. . . . . 4 fr.

Extrait de la table : De la germination des graines, choix et conservation des graines. — De la végétation des plantes, des bourgeons. — Phénomènes souterrains, phénomènes aériens, phénomènes anatomiques de la végétation. — Nutrition des végétaux, nature des substances absorbées par les racines, sécrétion, transpiration. — Agents essentiels de la végétation. — De la reproduction des plantes, du périanthe, des étamines, du pistil, des ovules. — Floraison. — Fécondation. — Fructification. — Granification.

BRASSEUR (*Guide du*) ou *l'Art de faire de la Bière,* par G.-J. MULDER, professeur à l'Université d'Utrecht. Traité élémentaire théorique et pratique. La bière, sa composition chimique, sa fabrication, son emploi comme boisson, traduit de l'allemand et annoté par L.-F. Dubief, chimiste, nouvelle édition revue et corrigée, par M. Ch. BAYE. 1 vol. . . . . 4 fr.

M. Mulder a tâché d'analyser tous les écrits qui ont été publiés sur ce sujet pour en tirer la quintessence en y apportant de son propre fond. C'est un travail consciencieusement écrit, fruit de laborieuses études dont le brasseur pourra faire son profit.

BRIS ET NAUFRAGES (*Nouveau code des*), ou sûreté et sauvetage maritime, publié avec l'autorisation du ministre de la Marine et des Colonies, par J. TARTARA, commissaire ordonnateur de la marine en Algérie, 1 volume . . . . 4 fr.

C

CAFÉIER ET CACAOYER (Voir Cultures exotiques, page 28).

CAISSIER (*Manuel du*). Traité théorique et pratique des PAYEMENTS et RECETTES. — **En préparation.** —

CALCULS ET COMPTES FAITS à l'usage des industriels en général et spécialement des mécaniciens, charpentiers, serruriers, chaudronniers, toiseurs, arpenteurs, vérificateurs, etc. Troisième édition complètement refondue des calculs faits de A. LENOIR, par Joseph VINOT. 1 volume et tableaux . . . . 4 fr.

Son objet est d'éviter aux chefs d'atelier une foule de calculs souvent assez difficiles à résoudre ; enfin c'est un aide-mémoire qui est appelé à rendre de grands services par le temps qu'il fait économiser. Il se divise comme suit : 1o Arithmétique. — 2o Conversion — 3o Physique. — 4o Mécanique. — 5o Frottements, résistances. — 6o Cubage des métaux. — 7o Cubage des bois. — 8o Tables commerciales.

CALLIGRAPHIE. Cours d'écriture avec 32 planches, par L. BAUDE, 1 vol. . . . . 4 fr.

SOMMAIRE : Objets et instruments nécessaires pour écrire. — Formes et variante de l'écriture anglaise. — De la manière de tenir la plume. — Principes généraux de l'écriture anglaise. — Des différentes grosseurs d'écriture. — Majuscules. — Minuscules. — Chiffres. — De l'expédiée ou cursive anglaise. — Des écritures fortes : Bâtarde, Coulée, Ronde et Gothique. — *De l'emploi dans l'écriture des accents, de la ponctuation et autres signes,*

CANARDS (Voir Oies et Canards, page 48).

CANNE A SUCRE (Voir Cultures exotiques, page 28).

CARBONISATION DES BOIS (Voir Bois, page 18).

CARTON (Voir Papier et Carton, page 50).

CENDRES (Voir Potasses, page 54).

CHALEUR (*Théorie mécanique de la*), traduit de l'allemand par F. FOLIE, professeur à l'École industrielle, et répétiteur à l'École des mines de Liège, par R. CLAUSIUS, professeur à l'Université de Wurtzbourg. 2 vol. à 4 fr., 8 fr.

CHARCUTERIE PRATIQUE (*La*), par Marc BERTHOUD, ancien charcutier, ex-président de la corporation des charcutiers de Genève. 2ª édition. 1 volume avec 74 figures. . . . . 4 fr.

EXTRAIT DE LA TABLE DES MATIÈRES. — *1re partie :* Le porc, différentes races, élevage, engraissement, maladies, transports. — Locaux, appareils, ustensiles. — Condiments, accessoires. — Abatage du porc, utilisation des différentes parties du porc, salaison, désalaison. — Premières manipulations. — *2e partie :* Charcuterie proprement dite : Andouilles, andouillettes, boudins, saucisses, saucissons, jambons, petites pièces chaudes et froides. — Grosses pièces froides. — Sauces, accessoires. — Cochon de lait, sanglier. — Pâtisserie. — Terrines. — Décoration. — Conservation des viandes, conserves. — *3° partie :* Charcuterie allemande : saucisses, produits divers.

CHARPENTIER ※ (*Le livre de poche du*), application pratique à l'usage des CHANTIERS, des ÉLÈVES DES ÉCOLES PROFESSIONNELLES, etc., par J.-F. MERLY, charpentier, entrepreneur de travaux publics, membre de la

Société industrielle d'Angers, etc. Collection de 140 ÉPURES, 1 vol. 287 pages de texte et planches en regard. . .   **4 fr.**

M. Merly n'est pas un savant qui doit s'efforcer d'oublier la technologie de l'école pour parler le langage ordinaire de la plupart de ses auditeurs ; M. Merly est, au contraire, un ouvrier, un homme pratique, qui a cherché à se faire comprendre par les compagnons de travail auxquels il s'adressait, et qui est arrivé à des démonstrations si claires, à des explications si naturelles, que les théoriciens eux-mêmes ont bientôt eu à s'inspirer de ses travaux. Rien de plus net que ses dessins, rien de plus simple que ses préceptes : c'est en quelque sorte en se jouant qu'il arrive aux épures les plus compliquées. — C'est le résumé des cours faits par M. Merly à ses compagnons charpentiers.

CHASSEUR MÉDECIN (*Le*), ou traité complet sur les maladies du chien, par M. Francis CLATER, vétérinaire anglais, traduit de l'anglais sur la 27e édition. 3e édition française, corrigée et augmentée, par M. Mariot-Didieux. 1 volume. . . . .   **2 fr.**

Le succès que ce livre a eu en Angleterre (vingt-sept éditions) dispense de tout commentaire. Le guide que nous avons placé dans notre Bibliothèque en est la troisième édition française. M. Mariot-Didieux, le savant vétérinaire, en acceptant la revision de cette édition, s'est attaché à supprimer dans le texte original des formules trop compliquées, à en simplifier d'autres et en ajouter de nouvelles. Ainsi entièrement refondu, l'ouvrage est véritablement un traité complet sur les maladies du chien, traité auquel un chapitre sur l'art de mégisser les peaux pour en faire des tapis sert de complément.

CHAUFFEUR (*Manuel du*), guide pratique à l'usage des mécaniciens, des chauffeurs et des propriétaires de machines à vapeur; exposé des connaissances nécessaires, suivi de conseils afin d'éviter les explosions des chaudières à vapeur, par JAUNEZ, ingénieur civil. 2e édition. 1 volume, 37 figures dans le texte et planches . . . .   **2 fr.**

Cet ouvrage est spécialement destiné aux chauffeurs, comme l'indique son titre. Les bons chauffeurs pour l'industrie privée sont rares et, par conséquent, recherchés. Les personnes qui ont des machines à vapeur ne sont que trop souvent obligées d'employer pour chauffeurs des hommes qui manquent non seulement des connaissances indispensables pour remplir un tel emploi, mais quelquefois même de la moindre instruction pratique. Dans de telles circonstances, il y a évidemment danger, et c'est pourquoi nous avons publié cet ouvrage, afin qu'il soit mis dans les mains de tous les ouvriers qui, sans savoir le premier mot de la théorie de la chaleur ni de la mécanique, seront à même, après l'avoir lu attentivement, de conduire une machine à vapeur. Cet ouvrage doit être dans leurs mains comme un catéchisme qui viendra leur apprendre leur métier.

Extrait de la table des matières : — Pression de l'air. — Baromètre. — Compression de l'air. — Pompes. — Du calorique. — Thermomètre. — Quantité d'eau nécessaire à la condensation de l'eau. — De la vapeur d'eau. — Des moyens pour connaître la force de la vapeur. — Manomètre. — Soupapes de sûreté. — Conduite du feu. — Chaudière. — Giffard. — Incrustations et dépôts dans les chaudières. — Des soins et de l'entretien des machines à vapeur. — Résumé des moyens ayant pour but d'éviter les explosions. — Mise en marche des machines à vapeur. — Renseignements généraux, etc.

CHEMINS DE FER (*Traité de l'exploitation des*), ouvrage composé de deux parties, précédé d'une préface de M. Jules Favre, par Victor Emion.

Première partie. — **VOYAGEURS ET BAGAGES. .** 4 fr.

Deuxième partie. — **MARCHANDISES. . . . . . .** 4 fr.

Aujourd'hui que tout le monde voyage, le manuel de M. V. Emion est devenu un guide indispensable. Il fait connaître à chacun ses droits et ses devoirs vis-à-vis des compagnies : il prend le voyageur chez lui, le mène à la gare, le suit à son départ, pendant sa route, à son arrivée, et le ramène à son domicile ; il prévoit toutes les difficultés, toutes les contestations, et en donne la solution fondée sur la loi, les règlements, la jurisprudence et l'équité.

Dans la seconde partie, M. Emion traite avec beaucoup de détails l'organisation du service des marchandises, les tarifs, les formalités exigées pour la remise des marchandises en gare, l'expédition, la livraison, enfin tout ce qui concerne les actions à intenter aux compagnies, soit pour avaries, soit pour retard, perte, négligence, etc.

CHEMINS DE FER (*Album des*), résumé graphique du cours professé à l'Ecole centrale des arts et manufactures. 4e édition, par G. Cornet, répétiteur à l'École centrale des arts et manufactures de Paris. 1 vol. texte et 74 planches gravées sur acier . . . . 10 fr.

CHEVAL (*Élevage et dressage du*), par de Sourdeval. 1 vol. — **En préparation.** —

CHIMIE (*Introduction à l'étude de la*), contenant les principes généraux de cette science, les proportions chimiques, la théorie atomique, le rapport des poids atomiques avec le volume des corps, l'isomorphisme, les usages des poids atomatiques et des formules chimiques, les combinaisons isomériques des corps catalyptiques, etc., accompagnée de considérations détaillées sur les acides, les bases et les sels, traduit de l'allemand par Ch. Gérhardt, augmentée d'une table alphabétique des matières présentant les définitions techniques et les relations des corps, par J. Liebig. 1 volume . . . . 3 fr.

L'accueil favorable que cette traduction a rencontré en France rappelle le succès obtenu en Allemagne par l'édition originale de l'illustre savant, considéré à juste titre comme l'un des princes de la chimie moderne.

CHIMIE (*Éléments de*), par le Dr SACC, professeur à l'Académie de Neuchâtel (Suisse), membre correspondant de la Société nationale de l'agriculture, professeur à Genève, etc. 2 volumes.

PREMIÈRE PARTIE. — **CHIMIE MINÉRALE** ou synthétique. 1 vol . . . . 3 fr. »

SECONDE PARTIE. — **CHIMIE ORGANIQUE** ou asynthétique. 1 vol. . . . . 3 fr. »

Ce petit traité, comme le dit l'auteur, n'a qu'une ambition, celle de faire aimer cette admirable science, d'en exposer aussi brièvement que possible le champ immense de manière à la rendre abordable à tous. C'est la première tentative d'une *chimie naturelle* et pure. L'auteur, laissant de côté tous les systèmes, aborde donc une voie qui doit devenir féconde.

CHIMIE GÉNÉRALE ÉLÉMENTAIRE, d'après les principes modernes, avec les principales applications à la médecine, aux arts industriels et à la pyrotechnie, comprenant l'analyse chimique qualitative et quantitative. Ouvrage publié avec l'approbation de M. le ministre de la Marine et des Colonies, par Frédéric HÉTET, professeur de chimie aux écoles de la marine, pharmacien en chef, officier de la Légion d'honneur, membre de plusieurs sociétés savantes. 2 volumes avec 174 figures dans le texte. . . . . 10 fr.

SOMMAIRE DES PRINCIPAUX CHAPITRES. — Nomenclature chimique. — Notation chimique. — Lois des combinaisons. — Théorie atomique. — Acides. — Sels. — Éléments monoatomiques. — Série du chlore. — Série du brome. — Série de l'iode. — Fluor. — Série du cyanogène. — Métalloïdes diatomiques. — Série de l'oxygène. — Protoxyde d'hydrogène. — Eau. — Eaux potables. — Série du soufre. — Métalloïdes triatomiques. — Série du bore. — Métalloïdes tripentatomiques. — Série de l'azote. — Combinaisons de l'azote avec l'hydrogène. — Composés oxygénés de l'azote. — Agents explosifs modernes. — Analyse de l'acide azotique. — Série du phosphore. — Combinaisons oxygénées du phosphore. Série de l'arsenic. — Série de l'antimoine. — Bismuth. — Uranium. — Tableau résumé des azotoïdes. — Métalloïdes tétratomiques. — Série du silicium. — Série du carbone. — Gaz d'éclairage. — Combinaisons avec l'oxygène. — Sulfure de carbone. — Feux liquides de guerre. — Dosage du carbone. — Analyse des gaz et des mélanges gazeux. — Série de l'étain. — Généralités sur les métaux. — Métaux positifs. — Première classe. — Monoatomiques. — Potassium. — Poudres. — Alcalimétrie. — Sodium. — Fabrication de la soude. — Lithium. — Analyse spectrale. — Rubidium. — Césium. — Thallium. — Argent. — Alliages d'argent. — Azotate d'argent. — Réaction des sels d'argent. — Dosage de l'argent. — Métaux de la deuxième classe ou biatomique. — Calcium. — Oxydes de calcium. — Usages de la chaux. — Sulfures de calcium. — Plâtre. — Cuisson du plâtre. — Phosphates calciques. — Carbonate de calcium. — Baryum. — Strontium. — Magnésium. — Oxyde de magnésium. — Zinc. — Oxyde de zinc. — Cadmium. — Cuivre. — Laitons. — Bronzes. — Oxyde de cuivre. — Acétate de cuivre. — Réactions des sels de cuivre. — Mercure. — Chlorure de mercure. — Iodure de mercure. — Sul-

fate de mercure. — Fulminate de mercure. — Plomb. — Oxyde de plomb. —
Minium. — Céruse. — Cobalt. — Nickel. — Chrome. — Manganèse. — Oxydes
de manganèse. — Bioxyde de manganèse. — Fer. — Préparation de l'acier. —
Usages du fer et de l'acier. — Propriété du fer et de l'acier. — Combinaisons
du fer. — Analyse des combinaisons du fer. — Analyses des fontes et aciers.
— Métaux triatomiques. — Or. — Dorure. — Métaux tétratomiques. — Molyb-
dène. — Platine. — Amorces à fil de platine. — Osmium. — Iridium. — Palla-
dium. — Aluminium. — Aluns. — Kaolins. — Argiles. — Mortiers. — Ciments.
— Poteries. — Bétons. — Action de l'eau de mer. — Mastics. — Photographie.

CHIMIE INORGANIQUE appliquée à l'agriculture (Voir Sciences physiques, page 57).

CHIMIE ORGANIQUE appliquée à l'agriculture
(Voir Sciences physiques, page 57).

CHIMISTE-AGRICULTEUR (*Manuel du*), par
A.-F. POURIAU. 1 volume avec 148 figures dans le texte,
et de nombreux tableaux, suivi d'un appendice. . . 6 fr.

Ce volume forme en quelque sorte le complément de la *Chimie organique* et
de la *Chimie inorganique*. Il fait connaître les diverses manipulations qui sont
décrites avec un très grand soin. Il contient, en outre, un grand nombre d'indications d'une utilité toute pratique.

L'intention de l'auteur en le publiant a été d'offrir aux personnes qui s'occupent de chimie agricole un guide renfermant la description des méthodes les
plus simples à suivre dans l'analyse des divers composés naturels ou artificiels
qui sont du domaine de l'agriculture. Désireux de mettre son livre à la portée
de tout le monde, l'auteur a toujours eu le soin, dans l'exposé de ses méthodes,
d'établir deux catégories d'essais. Les unes essentiellement pratiques et accessibles à tous, et les autres plus exactes et qui exigent une plus grande habitude
des manipulations chimiques.

CHOIX D'UNE CARRIÈRE (*Le*), par MORTIMER
D'OCAGNE. 1 vol. — **En préparation.** —

CODE DES BRIS ET NAUFRAGES (Voir Bris
et Naufrages, page 20).

COLLODION SEC (*Manuel pratique de*) au tanin et
de tirage économique des épreuves positives, suivi d'une
étude sur la rectitude et le parallélisme des lignes en photographie, par le comte Ludovico de COURTEN, photographe.
1 volume avec figures dans le texte et une très belle
photographie. . . . . 4 fr.

CONFÉRENCES AGRICOLES (*Guide pratique
des*), accompagné d'un appendice comprenant des notes
et des instructions pratiques puisées dans les Annales du
Génie civil, par L. GOSSIN, cultivateur, professeur d'agriculture dans l'Oise. 1 volume. . . . . 1 fr.

(Ouvrage recommandé officiellement pour les écoles normales, etc.)
Dans les grandes villes, on tient des conférences ; M. Gossin a rêvé les conférences au village, des conversations intimes, familières, fructueuses. Dévoué depuis de longues années à l'enseignement rural, M. Gossin possède de plus l'art
de la démonstration facile, et sa parole sympathique est écoutée avec plaisir et
par conséquent avec fruit.

CONSEILLERS GÉNÉRAUX (*Manuel des*). Loi organique des conseillers généraux, avec les commentaires officiels, par J. ALBIOT. (*Code départemental.*) 1 volume. 4 fr.

Cet ouvrage peut être considéré comme un aide-mémoire à l'aide duquel les
personnes notables appelées, en qualité de conseillers généraux, à discuter les
intérêts de leur département, trouveront de nombreux renseignements relatifs
à la législation qu'ils auront à appliquer.

CONSEILLERS COMMUNAUX (*Manuel des*). 1 vol. — En préparation. —

CONSTRUCTEUR (✳ *Guide pratique du*). Dictionnaire des mots techniques employés dans la construction, à l'usage des architectes, propriétaires, entrepreneurs de maçonnerie, charpente, serrurerie, couverture, etc., renfermant les termes d'architecture civile, l'analyse des lois de voirie, des bâtiments, etc., par L.-P. PERNOT, officier de la Légion d'honneur, architecte-vérificateur des travaux publics. Nouvelle édition, corrigée, augmentée et entièrement refondue, par C. TRONQUOY, ingénieur civil, et Ch. BAYE. 1 volume . . . . 4 fr.

CONSTRUCTEUR (Voir Maçonnerie, page 43).

CONSTRUCTIONS A LA MER (*Études et notions sur les*), par BOUNICEAU, ingénieur en chef des ponts et chaussées. 1 volume avec atlas de 44 planches in-4°, dont plusieurs doubles . . . . 18 fr.

Cet ouvrage est le résumé d'études longues et consciencieuses d'un des ingénieurs en chef les plus distingués du corps national des ponts et chaussées.
M. Bouniceau a attaché son nom à des travaux d'une haute importance. Son
travail devra être médité par tous ceux qu'intéressent les nouveaux développements que doivent prendre les constructions conçues en vue d'amé-
liorer les ports de mer et les ouvrages nécessaires à la préservation des côtes.
L'atlas qui accompagne ces études est remarquable sous le rapport du choix
des planches et de leur exécution.
Définitions et préliminaires. — Avant-ports. Bassins. Darses. — *Môles ou
brise-lames.* — Môles à claire-voies. Môles anciens. Môles modernes. — *Jetées.*
Ports à marée. Chenaux. Dragues. Musoirs. Remorquage à vapeur dans les
chenaux. — *Ports d'échouage :* Épaisseur des quais. Écluses. Portes d'èbe et de
flot. Manœuvre des portes. Pose des portes. Ponts sur les écluses. *Bassins à
flot :* leur forme, leur largeur, leur superficie. Valeur des places à quai. —
Nettoyage des ports. — *Ouvrages pour la construction et le radoubage des na-*

vires : Cales de construction. Cales de débarquement. Machines élévatoires. —
*Ports dans les rivières à marée. — Canaux maritimes. — Ouvrages à l'issue
des ports de commerce.* Phares. Phares en fer sur pieux à vis. Phares flottants.
Feux de port. Bouées, Balises. — *Matériaux de construction. Mortiers.* Pierres,
sables, chaux et ciments. Fabrication des mortiers. Briques, bois. Fondations
par épuisement. Fondations mixtes sur pilotis. Fondations en rade.

CORPS GRAS INDUSTRIELS (*Guide pratique
de la connaissance et de l'exploitation des*), contenant l'histoire des provenances, des modes d'extraction, des propriétés physiques et chimiques, du commerce des corps
gras, des altérations et des falsifications dont ils sont
l'objet, et des moyens anciens et nouveaux de reconnaître
ces sophistications. Ouvrage à l'usage des chimistes, des
pharmaciens, des parfumeurs, des fabricants d'huiles, etc.,
des épurateurs, des fondeurs de suif, des fabricants de
savon, de bougie. de chandelle, d'huile et de graisses pour
machines, des entrepositaires de graines oléagineuses et de
corps gras, etc., par Th. CHATEAU, chimiste, ex-prépara-
teur au Muséum d'histoire naturelle. 2° édition, augmentée
d'un appendice. 1 volume avec tableaux. . . . . 4 fr.

M. Chateau, en publiant la première édition de cet ouvrage, avait eu pour
but de donner aux chimistes et aux manufacturiers une histoire aussi complète
que possible des corps gras industriels employés tant en France qu'à l'étranger,
et considérés au point de vue de leur provenance, de leur extraction, de leur
composition, de leurs propriétés physiques et chimiques, de leur commerce et
de leurs altérations spontanées ou frauduleuses.

Dans la nouvelle édition, M. Chateau a ajouté à sa monographie des corps
gras un appendice renfermant quelques corrections indispensables et d'impor-
tantes additions.

COUPE et **CONFECTION** de vêtements de femmes
et d'enfants (*Méthode de*). — Travaux à aiguille usuels.
— Cours de couture en blanc. — Raccommodage. — Méthode de **TRICOT**. — Art de la coupe et de la confection
en général, par Elisa HIRTZ. 1 volume avec 154 figures. . . . . 3 fr.

COTONNIER (*Guide pratique de la culture du*), par
SICARD. 1 volume avec figures dans le texte. . . . . 2 fr.

La culture du cotonnier ne peut convenir qu'à de certaines contrées. M. Sicard, qui l'a expérimentée avec succès et pendant de longues années dans les
provinces du Midi et en Algérie, a publié cet ouvrage pour faire profiter le
public de l'expérience qu'il avait acquise dans la culture de cet arbrisseau.

L'ouvrage est enrichi de dessins exécutés d'après la photographie et d'une
exactitude rigoureuse.

CUBAGE et **ESTIMATION DES BOIS** (Voir
Bois, page 19).

CULTURES EXOTIQUES. Guide pratique de la culture de la **CANNE A SUCRE**, du **CAFIER**, du **CACAOYER**, suivi d'un traité de la **FABRICATION DU CHOCOLAT**, par Bourgoin d'Orli. 1 volume. . . . . 4 fr.

CULTURE MARAICHÈRE (✷ *Manuel pratique de*). 6ᵉ édit., augmentée d'un grand nombre de figures et de plusieurs articles nouveaux. Ouvrage couronné d'une médaille d'or par la Société centrale d'agriculture, d'une grande médaille de vermeil par la Société centrale d'horticulture, par Courtois-Gérard. 1 volume avec 89 figures dans le texte. . . . . 4 fr.

Figure spécimen du *Guide de culture maraîchère*.

Outre les récompenses honorifiques qui viennent d'être mentionnées, l'auteur de ce manuel a obtenu une attestation qui garantit la valeur de son travail aux yeux du public, en même temps qu'elle constate l'exactitude de ses recherches et l'utilité des notions renfermées dans son ouvrage. Cette attestation émane de vingt-cinq jardiniers maraîchers de la ville de Paris qui, après avoir entendu la lecture du travail de M. Courtois-Gérard, déclarent qu'ils lui donnent toute leur approbation, comme étant conforme aux bonnes méthodes de culture en usage parmi eux, et autorisent l'auteur à le publier sous leur patronage.

Cet ouvrage est officiellement recommandé pour les écoles normales, etc. Cette nouvelle édition a été augmentée d'un chapitre sur la culture des porte-graines et d'un vocabulaire maraîcher.

Table des principaux chapitres :

Marais pour culture de pleine terre. — Marais pour culture de primeurs. — Analyse des terres. — De l'établissement d'un jardin maraîcher. — Engrais et pailles. — Outillage. — Diverses opérations. — La culture des porte-graines. — Destruction des insectes. — Des maladies des plantes. — Calendrier du maraîcher ou travaux manuels. — Vocabulaire du maraîcher.

D

DESSINATEUR (✳ *Comment on devient un*), par Viollet-le-Duc. 1 volume, orné de 110 dessins par l'auteur et d'un portrait de Viollet-le-Duc. 11ᵉ édition . . . . . 4 fr.

Extrait de la table des matières. — Notables découvertes. — Comment il est reconnu que la géométrie s'applique à plusieurs choses. — Autres découvertes touchant la lumière et la géométrie descriptive. — Où on commence à voir. — Une leçon d'Anatomie comparée. — Opérations sur le terrain. — Cinq ans après. — Où une vocation se dessine. — Douze jours dans les Alpes. — Conclusion.

DESSIN LINÉAIRE (*Guide pratique pour l'étude du*) et de son application aux professions industrielles, par A. Ortolan, mécanicien chef de la marine de l'Etat, et J. Mesta, mécanicien principal. 1 volume avec un atlas de 41 planches doubles. Le volume, 4 fr.; l'atlas, 2 fr. — L'ouvrage complet . . . . 6 fr.

Cet ouvrage recommandable est aujourd'hui adopté dans plusieurs écoles industrielles; on le trouve dans tous les ateliers. Un dictionnaire des termes techniques lui sert d'introduction, ce qui a permis aux auteurs de donner dans le cours de leur travail des indications sur les détails, sans obliger l'élève à recourir au texte des premières leçons. C'est donc par la nomenclature des instruments indispensables à l'étude du dessin que les auteurs ont débuté, puis arrivant à l'application, ils donnent la définition des lignes géométriques : le point, la ligne droite, brisée, courbe ; arc de cercle, rayon ; les angles. — Tracé des parallèles et des perpendiculaires. — Construction des angles. — Figures géométriques. — Des triangles. — Des quadrilatères. — Tangentes et sécantes à la circonférence. — Angles inscrits et circonscrits à la circonférence. — Polygones réguliers, figures inscrites et circonscrites. — Définition et construction. — Mesure et divisions des lignes. — Mesure des angles. — Rapporteurs. — Des solides. — Du plan horizontal et du plan vertical, des projections, des croquis, de la vis. — Exécution d'un dessin d'après un croquis coté et sur une échelle de convention. — Exécution d'un dessin d'ensemble avec projection de coupe. — Des engrenages ou roues dentées. — De quelques courbes et de leur tracé. — Rédaction et copie d'un dessin. — Dessins ombrés au tire-ligne, du lavis, etc., etc.

DICTIONNAIRE DES FALSIFICATIONS (Voir Falsifications, page 34).

DICTIONNAIRE DU CONSTRUCTEUR (Voir Constructeur, page 26).

DICTIONNAIRE DES TERMES TECHNIQUES (Voir Termes techniques, page 58).

DICTIONNAIRE DES COSMÉTIQUES ET PARFUMS (Voir Parfumeur, page 50).

DOUANE (*Recueil abrégé des lois et règlements sur la*), son organisation, son personnel et ses brigades, par Eugène LELAY, capitaine des douanes. 1 volume. 4 fr.

TABLE DES MATIÈRES. — *Des Douanes et de leur organisation. — Attributions du personnel. — Service actif ou des brigades. — Lois générales relatives au personnel.*

DRAINAGE (*Guide pratique de*); résultats d'observations et d'expériences pratiques, traduit pour l'usage des agriculteurs français par C. Hombourg, par C.-E. KIELMANN, directeur de l'École agricole de Haasenfelde. 1 volume avec figures dans le texte . . . . 2 fr.

La plupart des ouvrages publiés sur le drainage sont le résultat d'études théoriques que l'expérience n'a pas encore sanctionnées. M. Kielmann est entré dans une autre voie : il n'a eu recours à la théorie qu'autant que cela était nécessaire pour expliquer certains phénomènes. Comme il le dit dans sa préface, il voulait offrir à ceux qui commencent à s'occuper du drainage, et même au plus petit cultivateur, un livre à la lecture facile et surtout compréhensible.

Extrait de la table des matières. — Quels sont les terrains qui ont besoin d'être drainés. — De la fabrication des tuyaux, leur longueur, largeur et épaisseur. — Préparation d'une bonne matière pour la confection des tuyaux. — Machine à étirer les tuyaux, préparation de l'argile. — De la cuisson des tuyaux, des travaux préparatoires, nivellement des tranchées, circulation de l'air à travers les tuyaux. — De la quantité d'eau qui s'écoule par les drains, etc.

DROIT MARITIME INTERNATIONAL ET COMMERCIAL (*Notions pratiques de*), par Alph. DONEAUD, professeur à l'École navale. *Aide-mémoire de l'officier de marine*, marine militaire et marine marchande. 1 volume. 3 fr.

Les derniers traités de commerce ont augmenté dans des proportions considérables les relations internationales. Cet ouvrage de M. Doneaud devient donc d'une grande utilité pratique. Nous ajouterons que ce livre commence une série de volumes dont l'ensemble formera, dans notre bibliothèque, l'*Aide-mémoire* de l'officier de marine.

Extrait de la table des matières. — De la mer et des fleuves. — Droit international en temps de paix. — Droit commercial. — Droit maritime international en temps de guerre. — Documents officiels. — Bibliographie des principaux ouvrages à consulter pour le droit des gens en général, le droit international maritime et le droit commercial.

DYNAMITE et AGENTS EXPLOSIFS. 1 volume. — En préparation. —

E

ÉCOLES DE FRANCE (*Les grandes*). Écoles militaires, Écoles civiles, par MORTIMER D'OCAGNE. 3° édit. 1 volume. . . . . 3 fr.

ÉCONOMIE DOMESTIQUE (*Guide pratique d'*), publié sous forme de dictionnaire, contenant des notions d'une *application journalière* : chauffage, éclairage, blanchissage, dégraissage, préparation et conservation des substances alimentaires, boissons, liqueurs de toutes sortes, cosmétiques, hygiène, par le docteur B. LUNEL. 1 vol. 2 fr.

ÉCURIES et **ÉTABLES** (Voir Habitations des animaux, page 37).

ÉLECTRICIEN (*L'Ingénieur*). Guide pratique de la construction et du montage de tous les appareils électriques à l'usage des amateurs, ouvriers et contremaîtres électriciens, par H. de GRAFFIGNY. 1 vol. illust. de 109 fig. 4 fr.

Extrait de la table des matières. — Première partie. — Histoire de l'électricité. — Producteurs chimiques d'électricité. — Piles. — Accumulateurs. — Producteurs mécaniques d'électricité. — Machines électriques. — Unités et mesures, appareils et étalons électriques. — Moteurs pour la production de l'électricité. — Câbles et conducteurs.

Deuxième partie. — Histoire de la lumière électrique. — Constructions et installations de lampes électriques. — Force motrice, sonneries et allumoirs électriques. — Electro-chimie et électro-métallurgie. — Télégraphie électrique. — La téléphonie.

Troisième partie. — Récréations électriques. — La maison d'un électricien. — Applications domestiques. — Procédés et recettes utiles, secrets d'atelier. — Revue générale et conclusion.

ÉLECTRICIEN (*Guide pratique de l'ouvrier*). 1 volume. — En préparation. —

ÉLECTRICITÉ (*Leçons élémentaires d'*) ou exposition concise des principes généraux de l'ÉLECTRICITÉ ET DE SES APPLICATIONS, par SNOW-HARRIS, annotées et traduites par E. GARNAULT, professeur de physique à l'École navale. 1 volume avec 72 figures dans le texte . . . . 3 fr.

Les leçons de M. Snow-Harris ont eu un grand succès en Angleterre. L'auteur s'est surtout attaché à donner des idées saines, pratiques et théoriques sur les principes généraux de l'électricité et les faits les plus simples qu'il démontre à l'aide d'expériences faciles à répéter.

Le traducteur, qui est lui-même un professeur distingué, a ajouté à l'ouvrage anglais des notes dans lesquelles il donne surtout des aperçus sur les principales applications de l'électricité dans l'industrie.

ENGRENAGES (*Traité pratique du tracé et de la construction des*), de la vis sans fin et des cames, par F.-G. DINÉE, mécanicien de la marine, ex-élève de l'École des arts et métiers de Châlons-sur-Marne. 1 vol. et 17 pl.   3 50

Ce livre répond à un besoin, car depuis longtemps il manquait à toute bibliothèque industrielle ; c'est une œuvre de mécanique véritablement pratique.

Il se divise en trois chapitres :

1o Des courbes en usage dans la construction des engrenages ; 2o dimensions des détails et de l'ensemble des engrenages ; 3o tracé des engrenages, des vis sans fin, des cames.

ENTOMOLOGIE AGRICOLE (*Guide pratique d'*), et petit traité de la destruction des insectes nuisibles, par H. GOBIN. 1 volume orné de 42 figures, 2o édit.   4 fr.

Figure spécimen du *Guide d'entomologie agricole*.

Ce traité, d'une lecture attrayante, possède un grand fonds de science. Il se compose de lettres familières adressées à un nouveau propriétaire rural. Tous les insectes qui s'attaquent aux champs et à leurs produits et aux animaux y sont passés en revue, et, ce qui est mieux encore, l'auteur a indiqué le moyen de se débarrasser de cette engeance envahissante. Le livre est terminé par des nomenclatures scientifiques avec les noms français.

ENTREPRISES COMMERCIALES (*Manuel des*). 1 volume. — En préparation. —

ÉPICERIE (*Guide pratique de l'*), ou Dictionnaire des denrées indigènes et exotiques, comprenant : l'étude, la description des objets consommables ; les moyens de constater leurs qualités, leur nature, leur valeur réelle ; les procédés de préparation, d'amélioration et de conservation des denrées, etc. ; contenant, en outre, la fabrication des liqueurs, le collage des vins, et enfin les procédés de fabrication d'une foule de produits que l'on peut ajouter au commerce de l'épicerie, par le docteur B. LUNEL. 1 volume   3 fr.

Le commerce de l'épicerie et des denrées indigènes et exotiques d'un usage journalier est l'un des plus importants et des plus utiles pour la société. Il était regrettable que cette branche si étendue du commerce n'ait pas encore son livre spécial. Sans doute on trouve dans nombre d'ouvrages l'histoire des denrées indigènes et exotiques. Réunir sous forme de dictionnaire toutes ces données éparses, afin de faciliter les renseignements, tel a été le but que s'est proposé le docteur Lunel en publiant son livre sur l'épicerie.

ETHNOGRAPHIE (✳ *Manuel pratique d'*), ou description des races humaines ; les différents peuples, leurs caractères naturels, leurs caractères sociaux, divisions et subdivisions des différentes races humaines, par J. D'OMALLIUS D'HALLOY. 5e édition. 1 volume avec une planche représentant les principaux types. . . . . . 4 fr.

Extrait de la table des matières. — De l'ethnographie en général. — De la race blanche. — Du rameau européen, du rameau arménien, du rameau scytique. — De la race brune, du rameau éthiopien, du rameau indou , du rameau indochinois, du rameau malais. — De la race rouge, du rameau hyperboréen, du rameau mongol, du rameau sinique. — De la race noire. — Des hybrides. — Tableaux de la division du genre humain en races, rameaux, familles et peuples.

EXPROPRIÉS POUR CAUSE D'UTILITÉ PUBLIQUE (*Manuel pratique et juridique des*), suivi de deux tableaux donnant le chiffre de la valeur du mètre de terrain dans Paris, et faisant connaître les principales indemnités accordées aux industriels, négociants et commerçants expropriés, par Victor EMION, avocat à la Cour de Paris, ancien sous-préfet. 1 volume . . . . 1 fr.

F

FALSIFICATIONS (*Guide pratique pour reconnaître les*), ou Dictionnaire des falsifications des substances alimentaires (aliments et boissons), contenant : la description de *l'état naturel ou normal des substances alimentaires* et leur *composition chimique*, les moyens de constater leur nature, leur valeur réelle ; les altérations spontanées, accidentelles, qu'elles peuvent subir, et les moyens de les prévenir ; les altérations et falsifications qui les dénaturent, c'est-à-dire qui en modifient l'aspect, la saveur, les propriétés nutritives, et qui les rendent souvent dangereuses ; enfin les moyens chimiques de rendre sensibles les altérations, falsifications et contrefaçons des diverses substances alimentaires, par le docteur LUNEL. 2° édit. 1 volume. 4 fr.

FÉCULIER et de l'**AMIDONNIER** (*Guide pratique du*), suivi de la conversion de la fécule et de l'amidon en dextrine sèche et liquide, en sirop de glucose, sirop de froment, sirop impondérable ; en sucre de raisin, sucre massé, sucre granulé et cassonade, en vin, bière, cidre, alcool et vinaigre, ainsi que leur application dans beaucoup d'autres industries, par L.-F. DUBIEF. 3e édition. 1 volume avec gravures dans le texte . . . . 4 fr.

Extrait de la table des matières. — Première partie. — Aperçu historique. — Des substances qui contiennent la fécule. — Composition et conservation de la pomme de terre. — Extraction de la fécule. — Lavage, râpage, tamisage, épuration, séchage, blutage. — Des résidus de la pomme de terre. — Du blanchiment de la fécule. — Rendement de la pomme de terre en fécule. — Conservation, vente et falsification. — Caractères et propriétés de la fécule.

Dans la deuxième partie, l'auteur donne la description des procédés à suivre pour fabriquer les amidons.

La troisième et dernière partie vient compléter les deux premières par les renseignements les plus récents.

Dans cet ouvrage, l'auteur s'est appliqué à dégager son texte de toute gêne scientifique ; il a été clair et précis pour mettre son enseignement à la portée de toutes les instructions. Pour chaque sujet, il est entré dans des développements minutieux en indiquant souvent ces tours de mains si indispensables, et que seule, la pratique ordinairement peut apprendre.

FER (*Le*). *Guide pratique du métallurgiste*, son histoire, ses propriétés et ses différents procédés de fabrication, par William FAIRBAIRN, ingénieur civil, membre de la Société royale de Londres, correspondant de l'Institut de France, etc., ouvrage traduit de l'anglais, avec l'approbation de l'auteur, et augmenté de notes et d'un appendice, par M. Gustave MAURICE, ingénieur civil des mines. 1 volume avec 68 figures dans le texte . . . . 4 fr.

Depuis longtemps, le nom de M. Fairbairn fait autorité dans l'industrie du fer. Après avoir tracé l'histoire des progrès de la fabrication du fer, l'auteur donne les analyses des minerais et des combustibles dans leurs rapports avec les résultats des différents procédés de fabrication. M. Maurice a complété sa traduction par des notes et un appendice. Il a éliminé tout ce que le texte original pouvait présenter de trop exclusivement rédigé en vue de la métallurgie anglaise.

Extrait de la table des matières. — Histoire de la fabrication du fer. — Les minerais des différentes parties du monde. — Les combustibles : charbon de bois, tourbe, coke, houille. — Production des combustibles dans le monde entier. — Réduction des minerais. — Transformation de la fonte en fer. — Des machines employées pour forger le fer. — La forge. — Le procédé Bessemer. — Fabrication de l'acier. — Trempe et recuite de l'acier. — De la résistance et des autres propriétés mécaniques de la fonte, du fer et de l'acier. — Composition chimique de la fonte. — Statistique de l'industrie sidérurgique, etc.

FERMENTS ET FERMENTATIONS. *Travailleurs et malfaiteurs microscopiques*, par I.-A. REY. 1 volume avec figures . . . . 4 fr.

Microbes de l'eau

Extrait de la table des matières. — Fermentation alcoolique. — Saccharomyces. — Le vin, la bière, le pain, l'alcool de grain, boissons fermentées. — Ferments des maladies du vin. — Fermentations par oxydation, lactique, caséique, putrides, butyrique. — Microbes des maladies contagieuses. — Microbes coloristes.

G

GÉOGRAPHIE (*Traité de*) physique, ethnographique et historique à l'usage des artistes, des écoles d'architecture et des gens du monde, par O. LESCURE, professeur à l'École centrale d'architecture. 1 volume.   3 fr.

Ce traité est le développement du programme de géographie sur lequel sont interrogés les candidats à l'École spéciale d'architecture.

GÉOLOGUE (*Manuel du*), par DANA, traduit et adapté de l'anglais par W. HOUTLET. 1 volume avec 363 figures. 2e édition. . . . . : . . . . . . 4 fr.

TABLE DES MATIÈRES. — *Introduction.* — *Géologie physiographique.* — Traits généraux de la surface terrestre. — Système des formes terrestres. — *Géologie lithologique.* — Constitution des roches. — Condition et structure des masses rocheuses. — Règne animal. — Règne végétal. — *Géologie historique.* — Age archéen. — Temps paléozoïque. — Temps mésozoïque. — Temps cénozoïque — Ere de l'intelligence. — *Observations générales sur l'histoire géologique.* — Durée des temps géologiques. — Progrès de la vie. — *Géologie dynamique.* — Vie. — Atmosphère. — Eau. — Chaleur. — Mouvements dans la croûte terrestre et leurs conséquences. — *Appendice.* — Instruments de géologie. — Échantillons.

Gravure spécimen du *Manuel du Géologue.*

GÉOMÈTRE ARPENTEUR (*Guide pratique du*), comprenant l'arpentage, le nivellement, le levé des plans et le partage des propriétés agricoles, avec un appendice sur le calcul des solides; 3° édition, entièrement refondue, par P.-G. GUY, ancien élève de l'Ecole polytechnique, officier d'artillerie. 1 volume avec 183 figures. . . . . 4 fr.

L'auteur, en publiant cet ouvrage, a eu pour intention d'en faire un *vademecum* utile aux ingénieurs, aux conducteurs des ponts et chaussées, aux agents voyers, géomètres, arpenteurs, etc. Son format portatif permet de pouvoir le consulter sur le terrain ; il est un abrégé d'un grand nombre d'ouvrages encombrants, dont il présente toutes les données nécessaires pour connaître et vérifier la contenance des pièces de terre et pour en construire un plan exact.

GÉOMÉTRIE ÉLÉMENTAIRE (*Leçons de*), par Ch. ROZAN, professeur de mathématiques. 1 volume avec un atlas de 31 planches doubles. Le volume, 4 fr.; l'atlas, 2 fr.; l'ouvrage complet. . . . . 6 fr.

En résumant les principes essentiels de la géométrie élémentaire, ceux qui conduisent directement à la mesure des lignes, des surfaces et des corps, l'auteur s'est attaché surtout à faire sentir la liaison qui existe entre ces principes, la manière dont ils découlent les uns des autres par un enchaînement continuel de déductions et de conséquences. Il s'est donc attaché à couper le discours aussi peu que possible, et à dire d'une seule traite tout ce qui se rattache à un même ordre de questions. Il le dit très brièvement, pour ne pas fatiguer l'attention ou faire perdre de vue le point de départ ; cette rapidité des démonstrations n'a cependant rien ôté à leur clarté.

H

HABITATIONS DES ANIMAUX (✳ *Guide pratique pour le bon aménagement des*), par E. GAYOT, membre de la Société centrale d'Agriculture de France. Cet ouvrage se compose de 2 parties.

1re partie : ✳ les **ÉCURIES ET LES ÉTABLES**. 1 volume avec 63 figures. . . . . 3 fr.

2e partie : ✳ les **BERGERIES ET LES PORCHERIES**, les habitations des animaux de la basse-cour, clapiers, oiselleries et colombiers. 1 volume avec 65 figures . . . 3 fr.

Aucun animal ne saurait être développé dans ses facultés natives, dans ses aptitudes propres, et produire activement dans le sens de ces dernières, si on ne le place dans les meilleures conditions d'alimentation, de logement, de multiplication. M. Gayot, avec l'autorité d'une longue expérience, a réuni dans ces deux volumes les conditions générales d'établissements et les dispositions particulières aux diverses espèces d'animaux.

1re PARTIE. — Écuries et Étables. *Extrait de la table des matières.* — Le sujet à vol d'oiseau. — Des effets de l'air pur et de l'air vicié sur l'économie animale. — L'aération : les portes et fenêtres, barbacanes et ventilateurs. *Dispositions particulières aux diverses espèces* : les dimensions intérieures, encore les portes et fenêtres, de l'aire des écuries, le plancher supérieur des écuries, arrangement intérieur et ameublement des écuries, les séparations, les boxes, établissements spéciaux, la température des écuries. *Les étables de l'espèce bovine* : l'aération, l'aire des étables, les dimensions et l'aménagement intérieurs, les boxes, règle d'hygiène générale, établissements spéciaux.

2e PARTIE. — Les Bergeries : de l'habitation en plein air, le parc des champs, le parc domestique, les abris brise-vent. — DE L'HABITATION COUVERTE : conditions particulières à l'établissement des bergeries, les portes et fenêtres, l'aération, les bâtiments, les aménagements intérieurs, auges et râteliers. — LA PORCHERIE : les conditions spéciales, la construction, les portes et fenêtres, les aménagements essentiels, les auges, dispositions particulières de l'ensemble. — *Les habitations de la basse-cour* : l'habitation du dindon, l'habitation de l'oie, la demeure du canard, le colombier et la volière, la faisanderie, etc., etc.

HERBORISEUR (✻ *Manuel de l'*). Comment on devient botaniste. — Clefs analytiques. — Description des genres et des espèces, suivie d'un vocabulaire. par E. GRIMARD. 6ᵉ édition. 1 volume . . . . 4 fr.

HYDRAULIQUE ET D'HYDROLOGIE souterraine et superficielle (*Guide pratique d'*), ou traité de la science des sources, de la création des fontaines, de la captation et de l'aménagement des eaux pour tous les besoins agricoles et industriels, par LAFFINEUR. 1 volume avec figures . . . . 3 fr. 50

HYDRAULIQUE URBAINE ET AGRICOLE (*Guide pratique d'*). LAFFINEUR, ingénieur civil. 1 volume. — Epuisé. —

HYGIÈNE ET DE MÉDECINE USUELLE (*Guide pratique d'*), complété par le traitement du *choléra épidémique*, par Victor LUNEL. 1 volume . . . . . . 2 fr.

Ce livre ne s'adresse à aucune spécialité de lecteurs et convient à tout le monde. Il se subdivise en hygiène privée et en hygiène publique.

Figure spécimen de *Habitations des animaux*. (Voir page 37.)

I

INGÉNIEUR AGRICOLE (*Guide pratique de l'*). Hydraulique, dessèchement, drainage, irrigation, etc.; suivi d'un appendice contenant les lois, décrets, règlements et instructions ministérielles qui régissent ces matières, etc., par Jules LAFFINEUR, ingénieur civil et agronome, membre de plusieurs sociétés savantes. 1 volume avec figures et 3 planches. . . . . 3 fr.

Extrait de la table. — Classification des terrains. — Travaux de dessèchement, évaporation, infiltration. — Jaugeage des sources, des ruisseaux et rivières. — Tracé des canaux. — Description des procédés de dessèchement, colmatage, limonage, du drainage. — Irrigation, établissement d'un système d'irrigation. — Murs de soutènement des canaux, revêtements, radiers, déversoirs, barrage, siphon. — Des diverses méthodes d'arrosage. — Mise en culture des terrains à grandes pentes. — Jurisprudence rurale.

INGÉNIEUR ÉLECTRICIEN (Voir Électricien, page 31).

INTRODUCTION A L'ÉTUDE DES BEAUX-ARTS, par CARTERON. 1 volume. — En préparation.

EXTRAIT DE LA TABLE DES MATIÈRES : *La Peinture.* — Étude pratique et raisonnée du dessin.
Genres différents de la Peinture. — Peinture d'histoire et peinture religieuse. — Peinture de genre. — Portrait. — Paysage.
Histoire de la Peinture et aperçu des différentes écoles. — *Sculpture et statuaire.* — *Histoire de la sculpture.* — *L'Architecture.* — *Les Artistes.*

INTRODUCTION A L'ÉTUDE DE LA CHIMIE (Voir Chimie, page 23).

INTRODUCTION A L'ÉTUDE DE LA PHYSIQUE (Voir Physique, page 51).

INVENTEURS en France et à l'Étranger (*Les droits des*). Conseils généraux. — Brevets d'invention. — Péremption. — Vente. — Licences. — Exploitation. — Géographie industrielle. — Marques de fabrique. — Dessins. — Objets d'utilité, par H. DUFRENÉ, ingénieur civil, ancien élève de l'École des arts et manufactures. 1 volume . . . . 3 fr.

J

JARDINAGE (✳ *Manuel pratique de*), contenant la manière de cultiver soi-même un jardin ou d'en diriger la culture. 9ᵉ édition, par COURTOIS-GÉRARD, marchand grainier, horticulteur. 1 volume avec 1 planche et de nombreuses figures dans le texte . . . . 4 fr.

Gravure spécimen du *Manuel de jardinage*.

Nous renvoyons à la note accompagnant le *Manuel de culture maraîchère*, pour les titres de M. Courtois-Gérard, à la confiance publique. Dans le *Manuel du jardinier*, les jardiniers de profession trouveront des conseils, des détails nouveaux et des renseignements pratiques qu'ils peuvent ignorer ; le propriétaire et l'amateur de jardin y puiseront des instructions précises et claires qui leur éviteront toute espèce de méprises et d'erreurs.

Sommaire des principaux chapitres :

Dispositions générales d'un jardin potager. — Calendrier. — Travaux de chaque mois. — Les outils. — Les défoncements. — Les fumiers. — Les arrosements. — Les couches. — Semis. — Repiquages. — Marcottes. — Boutures. — De la greffe. — De la conservation des plantes. — Les maladies des plantes potagères. — La culture des arbres fruitiers. — La culture des arbres d'agrément. — Destruction des animaux nuisibles, etc.

JOAILLIER (*Guide pratique du*), ou Traité complet des pierres précieuses, leur étude chimique et minéralogique, les moyens de les reconnaître sûrement, leur valeur approximative et raisonnée, leur emploi, la description des plus extraordinaires des chefs-d'œuvre anciens et modernes auxquels elles ont concouru, par CH. BARBOT, ancien joaillier, inventeur du procédé de décoloration du diamant brut, membre de plusieurs sociétés savantes. 1 vol. avec 3 planches renfermant 178 figures représentant les diamants les plus célèbres de l'Inde, du Brésil et de l'Europe, bruts et taillés, et les dimensions exactes des brillants et roses en rapport avec leur poids, depuis un carat jusqu'à cent carats. Nouvelle édition, revue, corrigée et annotée par CH. BAYE. 1 vol. . . . 4 fr.

L

LAINE peignée, cardée, peignée et cardée (*Traité pratique de la*), contenant : 1re *partie*, mécanique pratique, formules et calculs appliqués à la filature : 2º *partie*, filature de la laine peignée, cardée peignée, sur la Mull-Jenny; 3º *partie*, filage anglais et français sur continu; 4º *partie*, laine cardée, par Charles LEROUX, ingénieur mécanicien, directeur de filature. 1 volume avec 32 figures dans le texte et 4 planches. . . . . 15 fr.

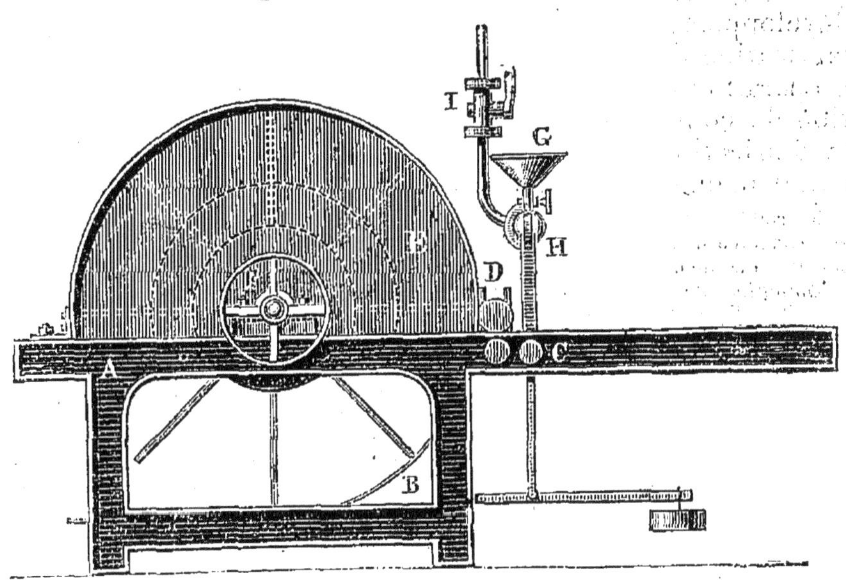

Figure spécimen du *Traité de la Laine.*

Extrait de la table des matières. — Choix d'un moteur. — Transmissions. — Arbres de couche. — Courroies. — Poulies. — Engrenages. — Frottements. — Force des moteurs. — Leviers. — Fabrication. — Triage des laines. — Caractères des laines. — Main-d'œuvre du triage. — Battage. — Nettoyage des laines. — Dessuintage. — Dégraissage. — Graissage des laines. — Disposition mécanique d'un assortiment de cardes. — Aiguisement des garnitures. — Bourrage des garnitures. — Cardages. — Passage au Gill-Box. — Lissage et dégraissage des rubans. — Peignage des laines. — Préparation des laines pour filage français. — Les différents passages. — Filage français sur Mull-Jenny.

LAPINS (✳ *Guide pratique de l'éducation des*), ou Traité de la race cuniculine, suivi de l'Art de mégisser leurs peaux et d'en confectionner des fourrures, par MARIOT-DIDIEUX. 3e édition. 1 volume . . . . . . 2 fr. 50

L'industrie de l'éducation de la race cuniculine est créée et elle marche vers le progrès. C'est dans le but de la voir se propager dans les campagnes que l'auteur a publié cette nouvelle édition de son *Guide pratique*, en l'enrichissant d'un grand nombre de données nouvelles. En résumé, l'auteur démontre qu'aucune viande ne peut être produite à aussi bon marché que celle du lapin. En terminant sa préface, il adjure les habitants des campagnes de se livrer à l'éducation des lapins, parce qu'ils y trouveront, sans beaucoup de soins, une source abondante de bien-être.

LÉGISLATION PRATIQUE (※ *Premiers principes de*), appliquée au Commerce, à l'Industrie et à l'Agriculture, par Maurice BLOCK. 2ᵉ édit. 1 volume . . . ·4 fr.

LIQUEURS (*Traité de la fabrication des*) françaises et étrangères, sans distillation. 6ᵉ édition, augmentée de développements plus étendus, de nouvelles recettes pour la fabrication des liqueurs, du kirsch, du rhum, du bitter. la préparation et la bonification des eaux-de-vie et l'imitation de celles de Cognac, de différentes provenances, de la fabrication des sirops, etc., etc., par L.-F. DUBIEF, chimiste œnologue. 1 volume. . . . . 4 fr.

Ce traité est formulé en termes clairs et familiers ; la personne la moins expérimentée dans l'art du distillateur, qui en lira attentivement les préceptes, pourra, sans aucun guide, devenir un bon fabricant après quelques essais.

Sommaire de quelques chapitres : — De la composition des liqueurs. — Quantités d'alcool, de sucre et d'eau, pour les différentes classes de liqueurs.— Des teintures aromatiques. — Des infusions. — De la coloration des liqueurs. — Du mélange. — Du perfectionnement des liqueurs par le tranchage. — Du collage des liqueurs. — De la filtration. — De la conservation des liqueurs. — Règle générale pour bien opérer la fabrication des liqueurs. — Considérations à observer. — Des spiritueux aromatiques non sucrés. — Emploi des écumes et des eaux provenant du lavage des filtres. — Formules et préparations des sirops. — De l'alcool. — Du coupage ou mouillage des alcools. — Des eaux-de-vie. — Opérations d'eaux-de-vie à tous les titres avec les alcools d'industrie. — Résumé pour les liqueurs, les eaux-de-vie et les alcools. — Appendice. — L'auteur termine cet ouvrage par une liste des principaux marchés des eaux-de-vie, esprits, etc.

LIQUORISTE DES DAMES (*Le*), ou l'art de préparer en quelques instants toutes sortes de liqueurs de table et des parfums de toilette avec toutes les fleurs cultivées dans les jardins, suivi de procédés très simples et expérimentés pour mettre les fruits à l'eau-de-vie, faire des liqueurs et des ratafias, des vins de dessert, mousseux et non mousseux, des sirops rafraîchissants, etc., par L.-F. DUBIEF. 1 volume avec figures dans le texte. 3 fr.

Ce que nous avons dit des autres ouvrages de M. Dubief nous dispense de nous étendre sur celui-ci. C'est aux dames qu'il est adressé, et l'accueil qu'il a obtenu prouve suffisamment combien il est utile dans toute bibliothèque du ménage.

M

✳ MAÇONNERIE —Guide pratique du Constructeur —par A. DEMANET, lieutenant-colonel honoraire du génie, membre de l'Académie royale de Belgique, etc. 1 volume avec tableaux, accompagné de 20 planches doubles renfermant 137 figures gravées sur acier. . . . . 5 fr.

Extrait de la table des matières. — Des tracés. — Des mortiers et mastics. — Des appareils. — De l'exécution des maçonneries. — Echafaudages et cintres. — Outils et appareils. — Décintrements, charges, jointoiement. — Des épaisseurs à donner aux maçonneries. — Évaluations des travaux de maçonnerie. — Travaux divers. — Travaux d'entretien et de restauration. — De l'organisation des chantiers, etc.

MAISON (✳✳ *Comment on construit une*), par VIOLLET-LE-DUC. 1 volume avec 62 dessins par l'auteur. 5ᵉ édition. . . . . 4 fr.

Gravure spécimen de *Comment on construit une maison.* (Voir page 43.)

Extrait de la table des matières. — Plantations de la maison et opérations sur le terrain. — La construction en élévation. — La visite au chantier. — — L'étude des escaliers. — Ce que c'est que l'architecture. — Etudes théoriques. — La charpente. — La fumisterie. — La menuiserie. — La couverture et la plomberie. — L'inauguration de la maison.

MANGANÈSES (Voir Potasses, page 54).

MARCHANDISES (*La liberté et le courtage des*), par V. Emion. Commentaire pratique de la loi du 18 juillet 1866. — **Épuisé.** —

MARCHANDISES (Voir Exploitation des chemins de fer, page 23).

MARÉCHALERIE-FERRURE. 1 volume. — **En préparation.** —

MATIÈRES INDUSTRIELLES (*Guide pratique pour l'essai des*), d'un emploi courant dans les usines, les chemins de fer, les bâtiments, la marine, etc., à l'usage des ingénieurs, manufacturiers, architectes, officiers de marine, etc., par Jules Gaudry, chef du laboratoire des essais au chemin de fer de l'Est. 1 volume avec 37 figures et nombreux tableaux. . . . . 4 fr.

Sommaire des principaux chapitres : Première partie. — *Principes généraux de l'essai chimique.* — I. Composition et décomposition des corps. — II. Principes fondamentaux de l'analyse. — III. Manipulations chimiques. — IV. Marche de l'analyse. — Deuxième partie. — *Méthode d'essai des principales substances d'emploi courant.* — Troisième partie. *Tableaux :* Tableau A. Des principaux corps simples. — B. Division des bases en cinq groupes. — C. Division des acides en trois groupes. — D. Décomposition de l'eau par les métaux. — E. Analyse de l'eau. — F. États des incinérations. — G. Degré oléométrique des huiles. — H. Tableau comparatif des principaux métaux industriels. — Appareils divers pour les essais.

MÉCANICIEN (✳ *Guide pratique de l'ouvrier*), ou la Mécanique de l'atelier, par MM. Bonnefoy, Cochez, Dinée, Gibert, Guipont, Juhel et Ortolan, mécaniciens en chef et mécaniciens principaux de la marine de l'État. 3 volumes avec de nombreuses figures dans le texte et 53 planches. 3e édition revue, corrigée et considérablement augmentée par A. Ortolan. Chaque volume, 4 fr.; l'ouvrage complet. . . . . 12 fr.

Extrait de la Préface. — L'*Ouvrier mécanicien* est un recueil de faits réunis sous la forme de calculs arithmétiques accessibles à toutes les personnes qui savent faire les quatre premières règles. Nous ne saurions trop recommander aux ouvriers qui ne sont plus familiarisés avec les signes et les annotations mathématiques élémentaires, de ne pas croire qu'il y a pour eux quelque difficulté à comprendre les formules écrites dans ce livre et à s'en servir. Les calculs qu'elles résument sous la forme la plus simple sont suivis d'un ou de plusieurs exemples d'application.

Les parties du texte imprimées en caractères plus forts contiennent les indications simples et précises sur le plus grand nombre de cas d'application de la mécanique aux professions industrielles. Ces indications proviennent de l'expérience des ingénieurs et des constructeurs en renom et de celle des auteurs du livre.

Les parties du texte imprimées en petits caractères traitent le côté plus théorique que pratique des questions. On peut se dispenser de les étudier, si on ne veut trouver dans l'*Ouvrier mécanicien* que le secours d'un formulaire pour l'application immédiate.

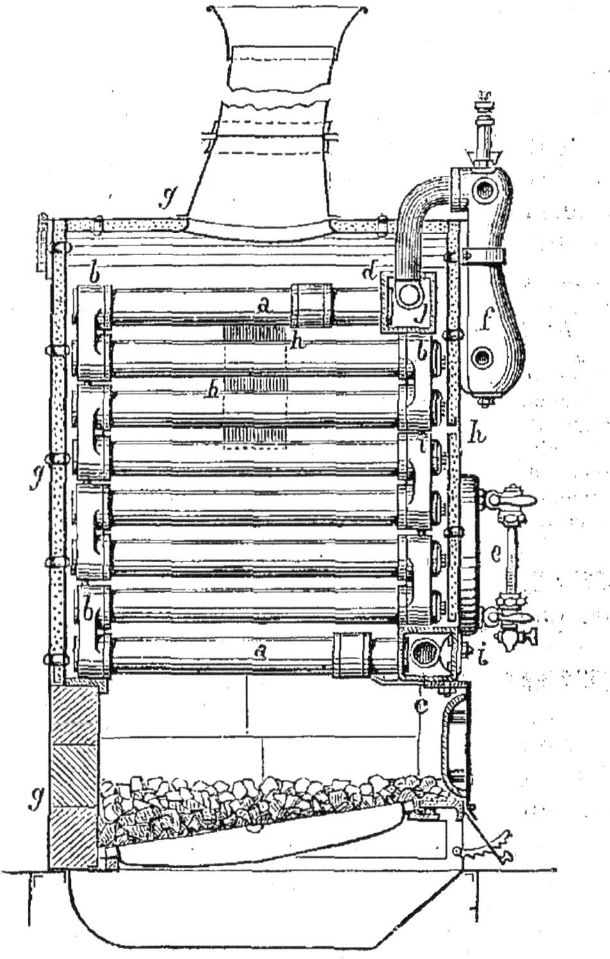

Figure spécimen du *Guide pratique de l'Ouvrier mécanicien*.

Principales divisions de l'ouvrage : Arithmétique. — Algèbre pratique. — Géométrie pratique. — Mécanique élémentaire, forces, transformation des mouvements, résistance des matériaux. — Machines motrices à air, pompes, machines hydrauliques. — Machines à vapeur; de la chaleur, de la vapeur, condensateur, chaudières, données et renseignements divers.

Vingt-cinq tables numériques complètent les données pratiques sur les questions d'application.

MÉCANIQUE (*Introduction à l'étude de la*), par Louis Du Temple, capitaine de frégate en retraite. 1 volume. — **En préparation.** —

MÉDECINE USUELLE (Voir Hygiène et Médecine usuelle, page 38).

MÉTALLURGIE (*Guide pratique de*), ou exposition détaillée des divers procédés employés pour obtenir des métaux utiles, précédé du Dictionnaire des mots techniques employés en métallurgie et de l'essai de la préparation des minerais, par D. L., 1 volume avec 8 planches in-4 gravées sur cuivre comprenant plus de 100 figures . 4 fr.

Extrait de la table des matières : Définition et aperçu de l'histoire de la métallurgie. — Vocabulaire des mots techniques métallurgiques. — Première partie. — *De l'essai des minerais.* — Des essais mécaniques par la voie sèche, la voie humide, d'or, d'argent, de platine, de fer, de cuivre, de zinc, d'étain, de plomb, de plomb argentifère par la coupellation, de mercure, d'antimoine, d'arsenic, de bismuth. — Deuxième partie. — *De la préparation et du traitement des minerais.* — I. De la préparation des minerais ; triage, criblage, bocardage, lavage, grillage. — II. Traitement métallurgique des minerais d'or, d'argent, de platine, de fer, de cuivre, de zinc, d'étain, de plomb, de mercure, antimoine, arsenic, bismuth, etc. — Préparation mécanique. — Amalgamation, etc., etc.

MÉTAUX ALCALINS (Voir Aluminium et Métaux alcalins, page 15).

MÉTÉOROLOGIE AGRICOLE (*Manuel de*) appliquée aux travaux des champs, à la physiologie végétale et à la prévision du temps, par F. Canu, météorologiste-publiciste et Albert Larbalétrier, diplomé de l'Ecole de Grignon, sous-directeur à la ferme-école de la Pilletière, 1 volume avec 3 figures et de nombreux tableaux. . 2 fr.

Extrait de la table des matières : *Notions préliminaires.* — *Chaleur :* Action de la chaleur sur le sol, échauffement, desséchement, action de la chaleur sur la plante, évolution, action physique. — *Lumière :* Production de la chlorophylle, assimilation, transpiration, lumière du sol. — *Humidité de l'air.* — *Brouillard et rosée.* — *Pluie.* — *Froid.* — *Gelées.* — *La neige.* — *Vents.* — *Électricité.* — *Grêle.* — *Les éléments de l'air et le sédiment.* — *Instructions météorologiques.* — *Prévision du temps :* Prévision à longue et à courte échéance, prévisions des gelées nocturnes. — *Tableaux divers.*

MÉTIERS MANUELS (*Le livre des*), répertoire des procédés industriels, tours de main et ficelles d'atelier, recettes nouvelles et inédites, méthodes abréviatives de travail recueillies en vue de permettre aux amateurs, manufacturiers, ouvriers des petites villes et des campagnes d'exécuter aussi bien que les ouvriers spécialistes de Paris tous les travaux usuels d'une utilité journalière, par J.-P. Houzé. 1 volume avec 5 planches hors texte comprenant de nombreux dessins techniques . . . . . . 4 fr.

MINÉRALOGIE USUELLE (*Guide pratique de*).
Exposition succincte et méthodique des minéraux, de leurs caractères, de leur composition chimique, de leurs gisements, de leur application aux arts et à l'industrie, par M. Drapiez. 1 volume . . . . 3 fr.

A la lucidité des définitions et à la simplicité de la méthode d'exposition, ce guide joint un mérite qui n'échappera pas aux hommes pratiques ; il contient la description des 1,500 espèces minérales dont il analyse les caractères distinctifs, la forme régulière et la forme irrégulière, les propriétés particulières, les compositions chimiques et les synonymies, les gisements, les applications dans les arts, dans l'industrie, etc.

MINÉRALOGIE APPLIQUÉE (*Guide pratique de*),
histoire naturelle inorganique ou connaissance des combustibles minéraux, des pierres précieuses, des matériaux de construction, des argiles céramiques, des minerais manufacturiers et des laboratoires, des minerais de fer, de cuivre, de zinc, de plomb, d'étain, de mercure, d'argent, d'antimoine, d'or, de platine, etc., par A.-F. Noguès, professeur de sciences physiques et naturelles. 2 vol. avec 248 figures. Chaque volume, 4 fr.; l'ouvrage complet. 8 fr.

Cet ouvrage a été écrit principalement pour les personnes qui désirent acquérir des notions justes, pratiques et usuelles sur les minerais métallifères et les minéraux employés dans les arts et l'industrie. Les étudiants qui suivent les cours des Facultés, les élèves des Ecoles spéciales et industrielles, les ingénieurs, les élèves des Écoles des mines, les mineurs, les agriculteurs, les directeurs d'exploitations minières, les gardes-mines, les amateurs et les gens du monde qui voudront acquérir des connaissances pratiques en minéralogie, le consulteront avec fruit.

Ce guide a été conçu dans un esprit essentiellement pratique et industriel. M. Noguès, en publiant cet ouvrage, a voulu offrir au public le cours de minéralogie qu'il professe avec tant de succès à l'Ecole centrale des arts et manufactures de Lyon. — Nous ne donnons pas ici la table des matières contenues dans l'œuvre de M. Noguès, elle est trop considérable, mais nous indiquerons le titre des chapitres.

I. Définitions des termes et généralités. — II. Caractères géométriques des minéraux ou cristallogie. — Cristallogie comparée ou morphologie minérale. — Cristallogénie. — Caractères physiques, chimiques et géologiques des minéraux. — Classification des minéraux. — Description des espèces minérales. — Appendice au carbone. — Organolithes. — Classifications.

N

NATURALISTE (*Manuel du*). — Zoologie, par AGASSIZ et GOULD. Traduit par Élisée Reclus. 1 volume. — **En préparation.** —

O

OCTROIS (*Nouveau manuel des*), par E. LAFFOLAY, inspecteur de l'octroi en retraite. 1 volume avec tableaux . . . . 4 fr.

Observations concernant la rédaction des procès-verbaux. — Formulaire pour la rédaction des procès-verbaux les plus usuels en matière d'octroi, en matière de contributions indirectes et d'octroi et en matière de contributions indirectes inclusivement.

OIES et **CANARDS** (*Guide pratique de l'éducation lucrative des*), par MARIOT-DIDIEUX, vétérinaire. 1 volume. . . . . 2 fr. 50

Les ouvrages de M. Mariot-Didieux sont au premier rang parmi ceux qui enrichissent notre bibliothèque. Aussi voulons-nous, pour en mieux faire ressortir le mérite, donner ici le sommaire des principaux chapitres.

1° *L'oie.* — Histoire naturelle. — Races françaises, petite race, grosse race et leurs variétés au nombre de cinq. Races étrangères; elles sont au nombre de douze. — Produits de l'oie, du plumage, de la multiplication, des accouplements, de la ponte, de l'incubation. — Eclosion, nourriture des oisons, nourriture ordinaire des oies. — Logement. — Engraissement. — Foies gras. — Manière de tuer les oies. — Commerce, vente, mégissage des peaux d'oies pour fourrures, — Maladies, hygiène.

2° *Du Canard.* — Histoire naturelle, mœurs. — Races françaises; elles sont au nombre de quatre. — Races étrangères ; on en compte onze principales. — De la ponte. Manière d'augmenter la ponte. — De l'incubation naturelle. — Des canards mulets. — Nourriture et élevage des canetons, engraissement. — Vente des canetons. — Comment on doit tuer le canard. — Du plumage. — Habitation. — Maladies. — Hygiène, etc.

OSTRÉICULTEUR (*Guide pratique de l'*), ou Culture des huîtres et procédés d'élevage et de multiplication des races marines comestibles, histoire naturelle des mollusques et des crustacés. — Causes du dépeuplement progressif des bancs d'huîtres. — Industrie et procédés actuels. — Construction des claires, parcs, viviers, etc. — Exploitation des claires. — Culture des moules. — Élevage des homards, langoustes, etc., par Félix FRAICHE, professeur de sciences mathématiques et naturelles. 1 volume avec figures dans le texte . . . . 3 fr.

Les chemins de fer et la navigation, en diminuant les distances, ont créé pour les races marines comestibles des débouchés qui leur avaient manqué jusqu'alors. De là et d'autres causes que M. Fraiche indique, l'appauvrissement des bancs d'huîtres. L'auteur, qui s'est inspiré des travaux de M. Coste, démontre que l'ostréiculture est une industrie facile à créer et à développer, et qui donne des résultats rémunérateurs à ceux qui savent l'exploiter.

Figure spécimen du *Guide de l'Ostréiculteur*.

P

PAPIER et du **CARTON** (*Guide pratique de la fabrication du*), par A. PROUTEAUX, ingénieur civil, ancien élève de l'École centrale des arts et manufactures, ancien directeur de papeterie. Nouvelle édit. 1 volume avec 8 planches.   4 fr.

EXTRAIT DE LA TABLE DES MATIÈRES. — Historique. — Matières premières. — Fabrication : triage, délissage, blutage, lavage et lessivage, défilage, égouttage, blanchiment, raffinage, collage, matières colorantes, travail de la machine à papier, de l'apprêt. — Fabrication du papier à la cuve ou à la main. — Classification des papiers. — Diverses substances propres à la fabrication du papier. — Papier de paille, papier de bois, papier d'alfa. — Papiers spéciaux. — Analyse chimique des matières employées en papeterie. — Matériel d'une papeterie. — Prix de revient, personnel, administration d'une papeterie. — Fabrication du carton. — Fabrication du papier en Chine et au Japon. — Considérations économiques. — Principaux brevets d'invention français relatifs à l'industrie du papier. — Prix des appareils et des principales matières employées en papeterie.

PARFUMEUR (*Guide pratique du*), dictionnaire raisonné des **cosmétiques et parfums**, contenant : la description des substances employées en parfumerie, les altérations ou falsifications qui peuvent les dénaturer, etc., les formules de plus de 500 préparations cosmétiques, huiles parfumées, poudres dentifrices dilatoires, eaux diverses, extraits, eaux distillées, essences, teintures, infusions, esprits aromatiques, vinaigres et savons de toilette, pastilles, crèmes, etc., par le docteur B. LUNEL. 1 volume rédigé sous forme de dictionnaire avec un appendice. . . . . 4 fr.

La parfumerie est une industrie qui, bien comprise et loyalement faite, se rattache d'un côté à l'hygiène et de l'autre est destinée à satisfaire des goûts et des sensations commandées par le luxe et une civilisation plus ou moins avancée.

M. Lunel divise la fabrication en trois classes : fabrique de parfumerie à bon marché, fabrique dont les produits sont coûteux, et enfin les fabriques mixtes, dans les vastes magasins desquelles ont trouve aussi bien les produits ordinaires que les produits extra-fins.

M. Lunel donne des renseignements précieux sur toutes ces préparations, et son livre a cela de précieux qu'il donne toutes les formules et les secrets de la fabrication.

PERSPECTIVE (*Théorie pratique de la*). Étude à l'usage des artistes peintres, des élèves des Écoles des beaux-arts, des Écoles industrielles. etc., par V. PELLEGRIN, peintre. 1 volume avec 42 figures et 1 planche de 16 figures. . . . . 4 fr.

PHYSIQUE (* *Introduction à l'étude de la*), par Louis Du Temple, capitaine de frégate en retraite. 1 volume avec 146 figures, 2ᵉ édition . . . . 4 fr.

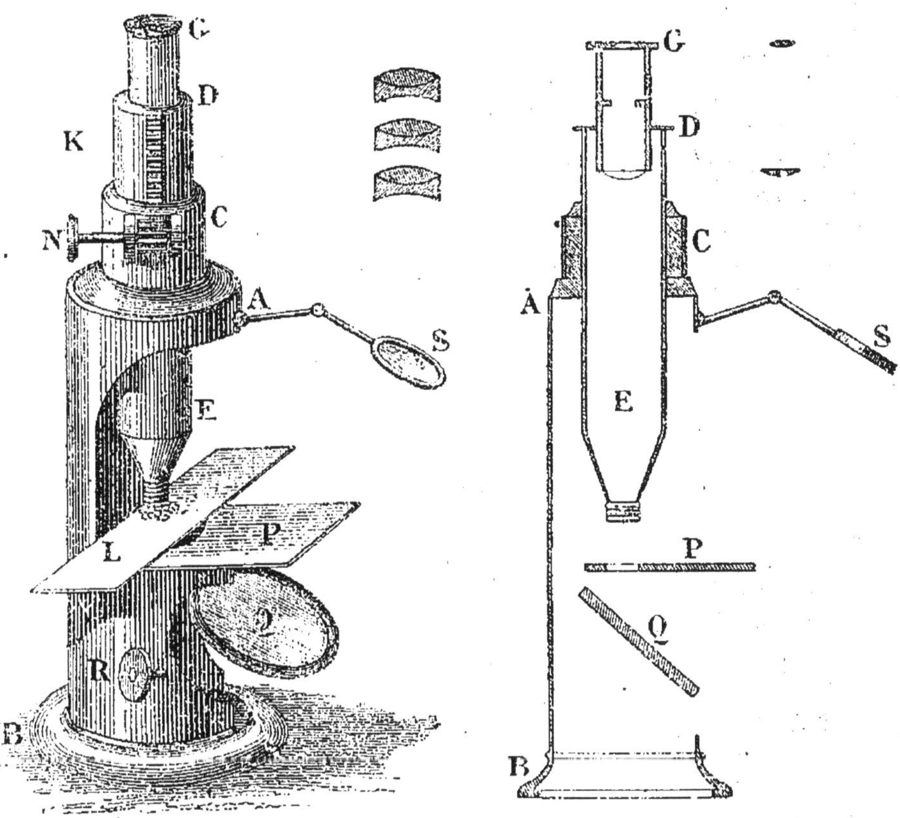

Figure spécimen de l'*Introduction à l'Étude de la physique.*

SOMMAIRE DES PRINCIPAUX CHAPITRES : *Quelques définitions de chimie* : Éléments qui entrent dans la composition des corps. — Nomenclature chimique. — *Introduction.* — *La Force* : Pesanteur. — Actions moléculaires. — *Calorique et Chaleur* : Température. — Mode de propagation de la chaleur. — Changement d'état des corps par la chaleur. — *Lumière.* — Réflexion de la lumière. — Réfraction. — Décomposition et recomposition de la lumière. — Applications diverses des phénomènes de la lumière. — Lunettes. — *Sons.* — Propagation. — Réflexion. — Vibration. — *Électricité.* — *Électro-Magnétisme.* — *Electro-Chimie.*

PHOTOGRAPHE (*L'étudiant*), traité pratique de photographie à l'usage des amateurs, avec les procédés de

MM. Civiale, Bacot, Cavelier, Robert, par A. CHEVALIER.
1 volume avec 68 figures . . . . 3 fr.

Ce livre est un manuel simplifié de photographie. Il sera utile à tous ceux
qui voudront s'occuper des moyens de reproduire la nature à l'aide de la lumière. Comme son titre l'indique, c'est le livre de l'étudiant, et certes nous
n'avons, en le livrant à la publicité, qu'un seul désir, celui d'être utile. Nous
sommes sûrs des procédés indiqués, car nous avons dû expérimenter nous-
mêmes celui relatif au collodion humide.

PIERRES PRÉCIEUSES (Voir Joaillier. page 40).

PISCICULTURE et **AQUICULTURE FLU-
VIALES** (*Manuel de*), appliqué au repeuplement des
cours d'eau et à l'élevage en eaux fermées, par Albert
LARBALÉTRIER, diplômé de l'École d'agriculture de Grignon, ancien élève libre de l'Institut national agrono-
mique, ex-professeur de pisciculture, etc., 1 volume avec
figures et tableaux. . . . . 4 fr.

EXTRAIT DE LA TABLE DES MATIÈRES. — *Pisciculture d'eau douce.* — Notions
préliminaires. — PREMIÈRE PARTIE : *Les Poissons.* — Considérations générales.
— Organisation des poissons. — Classification des poissons. — Description des
ordres de poissons. — Nature des eaux douces. — Description, mœurs et genre
de vie des principales espèces de poissons. — DEUXIÈME PARTIE : *Les procédés
de multiplication et d'élevage.* — La Pisciculture naturelle : les Étangs, aménagement des cours d'eau. — La Pisciculture artificielle : Acclimatation des
poissons, Fécondations artificielles, Incubation et éclosion, Alevinage et élevage, transport des œufs et des poissons, Frayères artificielles, Ennemis des
Poissons. — TROISIÈME PARTIE : *Pêche en eau douce et législation.* — Pêche à
la ligne, Pêche au filet. — Législation : Lois et règlements, Historique et considérations générales. — QUATRIÈME PARTIE : *Culture spéciale des Crustacés et
Annélides d'eau douce.* — Écrevisse, Sangsues.

PLANTES FOURRAGÈRES (*Guide pratique pour
la culture des*), par A. GOBIN, ancien élève de l'École de
Grand-Jouan, ancien directeur de la colonie pénitentiaire
du Val-d'Yèvres (Cher). 1 volume avec de nombreuses
figures. . . . . 4 fr.

Première partie. — **PRAIRIES NATURELLES, PATU-
RAGES.**

Figure spécimen du *Guide pratique pour la culture des Plantes fourragères.*

Deuxième partie. —**PRAIRIES ARTIFICIELLES, PLANTES, RACINES.**

Figure spécimen du *Guide pratique pour la culture des Plantes fourragères.*

Les fourrages sont la base de toute culture, et il est admis aujourd'hui, par tous les agriculteurs intelligents, que pour avoir du blé il faut faire des prés. M. Gobin, guidé par sa grande expérience, a voulu rédiger un guide tout pratique indiquant tout ce qui doit être observé pour obtenir les meilleurs résultats et éviter les dépenses inutiles : mais, comme il le dit dans sa préface, si le titre même de son livre lui a fait une loi de se restreindre à la culture des plantes fourragères et de s'abstenir de considérations scientifiques inutiles au but qu'il poursuit, il ne s'est pas interdit les applications pratiques des sciences, en tant qu'elles se rapportent à l'explication des phénomènes ou à l'amélioration des méthodes de culture. « C'est là, en effet, dit-il, ce que nous entendons par la pratique, et non point seulement la routine manuelle, qui consiste à savoir tenir les mancherons de la charrue, charger une voiture de gerbes ou manier la faux, celle-ci suffit à un ouvrier, celle-là est nécessaire au moindre cultivateur intelligent. »

Ce guide peut être considéré comme le résumé des leçons professées avec tant de succès par M. Gobin à l'*Ecole de Grignon.*

PONTS ET CHAUSSÉES et de l'Agent voyer (*Guide pratique du Conducteur des*). Principes de l'art de l'ingénieur, comprenant : plans et nivellements, routes et chemins, ponts et aqueducs, travaux de construction en général et devis, par F. Birot, ingénieur civil, ancien conducteur des ponts et chaussées. 4° édition, revue et augmentée.

Première partie. — **ROUTES.** — 1 vol. accompagné de 12 planches doubles, contenant 99 figures. . . . . . . 4 fr.

Deuxième partie. — **PONTS.** — 1 vol. accompagné de 8 planches doubles, contenant 44 figures. . . . . 4 fr.

Nous allons donner un extrait de la table des matières de ces volumes, devenus le *vade-mecum* des agents des ponts et chaussées.

Première partie. — *Chap. Ier.* — Tracé et mesure des lignes. Arpentage proprement dit. Mesure des angles. Levé à l'échelle. Instruments. — *Chap. II.*

Objets du nivellement. Niveaux de différents systèmes. Stadia. — *Chap. III.*
Classification des routes. Projets. De la forme générale des routes. Tracé des
courbes. Tables diverses. — *Chap. IV.* Construction des chaussées. Entretien
des routes. Déblais et remblais.

Deuxième partie. — *Chap. I.* Ponts et aqueducs. Ponceaux. Murs de soutènement. Parapets. Voùtes biaises. Sondages. Pieux. Pilotis. Palplanches. Enro-
chements. — *Chap. II.* Des cintres et des ponts en charpente. — *Chap. III.*
Études des matériaux employés dans les constructions. — *Chap. IV.* Du mé-
trage et du devis. Avant-métré d'un aqueduc, d'un ponceau, etc.

L'auteur a terminé par le programme d'admission pour l'emploi de conducteur.

PORCHERIES (Voir Habitations des animaux,
page 37).

POTASSES (*Guide pratique pour reconnaître et pour déterminer le titre véritable et la valeur commerciale des*), des
SOUDES, des **CENDRES**, des **ACIDES** et des **MANGANÈSES**,
avec neuf tables de déterminations, traduit de l'allemand par
le docteur G.-W. BICHON, ancien élève de M. Liebig.
Nouvelle édition, augmentée de notes, tables et documents.
par R. FRÉSÉNIUS et le Dr WILL. 1 vol. avec figures. 2 fr.

Le livre de MM. Frésénius et Will est le résultat des recherches de ces deux
savants chimistes étrangers; c'est avec beaucoup de succès qu'ils sont parvenus
à perfectionner les méthodes d'essais relatifs aux potasses, soudes, acides et
manganèses.

POUDRES ET SALPÊTRES (*Guide pratique de
la fabrication des*), avec un appendice par le major STEERK
sur les *feux d'artifice*, par M. SPILT. 1 volume. . . . 4 fr.

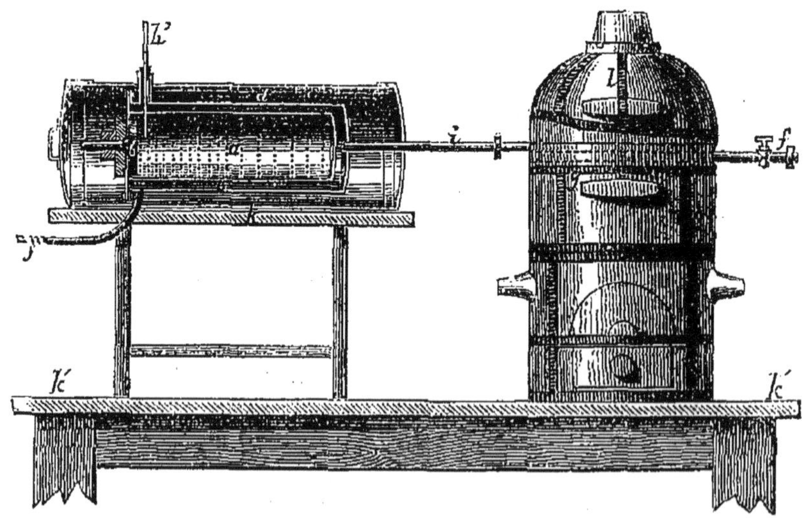

Figure spécimen du *Guide de la fabrication des poudres et salpêtres.*

Dès les premières lignes de ce livre, on s'aperçoit que l'auteur est un homme compétent dans la matière qu'il traite, et qu'à l'étude dans le laboratoire, le major Steerk a joint l'expérience en grand. Dans ses données, tout est rigoureusement exact, et on peut accepter l'auteur comme guide, sans craindre de se tromper.

L'appendice sur les feux d'artifice résume en quelques pages les notions nécessaires pour la confection de ces feux.

Sommaire des chapitres. — *Première partie :* Soufre, salpêtre, bois. — Charbon : carbonisation par distillation, par vapeur, analyses des charbons. — Poudres : poudres de guerre, poudres de mine, poudres du commerce extérieur et poudres de chasse. — Epreuves. — Combustion des poudres, dosages, anaysés.

Deuxième partie : Feux d'artifice. — Historique, matières premières, produits chimiques, outils, cartonnages, cartouches, feux qui produisent leur effet sur le sol, feux qui le produisent dans l'air, sur l'eau, etc., feux de salon, feux de théâtre. Confection des principales pièces d'artifice.

POULES (*Éducation lucrative des*), ou traité raisonné de gallinoculture, par MARIOT-DIDIEUX, vétérinaire en premier aux remontes de l'armée, membre et lauréat de plusieurs sociétés savantes. Nouvelle édition. 1 vol. 4 fr.

L'éducation, la multiplication et l'amélioration des animaux qui peuplent les basses-cours ont fait depuis une quinzaine d'années de notables progrès. Répondant à un besoin de l'économie domestique, l'auteur de ce guide pratique a voulu faire un traité complet de gallinoculture dans lequel, après des considérations historiques, anatomiques et physiologiques sur les poules, il décrit les caractères physiques et moraux de quarante-deux races, apprend à faire un choix parmi ces races si diverses et indique les moyens de conservation et de multiplication des individus. Des chapitres spéciaux sont consacrés aux maladies, à la pharmacie gallinée, à la statistique des poules et des œufs de la France, etc.

Les ouvrages de M. Mariot-Didieux sont au premier rang parmi ceux qui enrichissent notre bibliothèque. Aussi voulons-nous, pour en mieux faire ressortir le mérite, donner ici le sommaire des principaux chapitres :

Gallinoculture. — De la poule, son antiquité, son utilité, expositions, concours, anatomie, considérations physiologiques, des sensations, voix du coq, voix de la poule. — Choix des races. — Signes extérieurs de la ponte. — Considérations sur les races de poules. — Races françaises, hollandaises, belges, anglaises, espagnoles, italiennes, prussiennes.— Races asiatiques, indiennes, japonaises, indo-chinoises. — Races syriennes, africaines, américaines. — Races de l'Océanie. — Du croisement des races. — Dépenses et produits de la poule. — Du poulailler, de la cour, des œufs. Moyens de reculer, d'augmenter ou d'avancer la ponte. — Fécondation du coq. — Castration ou chaponnage des coqs. — De l'incubation. — Elevage des poulets. — Maladies des poules. — De la saignée. — Pharmacie. — Vente des produits, etc.

R

ROSEAU (Voir Saule, même page).

ROUES HYDRAULIQUES (*Traité de la construction des*), contenant tous les systèmes de roues en usage, les renseignements pratiques sur les dimensions à adopter pour les arbres tournants, les tourillons, les bras de roues hydrauliques, etc., etc., par Jules LAFFINEUR. 1 volume avec de nombreux tableaux et 8 planches. . . . . 3 fr. 50

L'auteur démontre dans sa préface que le perfectionnement des machines motrices des usines est à la fois une nécessité d'intérêt général et privé. Dans son ouvrage, il recherche et il définit les principales conditions à remplir sous ce rapport, et il donne ensuite tous les détails relatifs à la construction des roues hydrauliques dans les meilleures conditions possibles.

Fidèle à la méthode qui lui est propre, M. Laffineur s'est surtout attaché à se faire comprendre par la simplicité des termes employés et par les nombreux exemples qu'il donne.

Les planches sont d'une grande netteté ; elles représentent tous les systèmes de roues en usage, roues à palettes, roues pendantes, roues en dessous et à aubes courbes, roues à augets, roues horizontales, roues à niveau constant, frein dynamométrique, etc.

ROUTES (Voir Ponts et Chaussées, page 53).

S

SALPÊTRES (Voir Poudres, page 54).

SAULE (*Guide pratique de la culture du*) et de son emploi en agriculture, notamment dans la création des oseraies et des saussaies, avec un appendice sur la culture du roseau, par M.-J. KOLTZ, chevalier de l'ordre R. G. D. de la Couronne de chêne, agent des eaux et forêts, etc. 1 volume avec 35 figures dans le texte . . . . 2 fr.

Ce travail a pour objet de faire ressortir les avantages que procure la culture du saule dans les terrains qui lui conviennent, et qui, le plus souvent, ne peuvent être rendus productifs qu'à l'aide de cette essence ; M. Koltz donne donc le moyen de mettre en produit des terrains vagues. Dans certains parages, le roseau commun forme le complément obligé de l'osier ; l'appendice que M. Koltz a consacré à cette plante renferme des détails intéressants, surtout pour les propriétaires de terrains aujourd'hui tout à fait improductifs.

SCIENCES PHYSIQUES (*Éléments des*), appliquées à l'agriculture; ouvrage divisé en deux parties, par A.-F. POURIAU, docteur ès sciences, ancien élève de l'École centrale, professeur à l'École d'agriculture de Grignon.

Chaque partie se vend séparément.

Première partie. **CHIMIE INORGANIQUE**, suivie de l'étude des marnes, des eaux, et d'une méthode générale pour reconnaître la nature d'un des composés minéraux intéressant l'agriculture ou la médecine vétérinaire. 1 volume avec 153 figures dans le texte et tableaux. . .   7 fr.

Deuxième partie. **CHIMIE ORGANIQUE**, comprenant l'étude des éléments constitutifs des végétaux et des animaux, des notions de physiologie végétale et animale, l'alimentation du bétail, la production du fumier. 1 volume avec 65 figures dans le texte et tableaux . . . .   7 fr.

Figure spécimen des *Éléments des sciences physiques*.

M. Pouriau, aujourd'hui professeur et sous-directeur à l'École d'agriculture de Grignon, a été nommé secrétaire général de la Société d'agriculture de Lyon, à l'élection. Voilà quelques-unes des titres du savant professeur; quant à ses ouvrages, ils sont promptement devenus classiques et ils sont en même temps consultés avec fruit par tous les agriculteurs, les propriétaires, les gentils-hommes-fermiers et par tous les gens d'étude et les gens du monde. Pour cette dernière classe de lecteurs, nous citerons le passage de la préface qui indique que cet ouvrage a été en partie rédigé à leur intention :

« Mais, d'autre part, je conseille aux gens du monde, que de semblables détails ne peuvent que médiocrement intéresser, de laisser de côté ces paragraphes, pour reporter leur attention sur les autres chapitres.

« Enfin, toujours guidé par le désir de satisfaire aux besoins de chaque classe de lecteurs, j'ai indiqué, *en note et séparément*, la préparation des principaux corps étudiés, parce que cette branche du cours ne saurait être utile qu'à ceux en position de faire quelques manipulations.

« Si les amis de la science agricole me prouvent, par un accueil bienveillant fait à mon livre, que j'ai suivi la bonne voie, je leur en témoignerai ma reconnaissance en leur offrant successivement les autres parties de mon enseignement. »

SERRURERIE (*Nouveaux Barèmes de*), par E. ROULAND, 1 volume . . . . 4 fr.

EXTRAIT DE LA TABLE DES MATIÈRES. — *Balcons* en barreaux de fer rond avec ou sans ornements, en barreaux de fer plats, en barreaux de fer carré. — *Grilles fixes* en barreaux de fer rond avec ou sans petits barreaux, avec ou sans ornements. — *Grilles ouvrantes* à deux vantaux avec ou sans petits barreaux, avec ou sans ornements. — *Portes* à un vantail et à deux vantaux en fer à T avec panneaux tôle. — *Poids des fers*, fers plats, carrés, ronds, T et cornières double T. — *Poids des tôles*.

SOUDES (Voir Potasses, page 54).

SUCRES (*Guide pour l'essai et l'analyse des*), indigènes et exotiques, à l'usage des fabricants de sucre. Résultats de 200 analyses de sucres classés d'après leur nuance, par E. MONIER, ingénieur chimiste, ancien élève de l'École centrale des arts et manufactures. 1 volume avec figures dans le texte et tableaux . . . . 3 fr.

L'auteur, après avoir rappelé les propriétés générales des substances saccharifères, donne les méthodes les plus simples qui permettent de doser avec précision ces mêmes substances. Quelques notes sur l'altération et le rendement des sucres soumis au raffinage terminent le travail de M. Monier, dont M. Payen a fait un éloge mérité devant l'Académie des sciences.

T

TEINTURIER (*Guide du*), manuel complet des connaissances chimiques indispensables à la pratique de la teinture, par Frédéric FOL, chimiste. Nouvelle édition. 1 volume avec 91 figures dans le texte. . . . . 4 fr.

En publiant cet ouvrage, l'auteur s'est proposé de répandre dans la population ouvrière qui s'occupe des travaux de teinture, les connaissances nécessaires des sciences sur lesquelles est basée cette industrie.

TÉLÉGRAPHIE ÉLECTRIQUE (*Guide pratique de*), ou *Vade-mecum* pratique à l'usage des employés des lignes télégraphiques, suivi du programme des connaissances exigées pour être admis au surnumérariat dans l'administration des lignes télégraphiques, par B. MIÉGE, directeur de lignes télégraphiques. 1 volume avec 45 figures dans le texte. . . . . 2 fr.

TERMES TECHNIQUES (✳* *Dictionnaire des*) de la science, de l'industrie, des lettres et des sciences, par A. SOUVIRON, professeur de technologie et d'histoire naturelle à l'Association polytechnique. 1 volume . 6 fr.

TISSUS (*Manuel du commerce des*). *Vade-mecum* du **Marchand de Nouveautés**, par Edm. BOURDAIN. 1 vol. 3 fr.

SOMMAIRE DES CHAPITRES : Introduction. — Visite au magasin. — Tableau par rayon de tous les articles composant un magasin de nouveautés. — Table des villes de fabrique et des genres où elles excellent. — Tissus employés pour confectionner les divers vêtements et quantités employées. — Soins à donner aux étoffes. — Tissus étrangers. — L'Escompte. — Commission. — Teinture et couleurs. — Vêtements sur mesures. — Fourrures. — Termes techniques. — Conseils pour les achats. — Voyage d'achat. — Tableau des tissages mécaniques de France. — Représentants de fabrique. — Cravates et confections. — Comptabilité. — Monnaies et mesures étrangères. — Conseils aux employés de commerce.

✻✱TRANSMISSIONS DE LA PENSÉE ET DE LA VOIX, par Louis DU TEMPLE, capitaine de frégate en retraite. 2ᵉ édit. 1 volume avec 62 figures. . . . 4 fr.

Figure spécimen de *Transmissions de la pensée et de la voix.*

SOMMAIRE DES PRINCIPAUX CHAPITRES : *Organe de la vue et moyens employés pour la corriger.* — Structure de l'œil. — Marche des rayons lumineux dans l'œil. — *Organe de la voix.* — *Organe de l'ouïe.* — Oreille. — Comment l'homme peut diminuer les imperfections de l'ouïe. — *Langage.* — Définition. — Langage écrit. — *Papier.* — Historique. — Fabrication du papier. — Différentes espèces de papier. — *Imprimerie* ou *Typographie.* — Historique. — Gravure. — Lithographie. — Presses typographiques. — Clichage. — Gravure en creux. — Gravure en relief. — *Photographie.* — Historique. — Procédés. — *Électro-Métallurgie.* — Galvanoplastie. — Appareils galvanoplastiques. — Applications de la galvanoplastie. — *Télégraphes aériens, pneumatiques, électriques.* — *Téléphone.* — *Phonographe.* — *Aérophone.* — *Postes.*

V

VACHE LAITIÈRE (*Guide pratique pour le choix de la*), par Ernest Dubos, vétérinaire de l'arrondissement de Beauvais, professeur de zootechnie à l'Institut agricole de la même ville. 1 volume avec 7 planches. 2e édition.   2 fr. 50

Les diverses méthodes pour le choix des vaches laitières sont résumées dans ce livre. Les agriculteurs et les éleveurs y trouveront l'indication des signes qui peuvent les guider pour la conservation et l'acquisition des animaux qui conviennent le mieux à leurs exploitations. — Les figures représentant les diverses races de vaches laitières qui sont remarquables.

Dans le chapitre premier, l'auteur s'occupe de la stabulation, de l'alimentation et du rendement. — Le chapitre deuxième est consacré à l'étude du lait, ses modifications et ses altérations. — Dans les autres chapitres, l'auteur donne des renseignements pour reconnaître les propriétés du lait, le moyen de reconnaître les falsifications, les qualités exigées de la servante de ferme et la manière de traire. — Dans les chapitres sixième et septième, il indique les caractères et les méthodes qui peuvent guider dans le choix des meilleures vaches laitières.

VERNIS (*Guide pratique de la Fabrication des*), nouvelle édition, revue, corrigée et complètement refondue,

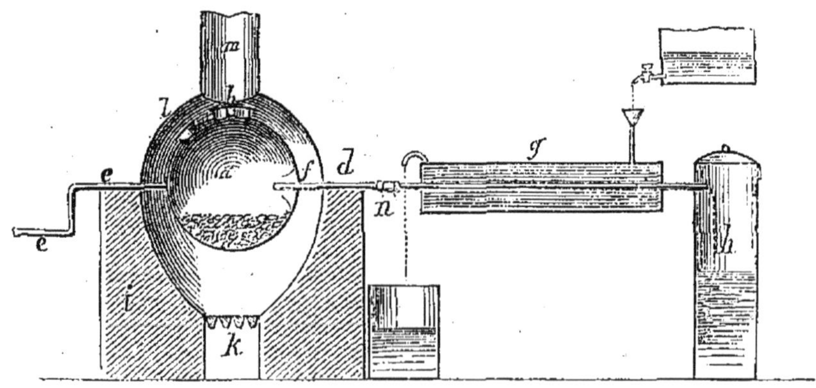

Figure spécimen de la *Fabrication des Vernis*.

de l'ouvrage de M. Tripier-Devaux, par H. Violette, ancien élève de l'Ecole polytechnique, commissaire des poudres et salpêtres, membre de plusieurs sociétés savantes. 1 volume avec figures dans le texte . . . . . . 6 fr.

Extrait de la préface. — Les vernis ne sont autres que des solutions de résines dans certains liquides. Ces liquides, qui sont ordinairement l'*éther*, l'*alcool*, l'*essence de térébenthine* et les *huiles*, donnent aux vernis qui en résultent des propriétés caractéristiques qui en déterminent l'usage. Cette désignation des liquides nous permet de diviser les vernis en quatre classes. — Vernis à l'éther. — Vernis à l'alcool. — Vernis à l'essence. — Vernis gras.

Cette division sera celle des quatre chapitres composant notre ouvrage : nous examinerons chaque classe successivement ; cet examen comprendra : 1o les propriétés physiques et chimiques, ainsi que la préparation du liquide employé à dissoudre les résines de cette classe ; 2o les propriétés physiques et chimiques, ainsi que l'origine des résines employées dans cette catégorie ; 3o la fabrication proprement dite des vernis, par le mélange des résines et liquides précédemment étudiés.

VIDANGE AGRICOLE (*Guide pratique de la*), à l'usage des agronomes, propriétaires et fermiers. Richesse de l'agriculture. Description de moyens faciles, économiques, salubres et pratiques, de recueillir, de désinfecter et d'employer utilement en agriculture l'engrais humain, par J.-H. TOUCHET, chef de service à la compagnie Richer. 2e édition, 1 volume avec figures. . . . . 1 fr.

Ce Guide, en ce qui concerne les vidanges et les différentes manières d'employer l'engrais humain, est le résumé des meilleures méthodes pratiquées actuellement. Les fermiers y trouveront tous des indications utiles. M. Touchet enseigne aux agronomes de la grande et de la petite culture des moyens simples et peu coûteux de se procurer de riches fumiers, richesses trop souvent négligées et perdues pour l'agriculture.

VIGNE (*La*) et ses maladies, contenant les causes et effets morbides depuis l'origine de sa culture jusqu'à nos jours, avec les moyens à employer pour les prévenir et les combattre. Précédé d'une description historique et botanique de cette plante précieuse, ainsi que d'une causerie sur l'oïdium et le phylloxera, par SERIGNE (de Narbonne), membre de plusieurs sociétés savantes. 1 volume. . 3 fr.

SOMMAIRE DES PRINCIPAUX CHAPITRES. — Description historique. — Description botanique. — L'oïdium et le phylloxera. — Description historique de l'oïdium. — Maladies de l'oïdium. — Concours pour la guérison de l'oïdium. — Opinions émises sur l'oïdium. — L'oïdium est-il la cause de la maladie ? — Remède adopté contre la maladie. — Effets du soufrage. — Causes réelles de la maladie. — Températures favorables ou nuisibles. — Influence des saisons et des météores. — Blessures ou plaies, blanquet ou pourridie, coulure, carniure, chancre vitifère, clavelée, chlorose ou hydroémie, décrépitude, flottage, grapillure, nielle, geule, stérilité. — Maladie des feuilles. — Pyrales. — Destruction de la pyrale à l'état de papillon, à l'état de larve ou chenille. — Moyens préventifs et moyens curatifs. — Destruction de la pyrale à l'état d'œuf, etc.

VIGNERONS (*L'immense Tresor des*) et des **Marchands de Vin**, indiquant des moyens inédits pour vieillir instantanément les vins, leur enlever les mauvais goûts, même celui de terroir, colorer les vins blancs en rouge Narbonne, même d'une manière hygiénique et sans aucun coupage, éviter leur dégénérescence, partant, plus de vins aigres, amers, gras ou poussés; découverte d'un agent supérieur à l'alcool pour le maintien, la conservation et l'expédition lointaine des vins, par L.-F. DUBIEF, 5e édition revue, corrigée et considérablement augmentée. 1 volume.   3 fr.

Extrait de la table des matières. — De la connaissance des vins. — Appréciation et dégustation. — De la distinction. — Du mélange ou du coupage.— Du vinage. — Amélioration des vins. — De l'imitation des vins. — De la confection des vins mousseux. — Du vin muet et de ses avantages. — Des vins de liqueurs et de leurs imitations.—Recettes et opérations des vins de liqueurs. — *Méthode du Midi*. — *Méthode de Paris*. — De la conservation des vins en fûts pleins et en vidange. — Du soufrage ou méchage.— Du collage pour la clarification. — Arome, sève, bouquet et goût de terroir. — Du gouvernement et de la conservation des vins. — De la mise en bouteilles. — Des altérations. — Moyen de les prévenir et de les corriger. — Des altérations accidentelles et moyen de les guérir. — Disposition et conservation des tonneaux. — Contenance.des fûts. — L'auteur termine son livre par une série de renseignements très utiles.

VIGNERON (✳*Guide pratique du*), culture, vendange et vinification, par FLEURY-LACOSTE, président de la Société centrale d'agriculture du département de la Savoie, membre de plusieurs Sociétés savantes. 1 volume. .   3 fr.

Dans la première partie, l'auteur donne les principes généraux pour la culture de la vigne basse : culture en ligne, orientation, la taille, le pinçage, les engrais, choix des cépages, 1re, 2e, 3e et 4e années.

La seconde partie, intitulée *Calendrier du Vigneron*, lui indique les travaux qu'il a à faire mensuellement. La culture des hautains sur treillages élevés dans les champs, remplit la troisième partie. — Quatrième partie : Nouvelles observations pratiques sur les phénomènes de la végétation de la vigne. — Cinquième partie : De la vendange et de la vinification : degré de maturité. — Du ban des vendanges. — Personnel. — Le nettoyage et l'écrasement des grains. — La cuve. — Le décuvage. — Enfin l'auteur termine en indiquant les soins à donner aux vins nouveaux et vieux.

VIN (*Guide pratique pour reconnaître et corriger les fraudes et maladies du*), suivi d'un traité d'**analyse chimique** de tous les vins, 2e édit., par Jacques BRUN, vice-président de la Société suisse des pharmaciens. 1 volume, avec de nombreux tableaux. . . . . 3 fr.

L'art de falsifier les vins a fait ces dernières années de rapides progrès. La chimie ne doit pas se laisser devancer par la fraude : elle doit lui tenir tête et pouvoir toujours montrer du doigt la substance étrangère. Cette tâche, dit M. Brun, incombe surtout aux pharmaciens. Son livre est le résumé des différents traitements qu'il a trouvés réellement utiles, et qui, dans sa longue pratique, lui ont le mieux réussi pour l'examen chimique des vins suspects.

VINS FACTICES (*Guide pratique de la fabrication des*) et des boissons vineuses en général, ou manière de fabriquer soi-même les vins, cidres, poirés, bières, hydromels, piquettes et toutes sortes de boissons vineuses, par des procédés faciles, économiques et des plus hygiéniques, par L.-F. DUBIEF. 3° édition. 1 volume . . . . 2 fr.

M. Dubief a publié ce petit ouvrage, non seulement pour venir en aide aux personnes économes, mais encore, et plus, pour celles dont l'économie est une nécessité. Si elles suivent les prescriptions qui y sont indiquées, elles peuvent être assurées de bien fabriquer elles-mêmes et avec facilité toutes sortes de vins, bières, cidres, etc. Ainsi, il traite la cuvée des vins de raisin fabriqués avec le marc, avec sirop de sucre, de fécule. — Vin rouge de sucre. — Vin mousseux, de fruits, cerises, prunes, groseilles, etc., etc. — Vins de grains, céréales, etc. —Toutes les formules et les procédés indiqués par l'auteur sont simples et faciles, et il suffit de les avoir lus pour les mettre en pratique.

VINIFICATION (*Traité complet de*) ou art de faire du vin avec toutes les substances fermentescibles, en tout temps et sous tous les climats, par L.-F. DUBIEF. 4° édit. 1 volume . . . . 4 fr.

Volume contenant : Les moyens de remédier à l'intempérie des saisons relativement à la maturité du raisin. Le tableau des phénomènes de la fermentation et le meilleur moyen de la produire et de la diriger; les moyens particuliers de faire fermenter les marcs provenant de l'égrapillage du raisin et refermenter ceux qui ont déjà été fermentés; de procurer au vin plus de qualité par une seconde fermentation; de le vieillir sans faire de coupage, par des procédés simples et faciles; de lui enlever le goût de terroir, comme aussi d'obtenir des marcs de raisin, de l'alcool, de l'huile, de l'acide tartrique, etc. ; *et suivi* : des procédés de fabrication des vins mousseux, des vins de liqueurs, vins de fruits et vins factices, les soins qu'exigent leur gouvernement et leur conservation, les principes pour la dégustation et l'analyse des vins, etc., etc.

VOYAGEURS ET BAGAGES (Voir Exploitation des chemins de fer, page 23).

Le cartonnage toile de chaque volume se paye 0,50 c. en plus des prix indiqués.

TABLE DES NOMS D'AUTEURS
PAR ORDRE ALPHABÉTIQUE

Imprimeries réunies, C. rue du Four, 54 bis, Paris — 5973.